改訂版
土木
公共選択の社会科学
計画学

藤井聡
著

学芸出版社

改訂版の刊行にあたって

「土木計画学～公共選択の社会科学」を出版してから、ちょうど10年が経過した。

本書は、筆者が当時勤めていた東京工業大学の学部学生を対象に開講していた同名講義「土木計画学」の講義ノートに基づいてまとめたものだった。当時の講義は同講義の前任者、故・上田孝行氏の講義を参考にしつつ、筆者が当時の時代状況における土木計画に必要だと確信した諸要素を盛り込む形で構成していた。つまり本書は「伝統的」な土木計画学を基本としつつ、2000年代当時の「新しい」諸状況を踏まえて編纂されたものだった。結果、それまでの土木計画論を「数理的計画論」と位置づけると共に、新しい時代状況の中で求められている心理学、社会学、政治学、社会哲学等の「人文・社会科学」を基礎とした計画論を「社会的計画論」と位置づけ、両者を「同程度の分量」で論じると同時に、土木や土木計画とは何かを論ずる基礎論を冒頭に挿入する形で本書をとりまとめた。

その後筆者は京都大学へ転勤となり、同様の学部講義を担当することとなったのだが、その10年間で再び社会状況はまた様変わりしてしまった。

世界経済を大きく冷え込ませるリーマンショックが生じ、日本経済は激しい損害を被った。その数年後には東日本大震災が生じ、我が国は国難とすら言われる未曾有の被害を受けた。そしてそれらを通して日本のデフレ不況がさらに長期化することとなった。そもそも日本がデフレ不況に突入したのは1998年であったが、当時は日本のデフレ不況がここまで長引くとはほとんど誰も考えてはいなかった。しかし誠に遺憾なことに、デフレ突入から20年が経過した2018年現在になっても未だ、デフレ不況は終わっておらず、それが終わる予兆すら見いだせないのが実情である。

かくして2000年代後半から今日にかけての日本においては、「より良い社会へと少しずつ改善していこうとする社会的な営み」である「土木」を考えるにあたって、長期のデフレ不況対策は重大な要素となったのである。

こうした理由から、本書出版から数カ年が経過した2000年代後半から、筆者の土木計画の講義では、「デフレ不況」「インフラ政策のデフレ脱却効果」に関するマクロ経済学の基礎論を講述するようになっていった。

こうした経緯を踏まえ、本書出版から10年が経過した今、近年講義で講述してきた**マクロ経済論**を論じた章を追記する形で本書を改訂することとした。なお、本章執筆にあたっては、マクロ経済学者である青木泰樹京都大学レジリエンス実践ユニット特任教授に監修頂き、経済学における各概念の用語法の詳細等について助言頂いた。こ

3

こに記して改めて深謝の意を表したい。

　また、この度の改訂版の出版にあたっては、本書冒頭で論じていた「土木の定義」を一部修正することとした。初版では筆者は土木を『我々の社会に存在する様々な土木施設を「整備」し、そしてそれを「運用」していくことを通じて、我々の社会をより良い社会へと少しずつ改善していこうとする社会的な営み』と定義した。ただし、「土木施設」とはそもそも、自然の中で我々が暮らしていくために必要な環境を整えるために、整備・運用していくものであることに着目すれば、この定義は『**自然の中で我々が暮らしていくために必要な環境を整えていくことを通じて、我々の社会をより良い社会へと少しずつ改善していこうとする営み**』と言い換えることができる。「土木」の定義説明の折りに、「土木施設」の定義を合わせて執り行うことが初学者の理解を妨げているリスクを懸念していた経験を踏まえ、シンプルな定義の方が適切であるとの趣旨から、改訂版出版にあたって定義の文言を変更することとした次第である。なお、上記経緯からも明白な通り、定義の「意味」それ自身は修正されてはいない点には、留意されたい。

　いずれにせよ、我々には精神のみならず「身体」があり、そして我々がこの自然の中で生きている「動物」の一種である以上、この自然の中で暮らしていく環境を整える土木の営為が不要となることはあり得ない。そして、時代は時々刻々動き続ける以上、土木技術者に求められる計画上の基礎教養のあり方もまた、変わり続けている。ついては、土木計画に直接間接に携わる学生、実務家、研究者の皆様方には是非、それぞれの現場の諸種の問題や危機を乗り越えるために、本書で論じたマクロ経済学の基礎知識を含めた諸議論を、土木技術者の基礎教養の1つとしてしっかりと学んでもらいたいと祈念している。

2018 年 6 月　紫野の自宅にて

藤井　聡

初版　はしがき

　「土木計画」の名を冠した大学講義がはじめて開設された昭和33年からちょうど半世紀、その間、土木計画を取り巻く社会情勢は大きく変動した。当時は、道路も空港もダムも圧倒的に不足していた戦後復興のただ中にあり、「土木の仕事」は最低限必要とされるそれらの土木施設・社会基盤を整備していくことであった。それ故、当時の土木計画は、（少々極端な表現ではあるが）さながら「白地図」の上に道路や水路の線を引く様な感覚に、少なくとも現代よりは近かったのではないかと思われる。

　そのような土木計画上の公共選択において、「数理的な方法論」が大いに役立つものであることは間違いない。例えば「白地図」の上のどの都市間に高速道路を整備すべきかの公共選択の際には交通需要がどの程度かを（いくつかの単純な仮定を設けた上で）数理的に算定することが決定的に重要であるし、上下水道をはじめて整備していく際にも、（特定の制約条件下で整備費用を最小化するという様な）数理的な最適化問題の考え方を援用することは極めて有益となる。こうした背景の下、土木計画学黎明の頃においては数理的な計画論は大いに発展せられ、それにあわせて土木系学生が学ぶべき土木計画学の、今日における標準的な教科書や授業カリキュラムが整備されてきたのであった。

　しかし、「土木計画学」が果たすべき役割は時代と共に大きく変化していった。そして今日では、「合意形成」や「環境」「まちづくり」「景観」、そして「マネジメント」といった諸問題が、土木計画において無視せざる重要な位置を占めるに至っている。これらの問題はいずれも、「白地図の上に線を引く」様な種類の数理的な基礎理論では対処しづらいという大きな特徴を持っている。いうならば、かつては、対象とするフィールドを「白地図」であると見なしていたが故に、さながら摩擦係数が"ゼロ"の平面上の質点の挙動を表現するにおいてと同様に種々の数理的方法論が有益であったのだが、よくよくそのフィールドを眺めてみれば、そこは摩擦係数ゼロとは言い難い様々な社会的慣習を胚胎する「社会」だったのであり、質点と見なしてきた存在は合意したり良質な景観を求めたり非協力的／協力的に振る舞ったりするような「人間」だったのである。それ故、社会に資する土木計画を志す土木技術者は、かつての教科書と授業プログラムの中で取り上げられてきた数理的な計画論のみならず、「人間」や「社会」に関する基礎理論を学ばねばならぬ状況に至ったのである。

　本書は以上の認識の下、こうした「土木計画を巡る今日的現状」と「授業カリキュラム・教科書」との間に見られる乖離を幾ばくかでも埋めることを目指したものである。そして、土木計画が対象としてきたフィールドの上に「生身の人間と社会」が存

在するということを見据えた上で、現在の土木計画上の諸問題を包括的に捉え得る土木計画学の基礎理論を提示しようと試みたものである。そうした狙いの下、本書は、第Ⅰ部において土木、土木計画、そして土木計画学とは何かを改めて論じ、その上で、第Ⅱ部においてこれまでの教科書でも取り上げられてきた内容を簡潔にとりまとめた「数理的計画論」を、そして第Ⅲ部において心理学、社会学、政治学、社会哲学等を基礎とした「社会的計画論」を論ずるものとなっている。

　なお、例えば心理学的計画論ならばそれだけで優に一冊の分量が必要とされるところではあるが、本書が学部学生の教科書を意図したものであることから、各章の内容は一回の講義で解説可能な程度の限定的なものとなっているという点は予め断っておかなければならない。しかし、横断的視点から様々な領域からの「計画論」の要点を論じ（各章末には当該章のポイントと、必要に応じて練習問題を掲載している）、土木計画学の全体像の理解を促そうというのが本書の狙いである。そしてそれを通じて、生身の人間と社会を取り扱うことの多様性と難しさ、さらにはそれを扱う学問の深遠さを僅かなりとも指し示すことできればというのが著者の願いである。ついては本書は、学部学生のみならず、大学院生、研究者、実務者の方々にもお目通し願えれば、著者としては望外の喜びである。

　なお、最後に、土木計画の講義が我が国においてはじめて開設された京都大学の土木計画系の飯田恭敬先生、北村隆一先生をはじめとした先生方からのご指導、ご鞭撻無くして、そして西部邁先生や Tommy Gärling 先生からの思想・哲学、社会科学全般にわたる幅広いご教示無くして本書は構想することすらあり得なかったことを明記しておきたい。また、土木計画学の講義を担当する機会を得た東京工業大学の屋井鉄雄教授をはじめとした諸先生方との議論が、本書にとって重大な意味を持つものであった。東京工業大学の羽鳥剛史助教、博士課程学生の太田裕之君と鈴木春菜さんには本書の取りまとめに大変なご協力を頂いた。雑談混じりに申し上げていた本書の構想を真剣に取り上げていただいた学芸出版社の井口夏実さんのご尽力無くして、そして麻生子、咲良、大志、正志の家族の支え無くして、本書は日の目を見ることはなかった。その他、数え切れない方々の直接、間接の多くの支援があって、本書を出版することができたことをここに記し、心から皆様に深謝の意を表すこととしたい。

2008 年 5 月　河口湖畔にて

藤井　　聡

I部　土木計画学とは何か　9

第1章　土木と土木工学　10
1　土木について　10
2　土木工学について　19

第2章　土木計画と土木計画学　25
1　土木計画について　25
2　土木計画学について　51

II部　数理的計画論　77

第3章　建設プロジェクトの工程管理—PERTとCPM　78
1　行程のネットワーク表現　79
2　PERT　84
3　CPM　88

第4章　数理的最適化理論　99
1　線形計画法　100
2　非線形計画法　111

第5章　統計的予測理論　123
1　統計的予測理論の基本的な考え方　124
2　統計データに基づくパラメータ推定—基本ケース　129
3　統計データに基づくパラメータ推定—線形重回帰モデルのケース　131
4　予測変数の確率分布に基づく予測値の特定　133

第6章　費用便益分析　141
1　費用便益分析の基本的考え方　142
2　費用と便益の算定　148
3　プランニング・プロセスにおける費用便益分析の活用について　151

III部　社会的計画論　157

第7章　社会的意思決定論
—土木計画の「決め方」の論理　158
1　社会的意思決定の多様性　158
2　現実の土木計画における社会的意思決定　167

目次　7

第8章　態度変容型計画論
——公共心理学に基づく土木施設の社会的運用　*176*
1　土木施設の利用をめぐる社会的ジレンマ　*176*
2　社会的ジレンマの処方箋　*182*
3　土木施設の社会的運用　*190*

第9章　社会学的計画論
——社会についての質的理解に基づく計画論　*194*
1　社会有機体説からの示唆　*194*
2　土木事業による諸影響の質的予測　*201*

第10章　行政プロセス論
——公衆関与を加味した土木計画の政治学　*212*
1　行政権について　*213*
2　行政権に対する公衆関与　*217*
3　パブリック・インボルブメント（PI）　*227*

第11章　マクロ経済論
——インフラ事業のストック効果、フロー効果、財政効果　*237*
1　マクロ経済を議論するための基礎概念　*238*
2　フロー効果、ストック効果、財政効果が生ずるプロセス　*243*
3　デフレーション / インフレーションとニューディール政策　*251*
4　建設国債による財源調達（借入）について　*259*

第12章　土木計画の目的論
——「計画目的」についての社会哲学　*265*
1　土木計画における目的論の意義　*266*
2　計画目的への接近方法　*269*

練習問題の解答　*275*

参考文献　*281*
索引　*284*

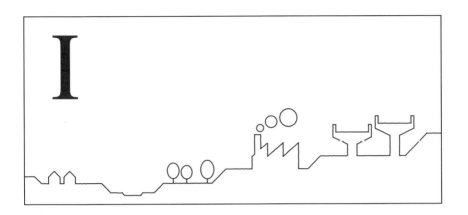

土木計画学とは何か

　第Ⅰ部では、土木計画とはいかなる営みであり、そしてそれを支える土木計画学とは一体いかなるものであるのかを論ずる。ここに、土木計画を最も単純に定義すれば、「土木についての計画である」と言うことができるものの、この定義を理解するためには、土木とはそもそも何かについて理解しなければならない。そして、土木計画学が土木工学の一部であると考えるのなら、土木計画学を理解するためには土木工学とは何かを理解することも必要である。ついては、第Ⅰ部では、土木、土木計画、土木工学のそれぞれを総括的に論じた上で、土木計画学を定義する。

第 *1* 章
土木と土木工学

1 土木について

(1)「土木」という営為

「土木計画」とは、土木についての計画である。

ここに「土木」とは、『自然の中で我々が暮らしていくために必要な環境を整えていくことを通じて、我々の社会を存続させ、改善していこうとする営み全体』を意味するものである。そして、そんな環境を整える際に整備し、運用していこうとするのが、「土木施設」なのである。

例えば、水害に悩まされている地域を考えてみよう。

社会には多種多様な問題が存在しており、水害がなくなりさえすれば良い社会になる、とは必ずしも言えない。しかし、水害が頻繁に起こり、毎年多くの生命と財産が失われていく社会と、そうではない社会とを比べれば、後者の社会の方がより良い社会である可能性は十分にある。それ故、水害を軽減することが「より良い社会への改善」に繋がるであろうことは大いに期待される。そして、こうした期待を携えつつ水害をなくすべくダムや堤防といった土木施設を整備していく行為は、「土木」と呼ばれる多様な営為の1つである。

ただし、土木施設を適切に整備しさえすれば、水害に伴う被害の大きさが最小化される訳ではない。例えば、ダムの運用の仕方を誤って、洪水時に過剰に流水してしまえば、下流側の河川の水害を食い止めることができなくなる。ダムは、適切な運用があってはじめて、水害を食い止める機能を発揮し得るのである。それ故、こうした「運用」も水害を予防する上で極めて重要な要素であ

り、これもまた先に述べた「土木」という多様な営為に含まれる一要素である。

　一方、水害に伴う諸被害を最小化する為の運用は、ダムの運用に代表されるような、土木施設についての直接的な運用に限られるものではない。例えば、防災訓練を頻繁に行い、水害が訪れた折りに一人一人がどのように対処すべきかについて各自が十分に理解している社会と、そうではない社会の２つの社会を想像してみよう。これら両者を比較すれば、仮に両者においてダムや堤防といった土木施設の整備水準が同様であっても、水害が生じた際の被害の大きさには雲泥の差が生ずることとなる。同様に、水害リスクの高い地域にはできるだけ定住しないようにしている社会とそうでない社会との間にも同様の差が生ずることとなる。かくして、水害の大きさは、土木施設の整備とそのものの運用に依存しているばかりではなく、社会全体がその土木施設の存在を前提としてどのように水害と対峙しようとしているのか、という社会的な営みそのものにも依存しているのである。

　こうした水害に対峙する社会的な営み全般は、土木施設の存在を前提として織りなされるものである点に着目するなら、これらの社会的な営みは、広義の土木施設の運用、あるいは、「社会的運用」と解釈することができる。この社会的運用は、先に述べた、流水の調整等のダムそのものについての「技術的運用」と対比される、土木施設の運用の「もう１つ」の側面である。この点を踏まえるなら、ダムや堤防をいくら適切に整備しても、そして、それらのダムや堤防を如何に適切に「技術的運用」をなしたとしても、こうした「社会的運用」が不適切なものであれば、そのダムや堤防の潜在的な機能を最大限に発揮することが難しくなるのである。例えば、ダムや堤防を適切に整備・運用するだけではなく、土地利用についての制度的な規制や防災教育等の社会的運用が適切になされたときにはじめて、ダムや堤防は、その潜在的な機能を「最大限」に発揮することができるのである。

　このように、水害に悩まされている地域において、その水害のリスクと被害を最小化する為には、ダムや堤防といった土木施設を整備し、その施設を適切に運用し、その上で、そうした土木施設の存在を前提として様々な社会的な営みを織りなしていくこと、すなわち、その施設を「社会的」に運用していくことが必要なのである。冒頭にて、「『自然の中で我々が暮らしていくために必要

第１章　土木と土木工学　　11

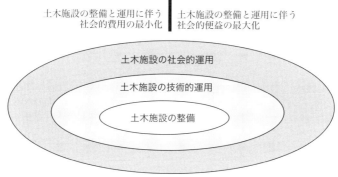

図1・1 「土木」という営み

な環境を整えていくことを通じて、我々の社会を存続させ、改善していこうとする営み全体を意味する』ものとして「土木」を説明したが、この水害の例における対応で言うなら、ダムや堤防といった土木施設の整備や運用とが「環境を整える」ことである。そして、「我々の社会を存続させ、改善していこうとする」という部分が「水害のリスクと被害を最小化しようとする」という目的に対応しているのである。このように、よりよい社会の実現を目指した土木施設の整備と直接的かつ社会的な運用の全てが、「土木」と呼ばれる営為なのである[*1]。

(2)「より良い社会」の為の土木

さて、ここでさらに、以上の水害に対処する為の土木施設が及ぼす多面的な影響に目を向けてみることとしよう。

まず、ダムや堤防といった河川に関連する土木施設は、水害を防ぐという治水目的の為だけに利用できるものではなく、ダムならば発電や上水道、灌漑や工業用水、あるいはレクリエーションといった多様な目的にも利用できるものである。しかも、その大きなダムは、流域の自然環境に大きな影響を及ぼさざるを得ない。あるいは、人里における堤防であるなら、多くの人々の目に触れる景観の重要な要素の1つにもなり得るし、人々が水に親しむ空間のあり方を規定してしまうものでもある。つまり、「水害を防ぐ」という単一の目的でダム

や堤防等の土木施設の検討を始めたとしても、その土木施設は、多様な機能を持たざるを得ないのであり、かつ、多様な影響を自然環境や社会そのものに及ぼし得るのである。言うならば、概してスケールの大きい土木施設は、そのスケールの大きさ故に、多面的な影響を持たざるを得ないのである。

　さて、ここで、そもそもなぜ我々がここでダムや堤防の議論をしているのかを改めて思い起こしてみよう。冒頭で述べたように、我々は今、「水害に悩まされている地域」を想定してダムや堤防の議論をしている。そして、あえて冒頭で述べた文章をここで再度掲載すると、次のように考えて、ダムや堤防の建設を考えるに至ったのであった。

> 「社会には多種多様な問題が存在しているのであり、水害がなくなりさえすれば良い社会になる、とは必ずしも言うことはできない。しかし、水害が頻繁に起こり、毎年多くの生命と財産が失われていく様な社会と、そうではない社会とを比べれば、後者の社会の方がより良い社会である可能性が十分に考えられることもまた、間違いない。」

　しかし、この文章を注意深く読めば明らかなように、水害をなくすことそのものを目的として、ダムや堤防の建設をしようとしているのでは決してない。この議論においてそもそも目的としていたのは、「より良い社会の実現」である。この目的の為に、水害の被害とリスクを最小化することが「得策である可能性がある」が故に、水害対策を考えることが正当化されたのであり、その目的の下、ダムや堤防という土木施設の建設が検討されたのであった。ところが、そうした土木施設は、水害を防ぐ、という当初意図していた目的を達成するばかりではなく、事前に必ずしも意図しなかったような多様な影響が生ずることもあり得る。そしてその結果、もしも仮にダムや堤防を造ることで景観を大きく乱していたり、自然環境を著しく破壊するものであったりするのなら、仮にそれが水害に極めて強いダムや堤防であったとしても、最上位に据えた目標であるところの「よりよい社会の実現」は達成されていない、という事態が生じる危険性がある。例えば、多少の水害のリスクがあったとしても、そのリスクの存在を十分に認知し、ある種の覚悟を保ちながら美しい景観や風土を守り続ける生き様や地域や社会の方が、良質な自然環境や景観、あるいは、伝統的な風土を消滅させる代わりに水害リスクが完全に無い社会よりも、「良い社会」と言

い得る可能性は十分にあり得る。こう考えるなら、「良い社会」を考える上では、「生命は地球よりも重い」という言葉に象徴されるような「生命至上主義」の考え方と対立せざるを得ない様な局面が、現実的に存在していることがわかる。

　一方、ダムや堤防の整備が望ましくない意図せざる帰結をもたらす場合とは異なり、事前に意図しなかった効果の為に、当初想定していた以上の「望ましい」社会的便益がダムや堤防の建設によってもたらされる場合も考えられる。例えば、水害対策の為に作ったダムが名所の1つとなり、レクリエーションの観光客が多く訪れる様になったり、あるいは、農業用水、工業用水、生活用水等に大いに活用され、当該地域の発展に大いに役立つ、ということもあり得る。

　このように、土木施設は概してそのスケールが大きいことから、当初想定している目的（例えば、今回の例ならば「治水」という目的）以外の、様々な「帰結」をもたらし得る。一般に、そういう帰結の中で望ましいものは、経済学的用語で言うならば「社会的便益」（social benefit）、あるいは、「外部経済」（external economy）と呼ばれるものであり、社会心理学においてはしばしばより直接的に「社会的メリット」と呼ばれている。一方で、多様な帰結の中でも望ましくないものは、経済学的用語では「社会的費用」（social cost）あるいは「外部不経済」（external diseconomy）と呼ばれ、社会心理学においてはしばしば「社会的デメリット」と呼ばれる。以下、本書では、前者を社会的便益、後者を社会的費用と呼ぶこととしよう。

　さて、ここで、冒頭で定義しているように土木が「我々の社会を存続させ、改善していこうとする社会的な営み」を意味するものであったことを思い出してみよう。この定義を踏まえつつ、土木を社会的費用・社会的便益という言葉を用いてあえて改めて定義するなら、土木とは、社会的費用を最小化しつつ、社会的便益を最大化しようとする試みである、と言うことができよう。

　すなわち、土木とは、土木施設の整備やその直接的運用、そして、社会的運用を通じて、それらに伴う社会的費用を最小化しながら、社会的便益の最大化を図ろうとする営みであると再定義できる。そして、そうした営みを通じて、図1・1に改めて示しているように、「土木施設の整備と運用」を通じて「より良い社会に向けた、社会の漸次的改善」を目指していくのが土木という営みなのである。

以上の議論を踏まえるなら次のように土木を改めて定義することができる[*2]。

土木の定義

> 土木とは、自然の中で我々が暮らしていくために必要な環境を整えていくことを通じて、我々の社会を存続させ、改善していこうとする社会的な営みを意味する。

(3)「土木施設」とその関連用語

　さて、ここまでは、土木における各種営為を「水害」を例にとって、述べてきたが、同様の議論が、ありとあらゆる公共的な施設について成立し得る。

　例えば、空港・港湾・道路・鉄道といった交通・運輸施設を考えてみた場合、それらを整備しなければ、当然ながら、モノやヒトを運ぶことができなくなる。それ故、それらの交通施設を整備することは、所定の交通流動の実現の為には絶対的に不可欠である。しかし、それらを適切に整備したとしても、それらを技術的・直接的に適切に運用しなければ、それぞれの交通運輸施設の「容量」も「安全」も確保することができない。さらに、適切に整備し、技術的・直接的に適切に運用していたとしても、それらが都市計画や社会制度と整合していなかったり、それらを利用する人々がそれらの施設を適切に使用する様な「民度」を有していなければ、これらの交通運輸施設が真価を発揮することはあり得ない。また、如何にそれらの交通運輸施設が大量のモノとヒトを運搬することができたとしても、大量の交通流動によってかえって「社会がより望ましくない方向に変化（没落）していく」というような事態が生じているのだとすれば、そうした交通・運輸施設を整備し、運用する意味そのものが喪失してしまうこととなる。繰り返すまでもなく、「土木」という営みが目指しているのは、大量のモノとヒトを運搬する、ということなのではなく、「社会の漸次的改善」なのである。交通・運輸施設の整備が、そして、大量のモノやヒトを運搬することが正当化せられるのは、それらが「社会の漸次的改善」に資するという見込みがある場合に限られる。「社会の漸次的改善」が微塵も期待できないような土木施設の整備と運用は、決して正当化できない。如何なる交通・運輸施設においても、それによって「社会の漸次的改善」を目指す以上は、適切に整備し、適切に技術的運用を行い、そして、適切に社会的運用を進めていく他に途はない。

第1章　土木と土木工学　　15

その他、上下水道やエネルギー関連施設、パイプラインや公園等、ありとあらゆる、公共的な施設について、同様の議論が成立し得る。いずれも、適切な整備と、適切な技術的・社会的な運用が可能となったときにはじめて、社会の漸次的改善に貢献することが可能となる。

　さて、以上に例示してきたようなダムや堤防、空港、港湾、道路、鉄道、上下水道やエネルギー関連施設、パイプライン、公園といった各種の施設が、冒頭の定義の中でも援用したところの「土木施設」と呼ばれるものであるが、「土木施設」は、その機能に着目して様々な呼び方が為されるものである。ここでは、それらの言葉を簡単に整理しておくこととしよう。

土木施設　まず、「土木施設」そのものについては、例えば、長尾（1972）によれば、次のように包括的に定義されている。まず、長尾は「人類学者のハースコヴィッツ（Herskovits）は、文化を"環境"のうちでヒトの作った部分（the man-made part of the environment）と簡潔に定義した。人間が社会生活を営む上に生み出した言語・宗教・道徳・政治・経済等を無形の文化とするならば、土木が創出したそれはまさしく有形の文化といってよいのではあるまいか。(p.55)」と指摘した上で「空間に有形のものとして創出したもの」として「土木施設」を定義している[*3]。

　本書もまた、この長尾の定義に準じて、**環境の中に有形のものとしてヒトが創出したもの**」として、土木施設を広く定義するものである。したがって、ダムや道路といった「設備」は言うに及ばず、切り土や盛り土、のり面、さらには、植林を通して形成された森林や砂防施設を通して保存される山々等もまた、広義の土木施設に含まれる。つまり、この環境の中に有形のものとして「土木施設」を創出するには、自然環境に人類が手を加えることが必要であり、それ故に**全ての土木施設は「人間の力」と「自然の力」の融合で作り出されるもの**なのである。ダムや道路はその形成において「人間の力」が相対的に優越しているように見える一方、森林や山々は「自然の力」が相対的に優越しているように見えるに過ぎない。なお、こうした土木施設は（無形の文化と共に）、我々人類がこの自然環境の中で暮らしうる状況を創出し、維持するために作られるものであることは言うまでもない。この点に着目するなら、土木施設を作り、維

持する土木という営為は、好むと好まざるとに関わらず我々に与えられた自然環境に手を加えることで、我々が暮らしうる状況を創出し、かつ、その暮らしの質を改善していこうとする行為なのだと言い換えることもできる。

社会基盤 こうした「土木施設」は、我々の社会における各種の経済的活動、社会的活動の「基盤」となっているという点に着目して、「社会基盤」（**インフラストラクチャ** ；infrastructure)、あるいは、略して「**インフラ**」と呼ばれる場合がある。このインフラストラクチャーという言葉は、「**下部構造**」とも訳される英語で、その対義語は、「**スーパーストラクチャー**」(superstructure) という英語であり、これは、「**上部構造**」を意味する言葉である。ここで、上記の長尾の指摘を踏まえるなら、「土木施設」が下部構造・社会基盤・インフラストラクチャー・有形の文化を意味する一方で、「言語・宗教・道徳・政治・経済」が上部構造・スーパーストラクチャー・無形の文化を意味していると言うことができる。いずれにしても、このように使用されている社会基盤、という言葉は、上記に定義した土木施設とほぼ同義である。むしろ、「施設」という言葉が、特定の「構造物」を想起させる傾向が強い為、日常用語の感覚から言うなら、切り土や盛り土や運河等は、土木施設と言うよりはむしろ社会基盤と呼称することの方が理解が容易であるとも考えられる。

　ただし、純粋に自然環境を保全する為の土木施設を想定するなら（例えば、純粋に自然を保護する為に作られた砂防ダムや防波堤等）、それは社会の基盤、というより自然環境そのものの基盤であることから、それをして社会基盤と表現することは必ずしも適当とは言えないことも考えられる。そう考えるなら、「環境の中に有形のものとしてヒトが創出したもの」と広く土木施設を定義するなら、その一部に社会の基盤として機能し得る「社会基盤」が含まれていると考えることもできる。すなわち、社会基盤よりも土木施設の方がより包括的概念であると捉えることもできる。

社会資本とソーシャル・キャピタル 社会基盤は多様な社会・経済活動の基盤という意味が強調された表現だが、社会資本は中でもとりわけ経済学における「生産の三要素たる土地・資本・労働」の１つとして土木施設を位置づける傾向が強い場合に使われる。社会的間接資本、社会的共通資本と言われる場合もある。

　ただし、社会学を中心とした分野では、上記の土木施設・社会基盤・有形の

第1章　土木と土木工学　　17

文化以上の意味が付与されることがしばしばであり、文化や風習や人間関係の
ネットワーク等の上部構造・スーパーストラクチャー・無形の文化を含めて
「社会資本」と呼ばれる場合もある。社会的共通資本という言葉が使われる場合
も、そういったニュアンスで使われることが多い。しかしながら、日本国内に
おいては多くの場合、社会資本は社会基盤や(本書で定義するところの広い意味での)
土木施設と同義で使用されることが多い。その代わり、上部構造・スーパース
トラクチャー・無形の文化、といった側面を表現する場合には、「ソーシャル・
キャピタル」とカタカナ表記で表現されることが多い。

公共施設　公共施設とは、土木施設の中でも公衆が利用可能な施設を意味する
ものである。ただし、土木施設の中でも切り土・盛り土、堤防等の、直接的利
用が想定されていないものについては、公共施設と呼ばれる傾向は低い。

(4)「土木事業」とその関連用語

　このように、「土木」というものは、社会基盤や社会資本とほぼ重複する概念
である「土木施設」を整備し、運用していく営みを意味するものであるが、そ
の「営み」を表現する言葉としても、いくつかのものが用いられている。

土木事業　「事業」という言葉は、(『広辞苑』によれば)「社会的な大きな仕事」と
いう意味である。そして、「土木」という言葉は冒頭で定義したように、社会全
体の漸次的改善を目指した、「土木施設の整備と運用」を繰り返す取り組み全般
を言うものである。言うまでもなく、土木施設のスケールは概して大きく、そ
の整備も運用も「社会的な大きな仕事」といって差し支えない。それ故、土木
事業とは、土木という取り組みにおいて実施される、土木施設の個々の整備や
個々の運用を指す言葉である。

土木施策　このように、土木事業とは、定義上、土木という社会の漸次的改善の
為の取り組み全てを言うものと解釈できるものであるが、一般には、「土木施設
の整備」を意味することが多く、その「運用」については、土木事業と呼称さ
れることは一般的ではない。その代わりに、土木施設の直接的・技術的運用や
社会的運用は、「土木施策」と呼称できる。なお、事業も施策も、基本的に何ら
かの目的の為に遂行される作業を意味するものであり、規模の大小についての
相違はあるものの、両者には大きな本質的相違はない。

公共事業　しばしば、土木事業と公共事業が類似した概念として用いられる場合がある。確かに両者は多くの部分で重なり合うものであるが、両者は異なる概念である点に留意が必要である。公共事業とは、公共の為になされる事業全般を指す言葉であり、必ずしも土木施設の整備と運用とは関連のない事業も、公共事業に含まれる。例えば、戦争・国防や福祉、学校教育等はいずれも公共事業であるが土木事業ではない。一方土木事業の中でも、企業等が私有地の中で実施する土木事業は公共事業とはならない。ただし、多くの公共事業が土木事業であり、また、土木事業の多くが公共事業であることから、しばしば土木事業を指し示す言葉として公共事業という言葉が用いられている次第である。

2　土木工学について

（1）土木技術と土木工学

　以上、前節では「土木」という営みについて述べたが、ここでは、そうした営みを支える方法論の概略について述べることとしよう。

　まず、「**土木技術**」とは土木施設の整備と運用の為に活用される技術である。

　その中でも特に、「**土木施設の整備**」の為には、どこに、どのように、何を、どのような運用を想定しつつ整備するのかという「**計画**」があり、その計画にのっとった「**設計**」があり、そして、その設計に基づいて「**施工**」を行っていく必要がある。一方、完成した暁には、その施設を「**管理**」していく必要がある。しばしば、土木技術は、上記の計画、設計、施工、管理という4段階のそれぞれに資する技術である、と言われることがあるが、それは、「土木施設の整備」の為には、この4つの行程がいずれも必要であった為である。

　ただし繰り返し述べているように、土木という営みが、土木施設の整備のみならず技術的、および、社会的な運用も含むことを踏まえると、土木施設整備の為の4段階に「運用」を加えた「計画、設計、施工、管理、運用」の5段階、あるいは、最後の運用を技術的運用と社会的運用とに分類した「計画、設計、施工、管理、技術的運用、社会的運用」の全6段階の行程を持つ営為として「土木」を定義することができる。そして、「土木技術」とは、その5段階、ないしは、6段階のそれぞれの行程に資する技術として定義することができる。

第1章　土木と土木工学　　19

さらには、そうした土木技術の総称として、「土木工学」（civil engineering）を定義することができる。すなわち、土木工学とは、次のように定義される。

土木工学の定義

> 「土木工学」とは、「土木」という社会的営為に資する技術体系を意味する。すなわち土木工学とは、自然の中で我々が暮らしていくために必要な環境を整えていくことを通じて、我々の社会を存続させ、改善していこうとするために行う際に参照される技術体系を意味している。より具体的に言うなら、土木施設の「計画、設計、施工、管理、技術的運用、社会的運用」のそれぞれ、ならびにその展開を支援する技術体系を土木工学と呼ぶ。

（2）土木工学の総合性 − 古市公威会長就任演説より

ところで、以上に説明した土木工学という用語そのものは、明治時代に、英語の Civil Engineering を和訳したものだが、この Civil Engineering の対義語は Military Engineering（軍事工学）である。上記のように、土木を社会全体を改善していく営みと捉えるなら、「土木でない公共的営み」は、その社会を社会の外側からの脅威から護衛する、という軍事のみだといっても差し支えない。それ故、土木工学とは何かを理解するにあたっては、その対義語である軍事工学以外のあらゆる工学の全てを含むものであると考えたとしても、過言ではない。

ただし、もちろんのこと、現在では工学といえば、軍事工学、土木工学以外にも、電気、機械、化学、情報等の様々な分野が存在する。ただし、広辞苑をひもとけば、工学とは、「古くは専ら兵器の製作および取扱いの方法を指す意味に用いたが、のち土木工学を、さらに現在では物質・エネルギー・情報等にかかわる広い範囲を含む」と説明されている。この説明は、歴史的には各種の工学は、土木工学の部分要素を担うものであったことを示唆するものと言えよう。

例えば、「鉄道を造る」という土木事業を考えてみよう。この土木事業の為には、機械や電気等についてのあらゆる技術が必要である。またその一方で、鉄道の計画を考える為には、都市計画、国土計画が不可欠であり、その為にも、それぞれの地域の歴史、人々の暮らしぶり、そして、経済や社会、文化への影響といった、社会科学的知見を全て動員することもまた不可欠である。それ故、

20 ｜ 土木計画学とは何か

「鉄道を通す」という大きな土木事業を成し遂げるには、それらの全ての自然科学、社会科学における技術と知見を総動員することが必要なのであり、最終的にはそれらの要素技術を「総合」することが不可欠なのである。それ故土木工学は、あらゆる工学を含み得るものであると共に、工学のみでなくあらゆる社会科学的知見を含み得るものなのである。そして何より求められているのは、そうした各種の知見と技術を「総合」する力なのである。

　以上に述べた土木工学の総合性、ならびに、それをとりまとめる総合力の必要性を理解するにあたっては、1913年（大正2年）における、「土木学会」の設立当初においてなされた議論に立ち返ることが得策であるものと思われる（藤井、2005）。以下、その点について、論ずることとしたい。

　土木学会の設立は1913年（大正2年）であり、日本工学会の設立（1980年；明治13年）から30余年の年月を経たものであった。当時、工学所属の主な専門が7分野（日本鉱業会、造家学会［現建築学会］、電気学会、造船協会ならびに機械学会、工業化学会）であったが、土木工学を除く残りの6分野は全て、土木学会設立以前に学会が立ち上げられている。土木学会の設立が他学会より遅れた理由は、初代の土木学会会長・古市公威の「会長就任演説」の中で明確に述べられている。以下、原文のまま引用することとしよう。

　　「右に述べるごとく本会は他の学会と同じく、専門分業の必要により設立したのであるから、今後本会々員は専門の研究に全力を傾注すべきことは勿論であるが、このことについては少々議論が存在する。専門分業の方法および程度は場合により大いに取捨すべきものありと言うことが、それである。

　　……（中略）……

　　本会の会員は技師である。技手ではない。将校である。兵卒ではない。すなわち指揮者である。故に第一に指揮者であることの素養がなくてはならない。そして工学所属の各学科を比較しまた各学科の相互の関係を考えるに、**指揮者を指揮する人**、すなわち、いわゆる**将に将たる人**を必要とする場合は、土木において最も多いのである。土木は概して他の学科を利用する。故に土木の技師は他の専門の技師を使用する能力を有しなければならない。且つまた、土木は機械、電気、建築と密接な関係あるのみならず、その他の学科についても、例えば特殊船舶のような用具において、あるいはセメント・鋼鉄のような用材において、絶えず相互に交渉することが必要である。ここにおいて『工学は一なり。工業家た

る者はその全般について知識を有していなければならない』の宣言も全く無意味ではないと言うことができよう。そしてまた、このように論じてくれば、工学全体を網羅し、しかも土木専門の者が会員の過半数を占めたる工学会を以って、あたかも土木の専攻機関のようにみなし、そのままの姿で歳月を送ってきたのも幾分か許すべきところがあるだろう。

　故に本会の研究事項はこれを土木に限らず、工学全般に広めることが必要である。ただ本会が工学会と異なるところは、工学会の研究は各学科間において軽重がないが、本会の研究は全て土木に帰着しなければならない、即ち換言すれば**本会の研究は土木を中心として八方に発展することが必要である**。このことは自分が本会の為に主張するところの、専門分業の方法および程度である。」（強調箇所は筆者が強調）

　すなわち、土木工学が「総合的な工学」であることから、明治13年設立の日本工学会からあえて土木工学のみを独立させる必要性がとりたてて見出せなかったのである。ただし、種々の知識が専門化していく時代の趨勢の中で、土木工学だけが専門学会を設けることの利便を享受しない道を選び続けることが困難となったのであった。故に、古市曰く「本会は他の学会と同じく、専門分業の必要により設立したのであるから、今後本会々員は専門の研究に全力を傾注すべきことは勿論である」と時代の趨勢を一定程度認める立場を取りながらも、学会を設けることによって必然的にもたらされるであろう過度な専門化の流れを堰き止めるべく、土木工学が本質的に真に総合的な工学であることを、学会設立のまさにそのときに改めて宣言したのであった。

　さて、土木学会が「土木を中心として八方に発展すること」をその本来的活動とするものであるとしたとき、具体的にはどこまでを土木の視野に収めるべきなのであろうか。既に上記に引用したように、少なくとも「工学全般」が土木学会に包摂されると考えることは間違いないだろう。しかし、土木学会の視野は、工学という枠組みの範囲で捉えきれるものではないと古市は考えていたようである。先の演説文に引き続く部分を、さらに引用することとしよう。

　「なお本会の研究事項は工学の範囲に止まらず現に工科大学の土木工学科の課程には工学に属していない工芸経済学があり、土木行政法がある。土木専門の者は人に接すること即ち**人と交渉する**ことが最も多い。右の科目に関する研究の必

要を感ずること切実なるものがある。…（中略）…これらは数え上げれば、なお外にどのくらいあるかわからない。」（強調箇所は筆者が強調）

　すなわち、土木工学は工学全般を飛び越え、経済学や政治学を含むものであること、ならびに、大正時代初頭当時には十分に知られていなかった人に関わる学問領域、言い換えるなら、社会に関わる知的営み全てが土木工学に包摂され得るのではないかと古市は考えていたのである。

　以上に述べた古市の会長就任演説は、土木に関わる様々な言説の１つに過ぎないものであるといえばその通りではある。しかし、本書で改めて定義したように、土木が社会の漸次的改善をもたらす為の社会的営為そのものである点に着目するのなら、それを支える「土木工学」が、古市が主張したような総合性を必要としていることは論を俟たないところである。そして土木工学を志す以上は、古市が指摘するように「指揮者を指揮する人」「将に将たる人」を目指さねばならないのである。その総合性、総合力が不在のままでは、社会を改善せしめる土木事業の遂行は望めないと言って過言ではない。

　本書で述べる「土木計画学」が取り扱う範囲は、オペレーションズ・リサーチや経済学や心理学、政治学、ひいては哲学といった様々な分野に跨る総合的なものであるが、それはそもそも土木工学そのものが、上に述べたように極めて総合的なる学問体系を持つ為なのである。その点を踏まえるなら、古市公威が指摘したように、**土木工学はいわゆる通常の「工学」の限界を遙かに超越したものである**。それ故、土木工学というよりはむしろ、例えば土木学と呼称することの方が適当であるとも言えるであろう。あるいは土木工学を工学の一分野だと呼ぶとするなら、その限界を土木工学が取り扱う範囲にまで拡張した上で「工学」という言葉そのものを逆定義することが求められているのである。

注

1　例えば、電気工学や機械工学といった多くの工学の名称は、当該の工学の「対象物」を意味するものであるが、「土木」という言葉は、そうした対象物ではなく、本文に記述した様に「社会的営み」そのものを意味する。これは、土木という言葉の語源にその由来がある。土木という漢字の語源は、次のような中国の古典哲学書『淮南子』（紀元前２〜１世紀頃）の一節にある「築土構木」であると言われる。「昔、民は湿地に住み、穴ぐらに暮らしていたから、冬は霜雪、雨露に耐えられず、夏は暑さや蚊・アブに耐えられなかった。そこで、聖人が出て、民のために土を盛り材木を組んで室屋を作り、棟木を高くし軒を低くして雨風をしのぎ、寒暑を避け得た。かくして人びとは安心して暮らせるようになった」。この傍点部分の原文が「築土構木」という言葉であり、この言葉

に土木という言葉は由来していると言われている。この様に土地を盛る、木を組むという「行為」そのものが土木という言葉の意味なのである。なお、その築土構木は、「聖人」(ソクラテス流に言うなら哲学者) が「民のため」に行うものである、という点に、土木の本質を見ることができよう。

2　土木に関わる諸事業は、政府や自治体等の「公共主体」によって実施されることがしばしばであるが、必ずしも公共主体だけによって実施されるものではない。しばしば、民間企業等の民間組織によっても実施されている。長尾 (1972) は、両者を区別するという趣旨で、両者を含めた土木の一部に、公共主体によって実施される「公共土木」が含まれるという形で定義している。この区分で考えるなら、本書の定義する土木は、長尾が言うところの「公共土木」を含むものである。ただし、例え民間企業が実施する土木であっても、本書で指摘したように、それによって様々な社会的便益と社会的費用が生ずるものであることもまた間違いない。仮にその直接的影響が、(考えにくいことであるが) 当該の民間企業にしか及ばなかったとしても、企業の活動が社会の便益と費用に影響を及ぼすことを勘案するなら、当該の土木事業が、社会的便益と費用に繋がっていない状況を考えることは困難である。これは、繰り返すように、土木という営為が、概して大きなスケールの事業であり、かつ、長期的な影響を及ぼし続ける事業である為である。こうした点から、本書では、長尾が言うところの「公共土木」と「民間の土木」を、明確に区別することなく、土木というものを定義している。なお、いずれにしても、本書で取り扱う「土木計画」は、長期的に生じ続ける社会的な便益と社会的費用の双方を見据えながら、当該の土木のあり方を論ずるべきものであるから、その主体の種別は、本質的な差異をもたらすものではない。

3　なお、論者によっては、「土木施設」を、長尾が定義する包括的な土木施設のうち、「家屋やビル等の建物を除くもの」という形で定義している場合もある (河上、1991)。ただし、これは、本質的な留保条件というよりはむしろ、現行の建築工学と土木工学とを区別する為に便宜的に設けられたものと解釈することができる。

第 1 章の POINT

✓ 土木とは「自然の中で我々が暮らしていくために必要な環境を整えていくことを通じて、我々の社会を存続させ、改善していこうとする社会的な営み」を意味するものである。

✓ 土木工学とはそうした土木の営みを行う際に参照される技術体系を意味する。具体的に言うなら、土木施設の「計画、設計、施工、管理、技術的運用、社会的運用」のそれぞれ、ならびにその展開を支援する技術体系を土木工学と呼ぶ。

✓ 土木において何よりもまず求められているのは総合性である。それ故、土木工学もまた、文理の別を問わずあらゆる学問を含み得る総合体系を有する。

第2章 土木計画と土木計画学

1 土木計画について

(1) 土木計画の定義

　ここでは、本書が取り扱う「土木計画」を、改めて定義することとしたい。第Ⅰ部冒頭にて、土木計画とは「土木についての計画」であると述べたが、前章にて社会の漸次的改善の為の社会的営為として「土木」を定義したので、ここではまず、「計画」という言葉の持つ意味について述べる。

　「計画」という言葉は、「物事を行うにあたって、方法・手順等を考え企てること。また、その企ての内容」（『広辞苑』より）という意味を持つ。ここでこの定義における「物事を行う」という部分は、「考え、企てる」にあたっての「目的」を意味する部分であるので、「計画」とは常に、「目的」を持つものである、ということが分かる。ここで「土木計画」における目的は、言うまでもなく「土木という営みを行う」ということに他ならないが、「その土木という営み」は、繰り返し指摘しているように「漸次的な社会的改善」を目的としたものであり、その究極的目的は「良い社会の実現」である。この点を踏まえると、次のように土木計画を定義することができる。

第2章　土木計画と土木計画学　　25

> **土木計画の定義**
>
> 　土木計画とは、自然の中で我々が暮らしていくために必要な環境を整えていくことを通じて、我々の社会を存続させ、改善していこうとする社会的な営みを行うにあたっての方法・手順等を考え企てること、また、その企ての内容を意味する。

(2) 土木計画におけるプランとプランニング

　さて、このように定義したように、土木計画には「方法・手順等を考え企てること」と「その企ての内容」の二種の意味が付与されているが、これは、「計画」という言葉に「動的側面」と「静的側面」の二面が存在することに対応している（長尾、1972）。

　ここに、動的なるものとしての「計画」とは、「方法・手順等を考え企てること」という日本語に対応するものであり、これは、**プランニング**（planning）と呼称される。これは、目的を達成する為に、あれこれを考える思考過程そのものを意味する。一方で、静的なるものとしての「計画」とは、「その企ての内容」を意味するもので、これは、**プラン**（plan）と呼称される。このプランなるものは、プランニングによって構成されたものであって、方法や手順そのものである。

　例えば、ある街の都市交通計画を考えてみた場合、いつ、どこに、どのような交通施設を整備し、その運用をどのようにしていくかを明記した文書、および、図面が静的な「プラン」である。その一方で、そのプランを考える過程そのものが「プランニング」である。

　なお、土木が「計画、設計、施工、管理、技術的運用、社会的運用」の6段階の行程を持つものであると述べたが、その第一の行程として言われている「計画」とは、「プラン」を意味するものであり、「プランニング」を意味するものではない。「プランニング」とは、この6段階の行程の全てをどのように進めていくかを考える、あるいは、考え続ける営為そのものを意味している。

　ここで、土木計画におけるこうしたプランとプランニングの関係を、図2・1を用いながら、簡単に述べてみよう。図2・1は、左から右にかけての時系列を意味しており、右の方がより未来を意味している。そして、一番下に記した直

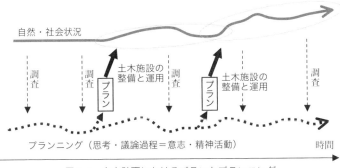

図2·1 土木計画におけるプランとプランニング

線が時間軸を意味しているが、その上に記した点線の曲線が「プランニング」を意味している。そして、一番上に太い実践で記した曲線が「自然・社会状況」を意味している。

　さて、「プランニング」は、どのようにすればより良い社会に資するような状態へと改変できるかを持続的に考えている、という「思考過程」を意味している。無論、複数人がこのプランニングに関与している場合には、その過程は思考過程というよりは「議論過程」と呼称した方が適切であるとも言える。また別の言葉で言うならば、プランニングとは、より良い社会の実現を志す「意志の流れ」あるいは「精神の流れ」そのものと言うことができる。そして、上記のように、複数人を想定するなら、良い社会の実現を目指した「集合意志の流れ」、あるいは、「集合的精神の流れ」、と呼称することができる。

　さて、こうしたプランニングを進める為に不可欠なのが「調査」である。これは、実際の自然・社会状況を把握する、という行為である。現状を知らずして、その改善を目指すこと等望めないのは、論ずるまでもないところである。

　一方、「プランニング」は思考・議論過程、あるいは、意志や精神の流れを意味するものであるから、それだけでは、社会を改善していくことはできない。そこで必要になるのが、「土木施設の整備と運用」という、自然・社会状況に対する「働きかけ」である。そして、その働きかけを、具体的にいつ、どこで、どのように進めていくか、についての取り決めが「プラン」である。そして、このプランを絞り出す源泉が、この図に示したようにプランニングなのである。

　ところで、この「プラン」は、「一定期間」の間、具体的な自然・社会状況に

第2章 土木計画と土木計画学　27

対する働きかけの具体的方法を規定するものである。そして一般に、その期間の長いものが長期プラン（計画）、短いものが短期プラン（計画）、と呼ばれているが、如何にその期間が長くても、当然ながら無限の長さの超長期プランを策定することはできない。しかも、定期的な調査を繰り返せば、当初想定していなかった不測の事態が生じることが把握されることとなる。言うまでもなく、我々人間の予測可能性は限定的なものにしか過ぎないのであるから、全てを見通した完璧なプラン・計画を立案することなど不可能である。それ故、土木なる社会的営為を行うにあたっては、定期的に調査をしながら、プランを逐次、臨機応変に改訂しつつ、社会を改善する為にはどのような土木施設の整備と運用が必要であるのかを持続的に考えていく「プランニング」が不可欠なのである。

　なお、プランニングを通じて、定期的調査を踏まえながら逐次的にプランを改定していく様子は、図2・2に示したようなPlan（計画）－Do（実施）－See（評価）の3行程からなる**マネジメント・サイクル（運用循環）**で表現することができる。なお、この行程の評価(See)の段階を確認(Check)と改善(Action)の2つにさらに分類し、Plan－Do－Check－Actionの4行程として、マネジメント・サイクルを表現する場合もある。この場合のサイクルは、その頭文字を取って「**PDCAサイクル**」と呼称される場合もある。このマネジメント・サイクルにおいては、まず、当面の間の「計画」（Plan）をたて、そして、「実施」（Do）し、そして一定期間が経過したあとに、当該の土木事業の「目的」に照らし合わせた上で今回実施した対策が、どの程度有効であったのかを「評価(調査)」（See）する。そして、その評価結果に基づいてその実施体制や財源のあり方等を改めて精査する一方で、次にどのような対策を講ずるべきかをさらに検討する、すなわち、次の「計画」（Plan）を検討する。こうして、計画、実施、評価、計画、実施、評価、計画、…を繰り返していくことを通じて、一定の「計画性」を担保しつつ「臨機応変」に、計画目的の実現を目指していく。これが、この図2・2で表現したマネジメント・サイクルの概要であり、プランニングという活動における標準的な持続的活動形態を表現するものである。

　無論、「神」のような絶対者が存在しその「御業（みわざ）」によって、完全なる幸福な状態へと社会を導き得るような「プラン」を策定し、かつ、それを実施するこ

図2・2 「プランニング」の持続的活動形態を表現するマネジメント・サイクル

とができるのなら、定期的に評価・調査を実施してプランを逐次的に改定していく「プランニング」なる精神活動は一切不要となろう。しかし、そうしたプランを、限定的な能力しか持ち得ぬ人間が策定することなど、不可能であることはわざわざ論証するまでもないほどに自明である[*1]。そうであるからこそ、プランという「単なる決め事」よりもむしろ、プランニングという「精神活動」こそが、土木計画において何よりも重要とされているのだということを、土木計画に携わる者は忘れてはならないのである。言い換えるなら、如何なる土木計画者であっても極めて限定的な能力しか持ち得ないのだということを、そして、そうであるにも関わらず、長期的な計画に携わり続けている内にある種の万能感を得たかのような傲慢なる錯覚を覚えてしまう危険性をはらんだ生身の人間なのであることを前提として、土木計画に携わらなければならないのである。

(3) 土木計画のプラン

a) プランの階層性

　土木計画におけるプランニングとプランを考えたとき、後者の「プラン」は階層性を持つものである。例えば、「洪水を避ける」という計画目的を考えてみよう。これを治水計画と呼ぶなら、その計画の内容は、その目的を達成する為の種々の具体的な「手段」から構成されることとなる。例えば、「ダムを造る」とか「堤防を築く」といった諸項目が、治水という目的の為の「手段」となる。ここで、それらの諸手段を達成する為には、また個別的な「計画」が必要となる。さらに、それらの個別の計画目的を達成する為には、それらを達成する為の、さらなる下位の「手段」が必要となる。このように、「目的」と「手段」は、上位目的の為の手段そのものが、目的となり、さらなる下位の手段を必要とする、という構造となっている。

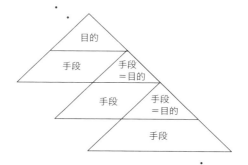

図2・3 単純な構造を仮定した場合の計画における階層性・目的手段連関のイメージ図（加納、1963を元に作図）

一方、「洪水を避ける」という計画目的は、「地域の安全を確保する」というより上位の計画目的の為の「手段」となっている。さらに、「地域の安全を確保する」という計画目的は、「豊かな地域をつくる」というさらに上位の計画目的の「手段」となっている。このように、各々の計画目的は、より上位の計画目的の「手段」となっているのである[*2]（図2・3参照）。

b) 目的と手段の多面性

しかしながら、現実の土木計画においては、上記のような整然とした階層構造が存在しているだけではなく、さらに多面的である点を忘れてはならない。例えば1.1 (2) で例示したように、「ダム」という一個の存在が、「治水」の為だけに存在しているのではなく、生活用水、工業用水、農業用水の供給や、発電施設や観光施設等にも活用される。あるいは、河川敷は、同じく治水の為の施設としても活用されるほか、レクリエーションの空間や自然保護の空間、あるいは、良質な風景を供給する空間でもある。このように、個々の土木施設は、多様な目的を持つものなのであり、その点を踏まえるなら、その土木施設の整備、ひいては、その為の土木計画は、自ずから「多目的」なものとなる。

この点を加味したイメージ図を示すとするなら、図2・4のように、ある1つの計画が、様々な上位計画の手段的な下位計画として位置づけられる、というかたちで示すことができる。そして、現実の土木計画においては、1つの計画

の為に多様な計画が必要とされているのみならず、1つの計画が多様な目的の為の手段となっているという、図2·5に示すような、目的と手段が高度に入り組んだ極めて複雑な目的―手段連関関係が存在しているのである。

c）土木計画の三層構造

ところで、「目的の質」に着目するなら、計画の階層構造におけるより上位の計画は、「ある下位の計画の目的を実現する為の目的、を実現する為の目的、を実現する為の目的、……、を実現する為の目的」なのであるから、必然的に、

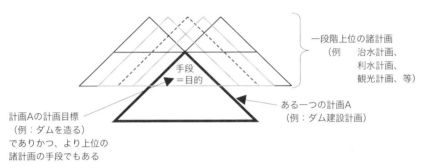

図2·4　現実の土木計画における多面性を考慮した場合の計画の階層性・目的手段連関のイメージ図

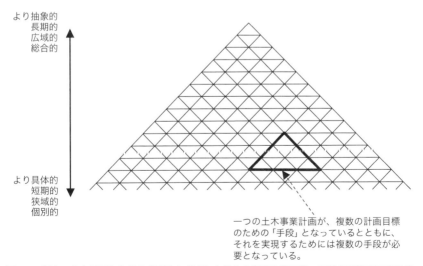

図2·5　現実の土木計画における多面性を考慮した場合の計画の階層性・目的手段連関の複雑性を加味したイメージ図

その抽象度は高いものとなる。例えば、「国民の真の幸福」「美しい国」といった非常に抽象度の高い目的を持つものとして上位計画が策定される。一方で、下位の計画は、「ある手段を実行する為の手段、を実行する為の手段、……、を実行するための手段」なわけであるから、必然的にその手段の具体性は高い。例えば、「資材の調達」「人員の確保」といった非常に具体的な目的を持つものとして下位計画が策定される。

　ついては土木計画のプランでは、この点に着目し、「**基本構想－基本計画－実施計画**」の三層構造で構成されることがしばしばである。ここに基本構想とは、ヴィジョンと呼ばれることもあり、抽象的な方針を提示するものである。一方、基本計画とは、その基本構想を実現する為に、具体的にどのような土木施設の整備と運用を成していくかの計画である。最後に、実施計画とは、基本計画にて提示されている各種の土木施設の整備と運用を実施する為に、どのように資金を調達し、どのような組織や制度を配するのか、というより具体的な内容が時系列と共に提示される。詳しくは表2・1を参照されたい。

　ここで、抽象的な計画は、具体的な計画よりも概して、時間の観点からは長期的で、取り扱う部門数の観点からは総合的で、空間的広がりの観点からは広域的である傾向が強い。それ故、例えば「都市圏全体」の「長期的」な「総合的都市計画」の下に、「各自治体毎」の「中期的、短期的」な諸計画（道路計画、公共交通整備計画、土地利用計画、モビリティ・マネジメント計画、等）が位置づけられているという階層性が存在するのが一般的である。

表2・1　基本構想－基本計画－実施計画

基本構想	当該の計画によって、将来実現することを目指している「ヴィジョン」を提示するもの。創造的であることが求められ、資源制約などの拘束はあまり強く意識されない。理念についての文章表現や、縮尺の小さい模式図で表現されることが一般的である。
基本計画	基本構想を実現するために必要とされる整備と運用についての具体的な諸計画を、時間的に明確に提示するもの。具体的な環境制約、資源制約を明示的に意識した分析を踏まえた上で策定される。縮尺のやや大きい図面に概要が示される。
実施計画	提示された基本計画を実現するための手段の配列、資金、組織、制度などが時系列をもって具体的・現実的に提示される。細部についても縮尺の大きな図面で表される。なお、土木施設の整備に関わる実施計画は「整備計画」と呼ばれる場合もある。また、土木施設の運用に関わる計画は「運用計画」と呼ぶことができ、さらに、運用計画の中でも特に技術的運用に関わる計画は「技術的運用計画」、社会的運用に関わる計画は「社会的運用計画」とさらに細分することができる。

なお、具体的な各種レベルの土木計画の概要を表2・2に示したので、そちらを参照されたい。

d）整備計画と運用計画

以上に述べた「基本構想−基本計画−実施計画」といった三層のプランの中でも最も具体的な計画である「実施計画」はさらに、土木施設の整備の詳細についてのプランである「整備計画」と、その運用についてのプランである「運用計画」とに分類することができる。ここで、整備という言葉は具体的な「形」をつくるというものであることから、広い意味での「デザイン」を意味するものである一方、運用とは文字通りマネジメントを意味するものである。それ故、整備計画をカタカナ（あるいは、英語）にて表記するなら「デザイン・プラン」(Design Plan) と言うことができる一方で、運用計画は「マネジメント・プラン」(Management Plan) と言うことができる。すなわち、土木計画は、基本構想、基本計画のそれぞれを策定する段階を経て、具体的には、土木施設の「整備」と「運用」のあり方、すなわち、**デザイン・プラン（整備計画）**と**マネジメント・プラン（運用計画）**を考えるものなのである。逆にいうなら、デザイン・プランとマネジメント・プランの双方を通じて、どのような理想的な状態を目指すのかを考えるのが基本構想なのであり、基本計画とは、その基本構想を実現する為に、デザイン・プランとマネジメント・プランの双方をどのように実施していくのかの概要をとりまとめた計画なのである。

ここでさらに、土木を定義した 1.1 (2) で論じたように、土木施設の運用には、技術的運用と社会的運用の二種が存在することを踏まえるなら、運用計画も「技術的運用計画」(Technical Management Plan) と「社会的運用計画」(Social Management Plan) にさらに分類することができる。

以上をまとめると、図2・6 に示したように、具体的な土木計画は、基本構想、基本計画、整備計画、技術的運用計画、社会的運用計画、の5種類の具体的な

図2・6　土木計画の細分類

表2・2　種々の土木計画の具体例

■国土計画
　国土における自然条件と社会条件を総合的に加味しつつ、国土の利用、整備及び保全を推進するために定められる長期的、総合的かつ基本的な計画。日本では「**全国総合開発計画**」という名称で、1962年からおおよそ10年程度毎に政府によって策定されており、また、2005年からは特に「**国土形成計画**」という名称へと変更されている。具体的には、土地利用や水利用の具体的計画を検討すると共に、全国各地の各種災害の軽減や各種の交通施設等の公共的施設の整備、ならびに、良質な環境と景観の創出のための諸計画の推進を行う。また、アジアとの連携についても視野に収めた国際計画も取り扱っている。
　国土形成計画は、全国レベルの総合計画である「**全国計画**」と、首都圏や中部圏、近畿圏といった複数の都道府県にまたがる広域地域の総合計画である「**広域地域計画**」とから構成される。それぞれ、①基本方針、②目標、③広域的見地から必要とされる基本的施策、の三者が定められる。
　また、それぞれの計画は、国会での承認を経て策定された法律である「**国土形成計画法**」に準拠して策定されるもので、具体的には、それぞれ「**協議会**」を設置し、その審議を経て策定される。

■自治体総合計画
　各都道府県や各市区町村が独自に定める総合計画。上位計画である全国計画や広域地域計画との整合（ならびに、都道府県の場合にはその下位の計画である市区町村の総合計画との整合）を加味しつつ策定される。一般に、「**基本構想－基本計画－実施計画**」の三層構造の計画体系となっている。その内容は、それぞれの自治体によって異なるが、基本的には、経済発展や環境保護、河川や交通や防災等の土木計画関連のものに加えて、教育や福祉等も加えた総合的な計画となっている。
　なお、策定にあたっては、地方議会や特別に設置された委員会・協議会での議論や、パブリックコメント（公衆からの意見収集）を参考にしつつ、各自治体が中心となって検討し、最終的に首長（知事・市区町村長）が決定していくのが一般的である。なお、「**基本構想**」については、地方議会での「議決」によって策定することが、特に市町村においては一般的である一方、具体的な「**実施計画**」については、特に議会での議決やパブリックコメントを経ずに、各自治体が独自に策定することが一般的である（日本都市センター研究室、2002）。

■都市計画
　より望ましい健全な都市の実現を目指した、①道路や公園、学校等の都市施設・公共施設の配置計画、②市街地開発の計画、③建築・土地利用の規制に関する計画、からなる。これらのうち、②市街地の開発計画は、「**土地区画整理事業**」（対象地域を更地に戻し、再開発を行う事業）や「**開発許可制度**」（都市計画の対象区域を、市街化を促進する市街化区域と、市街化を抑制する市街化調整区域に二分する制度）等を通じて実現される。また、③建築・土地利用の規制は、地域（ゾーン）を区分して異なる規制を課すところからゾーニング（zoning）とも呼ばれる。これらの開発と規制についての諸事項は、**都市三法**（**都市計画法、都市再開発法、建築基準法**）にて定められている。
　なお、①都市施設・公共施設の配置計画は、広域の交通計画、道路計画と関連するものであり、少なくともその点においては、都市計画は国土計画や広域計画の下位計画として位置づけられる。

■部門別計画
　河川計画、交通計画、港湾計画は、それぞれ広域的な河川流域全体や交通ネットワークの全体の整備と運用に関わるものであるため、長期的広域的な観点から策定することが必要なものである一方、複数の自治体や都市のあり方そのものにも大きく影響するものである。それ故、部門別計画は、広域計画と都市・地域計画の双方に整合されるように策定されなければならない。なお、各部門別計画のさらに下位には、以下のような諸計画が挙げられる。
　　河川計画：治水計画、利水計画、水資源開発計画、等
　　交通計画：総合都市交通計画、道路整備計画、鉄道網整備計画、空港計画、等
　　港湾計画：防波堤計画、ふ頭計画、高潮対策事業計画、等

34　｜　土木計画学とは何か

計画（プラン）に分類することができる。

(4) 土木計画におけるプランニング—技術的プランニングと包括的プランニング

　以上、土木計画における「プラン」の階層性、多面性を論じた上で、その具体的な諸計画事例を述べたが、それらを「絞り出す」源（みなもと）となるのは、「プランニング」という計画策定の活動である。この活動からまずは、プランにおける「構想計画」が策定され、それに基づいて「基本計画」、そしてその為の「実施計画」が策定されることとなる。言うならば、プランという「形のある言語」の源となる「社会的・精神的な活動そのもの」がプランニングである[*3]。

　ここに、このプランニングは、「善き社会を志す」という「意志」を中核としてなされるものであり、個人的、組織的、集合的、社会的な思考過程・精神活動そのものを言う。また、その思考過程・精神活動が社会的なものである以上、その過程は「政治的活動」そのものと言うこともできる[*4]。

　ただし、プランニングの中核は、こうした「意志」あるいは、「思考過程・精神活動」であるものの、具体的な「プラン」を策定する段階では、「技術的」な思考が必要とされる。例えば、よりよい地域を目指すにあたって、所与の物流需要を「効率的」に処理可能な物流システムを計画するという具体的な目的が一担設定されたのなら、どの地点に、どの規模の物流施設を、どの程度配置することが「合理的」かという基準で「数理計算」を行うことが必要となる。同じく、道路計画においても、特定の需要を満たす道路を計画するという目的が一旦設定されたのなら、まずはどの程度の道路交通需要があるのかを数理的に算定し、その上で、どの程度の車線数の道路を整備することが最適であるか、ということを検討することが必要となる。

　こうした「技術的」なプランニングにおいて共通しているのは、「特定の目的が設定されている」という条件である。例えば、上記の物流計画の例では「特定の物流需要を満たす効率的な物流システムを構築する」という特定の目的が設定されており、道路計画の例では「特定の需要を満たす道路を整備する」という特定の目的が設定されている。しかも、そうした目的を達成する為には、必ずしも人間の暮らしや意識、あるいは、社会的、政治的な判断を考慮に入れる必要はなく、必要とされているのは、計算上の合理性であったり、純粋に技

術的な合理性である。それ故、このような主として数理的、技術的な検討が必要とされる一方、とりたてて人間の精神性や価値論的な議論が必ずしも必要とされないプランニングは、「**技術的プランニング**」と呼称することができよう。その一方で、本節の冒頭で述べたような、「プランニング」という活動の中核であるところの善き社会に向けた思考過程、精神活動は、上記の技術的プランニングを包括する形で展開されるものであることから、「**包括的プランニング**」と言うことができよう。

　ここで、先の図2・1に示した「プランニング」の流れの中で、技術的プランニングと包括的プランニングの関係を述べることとしよう。図2・1に示したように、プランニングとは、善き社会を目指して現実の自然・社会状況にどのように働きかけようかを考え続ける継続的な精神活動である。そして、その流れの中で、特に、直接的に「プラン」を策定しようと考えるプランニングが、「技術的プランニング」である（図2・7）。その一方で、その技術的プランニングそのものの源となる流れが、「包括的プランニング」である。これは、「川の流れ」として、この両者の関係を理解すると分かり易い。技術的プランニングとは、プランニング全体を川の流れと考えたときの川の「支流」にあたる。そして、包括的プランニングとは、そうした支流を含めた、その川の流れの総体を意味するものである。

　包括的プランニングは、常に、自然と社会の全体の流れを把握しつつ、その改善を目指しているものである。そして、その時々の状況に応じて、具体的に

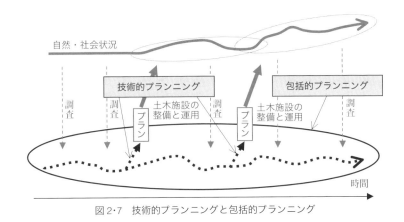

図2・7　技術的プランニングと包括的プランニング

自然・社会の状況を改善する特定の方策、あるいは、プロジェクト、土木事業を実施しようとする。そのときに作成するのが、個々の「プラン」であり、その具体的なプランを策定しようと考えるのが「技術的プランニング」である。この技術的プランニングは、包括的プランニングの「本流」からは一部乖離した支流的な作業である。なぜなら、当該の「プラン」は、「善き社会の実現」という究極的な目的から演繹された「個別的」な目的を達成する為の「具体的」な計画に過ぎないのであるから、「善き社会を目指す」という究極的目的を携えたプランニングの本流からは、微妙に「乖離」せざるを得ないのである。

とはいえ、具体的物理的な形を持たない精神の流れが、具体的物理的な形を持つ自然・社会状況に働きかける為には、こうした具体的プランを一つ一つ実行していくことが必要不可欠である。言い換えるなら、こうした具体的プランなくして、精神の流れが自然・社会状況に何らかの影響を及ぼすこと等あり得ない。それ故、例え技術的プランニングがプランニングの本流から部分的に乖離していたとしても、その乖離は漸次的な社会の改善を目指す作業を行う為の不可欠なものとして受け入れざるを得ないのである。

一方、「包括的プランニング」は、こうした具体的なプランと最終的な理想との乖離を十二分に理解し、またその乖離故に生ずる種々の問題を最小化する為に調査を定期的に行い、また、新しいプランを立案する「機会」を窺う、という一連の作業を行うものである。言うまでもなく、包括的プランニングを行う際には、個別のプランの目的を（例えば、基本構想、という形で）設定することが必要となる。そしてその上でその目的を達成する為の種々の技術的課題に対処する為の技術的プランニングを遂行していくことが必要となる。このような種々の作業を行うものが、包括的プランニングである。

ここでさらに，技術的プランニングと包括的プランニングの相違を、図2・5に示した「プラン」の階層的構造の図を援用しつつ論じよう。

図2・5は、個々の「プラン」は、より上位のプランの為の「手段」となっている一方、より下位のプランの為の「目的」となっているということを含意しているものである。プランニングとは、文字通りこうした階層的プランを構築し続ける作業を意味するが、技術的プランニングとは、こうした階層的構造において、下へ下へと掘り下げていく活動を意味している。すなわち、特定の目

的を与えられたときに、その目的を達成する為にはどのような「手段」が必要とされているのかを検討していくのが技術的プランニングなのである。そして、当初の目的を達成できる手段が複数見いだされた場合には、どの手段が最も合理的か（あるいは最適か）、という問いの答えを、"技術的"に探り出そうとするのであり、こうした「技術」が必要とされているところが、技術的プランニングの大きな特徴である。

　このように、技術的プランニングは、プランの階層構造を掘り下げていこうとする「下降運動」を旨とするプランニングの営為であるが、包括的プランニングは、こうした下降運動のみを行うものではない。例えば、よき都市をつくる、という都市計画における包括的プランニングにおいては、効率的な物流や運輸システムを構築するという下降運動のみに専心するのではなく、良き都市とはどのような都市なのかについて改めて考えたり、人々と様々な議論を重ねたりする作業が必要となってくる。このような「目的」そのものを問い直す運動は、合理的な手段を追い求める下降運動とは逆に、階層的なプランの構造の上方を志向した「上昇運動」と言うことができよう（cf. 西部、1996）。

　さらに、包括的プランニングにおいて手段を検討する「下降運動」においても、技術的プランニングのそれとは異なった様相を帯びる。技術的プランニングにおいて遂行される下降運動は、当初の目的を達成できる適切な手段を、「技術的」に探ろうとする活動であった一方で、包括的プランニングにおける下降運動は、技術的プランニングによって与えられる"技術的最適解"のみをもってして「手段」を選択し、プランを確定するものでは決してない。包括的プランニングにおいては、技術的プランニングによる技術的最適解は単なる1つの"参考値"にしか過ぎないのであり、技術的な側面では加味できない種々の側面を総合的に判断することが求められる。例えば、経済的に合理的な道路システムが、当該地域の景観や風土に調和するものとは限らない。逆に、一見経済的に不合理に見える道路システムが、当該の地域の社会の営みに調和するものであるが故に、長期的には地域経済を活性化させることとなる、というケースもあり得る。すなわち、人間の判断を介在せずに、何らかの数理的な「技術」のみによって得られる解のみに基づいて真に合理的な土木事業を推進しようとするのなら、将来を完全に見通すことが不可欠である一方、そのような完全な将

来予測などは不可能なのであり、それ故に、技術論にのみ頼る技術的プランニングでもってして将来において合理的に機能し得るプランを策定することもまた不可能なのである。言うまでもなく、社会や自然の将来は、移ろいやすい一人一人の気分や、いつ生ずるとも分からない天変地異の可能性に常に影響を受けるのであり、それらを逐一予測することができる者などこの世には存在し得るはずはない。それ故、適切なプランを立案しようとするのなら、"技術"の限界を適切に把握した上で、技術によって導き出された最適解を解釈し、参考にしつつ総合的に判断していく態度が不可欠となるのである。もし、特定の土木技術者がプラン策定における特定の判断を下すことが求められる立場にいるのなら、数値に基づく合理的計算を行いつつも、様々な社会的な要素や自然界における様々な不確実性を加味しつつ、総合的に判断することが不可欠なのである。同様に、特定の組織や社会そのものが特定の判断を下すことが求められている場合においても、そうした総合的な判断を組織的、社会的に下していくことが不可欠なのである。いずれにしても、このような総合的判断を適切に下すことができる能力こそが土木技術者における「真の技術力」と呼ぶべきものなのであり、単なる数値演算を正確に為す能力は、土木技術者における技術力の一要素にしか過ぎない（1.2 (2) 参照）。おそらくは、この点を失念した者は、決して一流の土木技術者とはなり得ないであろう。

表2・3　技術的プランニングと包括的プランニング

	技術的プランニング	包括的プランニング
概要	所定の目的が与えられた時に、最も適切な手段を技術的に探ろうとするプランニング	目的そのもののあり方を問うと共に、その目的を達成するための手段のあり方を技術的、かつ社会的に包括的・総合的に検討していくプランニング
階層的プランにおける活動方向	下降運動（手段探索的活動）	上昇運動と下降運動の繰り返し（PDCAサイクルの形式を取る）
基本的論理	数理的・技術的側面に着目したプランニング	社会的・価値論的側面にも配慮したプランニング
空間的・時間的スケール	局所的・単発的なプランニング	大局的・継続的なプランニング

第2章　土木計画と土木計画学　39

このように、包括的プランニングは、技術的プランニングをその全体の中の限定された部分的領域として含む、文字通り包括的なプランニングの活動を意味するものなのである。その特徴は、表2・3に示したように、合理的な手段を考える下降運動のみでなく目的のあり方そのものを問う上昇運動をあわせて行うものであり、技術的数理的な思考に加えて社会的価値論的な側面に配慮する総合的な判断を伴うものであり、かつ、大局的、継続的な時間的空間的スケールを持つものなのである。

（5）包括的プランニングの基本的要件

　以上、プランニングにおける技術的プランニングと包括的プランニングのそれぞれについて述べたが、ここでは、持続的な精神活動であるところの包括的プランニングが適切に進められる為の基本的な2つの条件を述べることとしたい。

a)「記憶」の重要性

　まず、包括的プランニングとは、言うまでもなくプランニングそのものを意味する活動である点に留意されたい。前項においてあえて「包括的」という接頭語を付与した概念を定義したのは、「技術的プランニング」という部分的なプランニングと本来のプランニングを峻別する為の便宜的な措置であったに過ぎない。それ故、以下においては、特に断りなく「プランニング」という用語を用いている場合には、それは「包括的プランニング」を意味するものとして解釈されたい。

　さて、適切な形でプランニングが遂行されていく為に第一に必要とされているのは、そのプランニングの時間的継続を保証する「記憶」の存在が保証されているという点である。これは、記憶を持つ能力を一切持たない人間に、精神が宿ることはあり得ないことと同様の理由による[*5]。それ故、社会の漸次的改善を志すプランニングにおいては、現在における状態を把握し将来を見通すことのみではなく、過去においてどのような取り組みがなされてきたのか、そして、そのときにどのような議論がなされてきたのかを、一人一人が、あるいは、一つ一つの組織が持続的に「記憶」し続けていく態度が不可欠なのである。無論、当該の組織に新たに参入する個人がいたのなら、過去の議論とその背景に

流れる人々の「思い」や「意志」を十二分に理解しようと努めることが必要となる。そうした努力があってはじめて、それぞれの組織に「記憶」が伝承されていき、仮に構成員の全員が入れ替わったとしても、当該の組織に、さながら1つの記憶と精神と意志の力が流れ続けているかのような形でプランニングが推進されていくこととなる。そしてそれがあってはじめて、そのプランニングは実りある結果を生み出し得る可能性を手に入れることができる[*6]。

　例えば特定地域の河川計画を考えるにあたって、当該地域の歴史的背景からはじまり、当該地域の河川計画についてのそれまでの検討経緯や諸事業の全てを無視した上で、特定個人が頭の中だけで考えた特定の「アイディア」に基づいて河川計画を立案し、実施した場合を考えてみよう。その場合、何らかの「不整合」が生じてしまうことは避けがたい（例えば、桑子、2005 参照）。なぜなら、特定の「アイディア」が網羅し得るのは、決壊しない様な安全な堤防を作る、といった程度のせいぜい1つや2つの単純な目的を達成するにしか過ぎないからである。しかしながら、前節にて論じた様に、個々の土木事業は多面的な影響を及ぼすものである。例えば、水辺空間は、洪水をもたらす危険地域であるのみならず、生活用水路・排水路でもあり、レクリエーションの為の親水空間でもあり、自然環境の保存地域でもあり、場合によっては古くから短歌や俳句に詠まれた歴史的伝統的空間である場合すらある。特定の地域の河川は、そうした重層的な機能を担うものなのであり、それに手を加える河川計画を考えるにあたっては、どのような河川計画がその河川について織りなされてきたのか、そして、その計画の中で、様々な河川の機能の一つ一つがどのように取り扱われ、その結果、どのような改善がもたらされ、その一方でどのような問題点がもたらされたのか、といった諸点を十分に配慮していかなければならない。言うまでもなく、そうした諸点に配慮する為には、それらの諸点に関わる様々な「記憶」が残されていなければならない。なぜなら、当該の河川の諸機能も、その河川についてのこれまでの取り組みも、皆過去に属する事柄だからである。そうした記憶は、具体的な一人一人の「記憶」という形で保存されている場合もあれば、先人からの「言い伝え」という形で継承されていることもあろう。また、場合によっては「資料」として残されている場合もあれば、当該地域の風土や伝統に陰に陽に「刻印」されている場合もあろう。いずれにし

ても、例えば河川計画の場合であるなら、ありとあらゆる形で保存されている当該河川に関わるあらゆる「記憶」を踏まえることこそが、河川計画の「プランニング」において不可欠な要件となるのである。そうした「記憶」を携える能力を一言で言うとしたら、ある種の「**歴史感覚**」であるということができよう。すなわち、歴史感覚なきところには、プランニングは存立しえないのである。

b）善き社会に対する志向性

さて、土木計画におけるプランニングという精神活動において不可欠なもう1つの条件は、善き社会を目指そうという意志、言い換えるなら「善き社会に対する志向性」である。これは、本書冒頭で定義したように、土木という営為そのものが、「善き社会の実現を目指した社会的営為」であり、かつ、土木計画が、その実現の為の計画を考えるものである、というところからして自明の要件であると言える。

例えば、プランニングの活動を計画－実施－評価の3行程のマネジメント・サイクルで表現するなら、「善き社会に対する志向性」を携えたプランニングとそれを携えざるプランニングは、図2・8のように全く異なった挙動を示すこととなることが分かる。すなわち、「善き社会に対する志向性」なる目的を携えていれば、大局的な観点からプランニング活動を評価（See）することが可能となり、「試行錯誤」を通じて少しずつ目的とする「善き社会」へと近づいていくことが可能となる一方で、そうした目的もなく、ただ漫然と近視眼的にプランニングを続けていけば、図2・8の（2）に示したように、「糸の切れた凧」のように、無意味な挙動を半永久的に続けていく他なくなるのである。

ところが、土木計画のプランの策定に携わる作業を続ける間に、残念ながら、この自明の要件が忘れ去られることがしばしば起こり得る。それは、例えば社会学では一般に「**目標の転移**」（goal displacement）と呼ばれている現象（マートン、1949）であり、前々項で述べた「プランの階層構造」に起因する問題である。

例えば、ある階層の計画に従事している人物を考えてみよう。その計画に従事することとなった当初は、その計画にどのような目的があり、またその目的のさらなる上位目的は何であったのか、ということを考えようとする可能性は

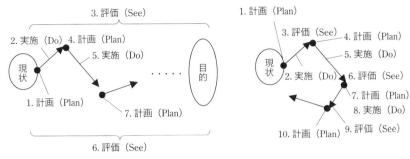

*1.〜7.ならびに1.〜10.までの数値はそれぞれ順番を意味する。この図に示したように、「善き社会に対する志向性」なる「目的」が存在しなければ、近視眼的にしか評価（See）することができなくなり、それ故、プランニングは「糸の切れた凧」の様な無意味な動きとならざるを得ない。

図2・8 「目的」が存在する場合と存在しない場合のプランニング活動の相違

必ずしも低くはないであろう（無論、その計画に従事することとなった瞬間から、その計画の目的そのものに何の興味も示さない人物もいることであろうが、そういった人間は論外である）。しかし、当初は、計画目的が何であったのかを考えていた人物であっても、その計画に長らく従事している内に、その目的が何であったかを想起する機会がほとんどなくなり、その計画が、「善き社会の実現」という究極目的の中でどのような位置づけであったのかを忘却してしまい、目先の目的があたかも究極目的であるかのようにふるまうという「目的の転移」が生ずる危険性が高くなってしまう。なぜなら、多くの場合、ある階層の計画に従事する、ということは、その計画目的を達成する為の、具体的な「手段」を考える作業だからである。例えば、先に引用した「治水計画」に従事している人物の場合、治水計画が「何の為に求められているのか」を想起する機会よりも、治水の為に「何が必要なのか」を考えたり、あるいは、その必要なものの為に「さらに何が必要なのか」ということを考えたりする機会の方が圧倒的に多いからである。これは、図2・5の計画の階層構造を引用するなら、一般的な日常業務は、図2・5における三角形の底辺へと向かう「下降運動」（すなわち、手段を考え、手段の手段を考える、という作業）が大半を占めている一方で、三角形の頂点（すなわち、善き社会を実現する）へと向かう「上昇運動」が求められる機会は必ずしも多くはない、という様に表現できるであろう。

それ故、計画、とりわけプランニングに携わる者は（単なる手段的目的を最終目的と錯覚してしまうような目標の転移が生じてしまうことを避ける為に）、「意図的」に、当該の計画の目的、さらに、より上位の目的が何であるのかを考える「上昇運動」を忘れずに続けていくことが不可欠なのである。そして常に「善き社会を実現する」という最上位の計画目的を考え、その実現を志す強固な意志を持ち続けることが不可欠なのである。

それでは、「善き社会」とは如何なるものなのであろうか――。

この問いは、純粋に哲学的な問いであり、事実、例えば西洋哲学をひもとけば、その始祖たるソクラテスの時代から考えられ続けている問いである。

善き社会とは何か、についての、最も安易な（そして、最も"ありがち"な）回答は、次のようなものである。それはすなわち、「善き社会とは、人それぞれの主観的な"価値観"に依存するのであり、一概には言えない」という回答である。これは哲学的には、「相対主義」と言われる考え方に基づく回答である[7]。

しかし、この相対主義は、古くはソクラテスの時代のソフィスト達によって、新しくはポストモダンにおける現代思想家達によって、様々な時代において、手を代え品を代え、繰り返し主張されてきた考え方であるものの、いわゆる哲学の本流（あるいは、「王道」）の地位を獲得することはなく、いつの時代も退けられてきているのが実情である。なぜなら、哲学は、究極的に"善く生きるとは何か"を探求する営みであり（cf. 戸田山、2003）、そうであればこそ、究極的には相対主義を受容するわけにはいかないからである。そして、善く生きる為には、種々の岐路において「選択」を成すことが不可避なのであり、その選択を為す為には価値観を携えることが不可避だからである。それ故、究極的には選択不能な状態に陥らざるを得ない相対主義は、「善く生きる」ことを志す以上は退けなければならないのである。

同様にして、「善き社会」を目指す土木においても、相対主義は退けられなければならない。もしも退けないのであるのならば、「改善」なる概念そのものが否定されるのであり、そこに存在するのは「変化」のみとなろう。そして、その時代時代に「相対的」に設定される「任意な価値基準」に基づいて、当該の国土や地域や都市が計画され、改編されていくこととなろう。そしてしばらくして価値観が変化すれば、また別の価値基準に基づいて計画がなされていくこ

44 ｜ 土木計画学とは何か

ととなろう。かくして、もしも完全なる相対主義の立場に立つのなら、当該の国土や地域の姿は、さながら「糸の切れた凧」のように、(あるいは、図2・8の(2) のように) 時代の中をさまよう他ないであろう。

こうした議論を経て、価値にまつわる哲学・思想(ひいては宗教)においては、伝統的に「真・善・美」が究極的に目指すべき最善の価値であるということが想定されてきた。ここに、"真"とは、哲学的アプローチによって接近し得る最上位の価値であり、"善"とは宗教的アプローチによって接近し得る最上位の価値であり、そして、"美"とは芸術的アプローチによって接近し得る最上位の価値である。これら三者は、我々の「主観」でしか感得し得ぬものではあるが、それはあくまでも「主観」の外側に、すなわち、"客観的"に存在するものとして想定される。そしてあくまでも、それらは相対的なものではなく、唯一無二の存在であることが想定される[8]。ここで、こうした「真善美」は主観の「外側」に存在するものと想定されるが故に、人間、あるいは、「計画者」は、何が真善美であるのか、そしてその真善美を胚胎する「善き社会」とは何かを「探し求める」という態度[9]が必要となる。そして、それが何かは的確に表現することが必ずしも容易ではないとしても、「完璧なる善き社会」は唯一無二である、と"想像"し、かつ、それを"追い求める"という精神が存在するところではじめて、"ああでもない、こうでもない――"、という「探求」が始まるのである。この「探求」の過程こそが、"プランニング"と呼ばれる精神活動に他ならないのである[10]。

繰り返して言うなら、プランニングなる精神活動は、価値なるものは、気まぐれな人間の主観の内側にしか存在しないのだ、と構える価値相対主義者には到底実現不可能な精神的活動なのである。「完璧なる善き社会」は唯一無二であると想定し、しかも、その実現が絶望的に難しいということを知りながらも、完全なる絶望を排し、希ではあったとしてもそこには必ず望みが存在するという「希望」を携えつつ、それを追い求める強靭な精神があってはじめて成し遂げられ得る活動こそが"プランニング"なのである。

なお、ここでは「完璧なる善き社会」が如何なるものであるのかについて、甚だ不完全な表現ではあるが、読者の理解を助けるという趣旨の為に、注 [11] にて散文的に記す。

（6）プランとプランニングの関係

　以上、土木計画におけるプランとプランニングの概要について述べたが、ここでは両者の関係を改めて整理することとしたい。

　まず、繰り返し指摘したように、「プラン」とは土木を進めるにあたっての方法や手順の内容そのものを意味するものである一方、「プランニング」とはそれを考え企てることそのものを意味している。それ故、プランは土木計画の"静的"な側面を意味する一方、プランニングは土木計画の"動的"な側面を意味している。

　また、プランニングがプランを生み出す源泉であるという側面が存在している一方で、プランニングはその時点におけるプランに影響を受けるものでもある。なぜなら、一般にプランは階層性を有しており、かつ、下位レベルのプランは上位レベルのプランの枠内で策定されるからである。それ故、その下位レベルのプランを策定する為のプランニングの活動はその上位レベルのプランに影響を受けざるを得ない。例えば、ある"短期的"なプランを"プランニング"する活動は、そのプランニングの時点に策定されている"中期的プラン"に影響を受けざるを得ない。さらに、その中期的なプランのプランニングにおいては、より"長期的なプラン"に影響を受けざるを得ない。すなわち、プランとプランニングは図2・9に示したような「入れ子構造」を有しているのである。

　とは言え、この両者の関係は、どちらが先なのかを決することはできない、というような関係にあるのではない。最も長期的な部分に位置するもの、言い換えるなら土木計画の全ての源は、プランではなくプランニングにある。これは、超長期的なプランなるものが、人間の社会的・歴史的な精神活動と独立に存在しているとは考えられないからである。一方、最も短期的なところに存在しているのは、プランニングではなくプランである。なぜなら、プランとは、プランニングなる何らかの「意志」あるいは「思い」を形にする契機を与えるものであり、それ故、如何なるプランニングであっても何らかの"プラン"を生みだし、それを通じて、実際の現実の世界に何らかの影響を及ぼそうとするものだからである。

　この図2・9のプランとプランニングの間の入れ子構造は、図2・2に示した「計画（Plan）、実施（Do）、評価（See）」の3行程からなるマネジメント・サイク

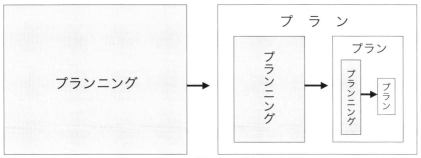

図2・9 プランとプランニングの入れ子構造

ルを用いると、図2・10のように表現することができる。すなわち、ある次元のマネジメント・サイクルにおいてある「計画」（プラン）を立案し、それを「実施」しようとすれば、それを実施する為に、より詳細かつ具体的な「計画・実施・評価」のマネジメント・サイクルを循環させることが必要となる。そして、そのより詳細なマネジメント・サイクルの「実施」の段階においても、さらにより詳細なマネジメント・サイクルが必要とされる。こうした階層的なマネジメント・サイクルの中でも、最も詳細なマネジメント・サイクルは、数日、あるいは、数時間単位で、計画を立てて実施し評価する、という循環を繰り返すものである一方、より大きなマネジメント・サイクルは、数十年、数百年の長期計画を伴うマネジメント・サイクルである。ここで、表2・4に例示するように、より短期的なマネジメント・サイクルにおいて検討される土木事業は、既存の土木施設の存在を前提として、それを短期的にどのように上手に活用していくのか、という、土木施設の「技術的運用」ならびに「（短期的）社会的運用」という営みが主体となる。その一方で、より長期的なマネジメント・サイクルにおいて検討される土木事業は、土木施設の「整備」そのものである傾向が強くなる。そしてさらに超長期的なマネジメント・サイクルにおいて検討される土木事業は、土木施設の整備そのものを規定する社会的な風潮や制度に対して働きかける「（長期的）社会的運用」である傾向が強くなる。このように、「土木施設の整備と運用」として定義される土木という営みそのものが、様々な階層におけるマネジメント・サイクルによって、相互連携の下で一体的に進められていくものなのである。

さて、ここで、「精神と物理」の二分法を想定しつつ、プランとプランニング

の関係を表現すると図 2・11 のように表現することができる。すなわち、プランニングは「人間の精神界」と直接繋がるものである一方、プランは「物理的な現象界」と直接繋がるものである、と考えることができる。つまり、「土木」という社会の改善を目指す営為は、善き社会を目指そうという精神活動であるプランニングに導かれつつ、具体的なプランを通じて物理的な現象界に働きかける営為なのである。すなわち、「土木」は、土木計画におけるプランニングとプランなくしてはあり得ない営為だと言うことができるのであり、土木における何らかの「思いや願い」（例えば、洪水を防ぐ、都市と都市を結ぶ、等）は、土木計画

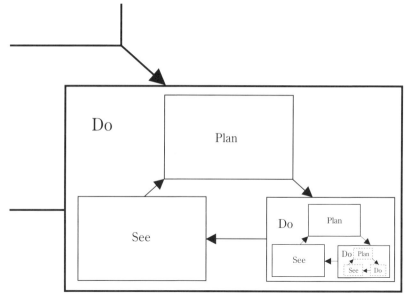

※図中の「Plan」と記したものが土木計画の「プラン」に対応し、サイクルの動きそのものが「プランニング」としての活動に対応する

図 2・10　マネジメント・サイクルの階層構造

表 2・4　各階層のマネジメント・サイクルの概要と高速道路事業における施策例

短期的 マネジメント・サイクル	既存の土木施設の技術的・社会的運用 　（例　料金施策、情報提供施策、行動変容コミュニケーション施策　等）
中期的 マネジメント・サイクル	土木施設の整備 　（例　道路建設、バイパス整備、道路容量の拡張　等）
長期的 マネジメント・サイクル	土木施設の整備に関わる社会情勢・制度に働きかける社会的運用 　（例　学校教育との連携、広報・コミュニケーション、財政制度の改変　等）

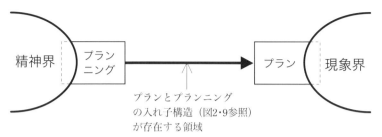

図2・11 「人間の精神的領域」と「自然における物理的領域」をつなぐ土木計画の構造（精神に起源を持つプランニングと物理界に打ち込まれたプラン）

を通じてはじめて現実の「現象界」に辿り着き、具体的な「形」を得るのである。

　こうした議論は、プランニングならざるプランは、特定の目的を与えられた際に、特定の目的を達成する為の具体的な「手段・道具」であることを意味している。このことはさらに、プランとは、土木計画の階層構造（図2・5参照）における「下降運動」（特定の目的を達成する為に、具体的な手段を検討していく作業）の「結果」として与えられるものであることを示唆している。一方、プランニングとは、具体的なプランを策定しようとする「下降運動」を行うと共に、当該の土木的営為の「目的」を見定める「上昇運動」を同時に行うもの（すなわち、包括的プランニング）なのである。

(7) 土木計画についての暗示的説明

　以上、本節では、「土木計画」を定義した上で、その中の「プラン」と「プランニング」について論じたが、こうした土木計画をたてるという計画活動は、比喩的に語るのなら、棋士（将棋打ち）が勝利を目指して延々と将棋を打つ姿に模して論ずることができる。ここでは、この比喩について少々述べることを通じて、土木計画という行為が如何なる行為であるのかを暗示的に論じてみたいと思う。

　まず、棋士が目指すのは、言うまでもなく「勝利」である。そして、その勝利という一点を目指し、棋士は延々と考え、その時々の局面を読みつつ、具体的に一手一手をさしていく。これは、土木計画者が、「善き社会を実現する」という一点を目指して、延々と「プランニング」を続けつつ、当該の局面を読み

ながら、具体的な一つ一つの「プラン」を立案していく、という姿に類似している。

ここでもしも、これまでの局面の展開についての一切の「記憶」がない棋士を想定するなら、彼は、勝利を手にすることは間違いなく不可能だと言えるであろう。なぜなら、これまでの局面の展開についての記憶を一切持たない人間が、その将棋の「大局」を読むことなど不可能だからであり、大局が読めない棋士が、具体的な個々の局面で適切に一手一手を打っていくことなど望むべくもないからである。おそらくは、これまでの局面の展開の記憶がなく、それ故に大局を読むことがない人間になし得ることは、その場その場で、場当たり的に一手一手を打っていく他何もない。このことはすなわち、「記憶」も「歴史感覚」も携えてはいない計画者には、「大局」を見て取ることができず、それ故、場当たり的な「プラン」を提案し続けていくしか道がないことを暗示している。そしてそのような場当たり的なプランをいくら立案し、実行したとしても、「善き社会」を実現することは不能となる、という事態は避けがたい。

さらにもしも、この棋士の「勝とう」とする「意志」が薄弱であったのなら、それでもまた、彼がその大局で勝利を収めることはほぼ不可能となるであろうことは間違いない。勝とうとする強い意志と精神があってはじめて、大局がその人の脳裏に浮かびあがるのであり、また、ありとあらゆる可能性を吟味する精神的努力が為されることとなるからである。このことは言うまでもなく、善き社会の実現に対する意志が薄弱であれば、適切なプランニングは進められず、場合によっては役に立たないようなプランが立案されてしまうことにも繋がりかねないのである。「善き社会の実現」という最上位の目的を念頭に置かずに、治水や利水、渋滞解消や利便性の向上といった「下位の目的」の実現だけを目指してプランニングを行い、プランを立案していくのは、例えば棋士が、相手の「飛車」を取ることだけを念頭に一手一手を打っていくようなものである。それだけを念頭に置きつつ局面を進めれば、その対局において勝利が遠のいていくことは必定であろう。

言うまでもなく、将棋は、無限に続くものではない。そして、将棋における勝利は、美しい国を作ったり、善き社会を作ったりすることに比べるなら、容易いことである。しかし、そうした土木計画よりも格段に"容易"な作業であ

る将棋においてすら、「記憶」と「究極的な目的に対する志向性」が不在であるのなら、その目的（勝利）を達することはできないのである。そうであればこそ、将棋という擬似的なゲームよりも遙かに複雑な現実世界の土木計画において、「記憶」（歴史観）と「究極的な目的に対する志向性」が不在のままに、適切な土木計画が進められる等ということは、あり得べくもないのである。

2 土木計画学について

さて、土木計画学とは、以上に論じた「土木計画」を策定する為に援用される技術体系である。ここで、「土木計画を策定する」という行為は、「プラン」そのものではなく、「プランニング」である。それ故、土木計画学とは、土木計画における「プランニング」に資する学問体系であると換言することができる。この点、ならびに、先に示した土木計画の定義を踏まえた上で、土木計画学を改めて定義すれば、次のような定義を導くことができる[*12]。

土木計画学の定義

土木計画学とは、自然の中で我々が暮らしていくために必要な環境を整えていくことを通じて、我々の社会を存続させ、改善していこうとする社会的な営みを行うにあたって、その方法・手順等を考え企てる行為（すなわち、プランニング）に資する学問体系である。

なお、本書では「土木工学」を、「土木なる社会的営為」を推進する際に援用される技術体系と広く定義している以上、本書においては「土木計画学」は「土木工学」の一部を占めるものと見なすことができる[*13]。

（1）土木計画学における数理的計画論と社会的計画論

ここで、プランニングには、2.1（4）で述べたように、所定の目的を達成する手段を技術的に検討する「技術的プランニング」と、目的のあり方と、それを達成する手段を総合的に検討する「包括的プランニング」の2種が考えられるものである点を思い起こしてみよう。この点を踏まえるなら、土木計画学を

「プランニングに資する学問体系」と見なした場合には、土木計画学にも、「包括的プランニングに資する土木計画学」と「技術的プランニングに資する土木計画学」の二種を想定することができることとなる。ここで、本書では、前者の包括的プランニングに資する土木計画学の諸論を「社会的土木計画論」（あるいは、略記して**社会的計画論**）と呼び、技術的プランニングに資する土木計画学の諸論を「数理的土木計画論」（あるいは、略記して**数理的計画論**）と呼ぶ。これらは、図2・12に示したような対応関係を持つものであるが、以下、この社会的計画論と数理的計画論の概略について述べる。

a) 数理的計画論（数理的土木計画論）

まず、後者の技術的プランニングにおける最も典型的な作業は、特定の目的が与えられたときに考えられ得る複数手段の中から、最も合理的なものを選択する、というものである。このときにしばしば採用される考え方が、「最適化」の考え方である。この最適化の考え方とは、所定の目的を「数量」によって定量表現し、その数量を最大化する、あるいは、最小化するという考え方である。例えば、ある道路ネットワークにおける「全ての車両の所要時間の総和」を最小化する為には、どのような信号制御をするのが望ましいか、というような技術的課題があった場合を考えよう。このようなとき、信号制御による「全車両の所要時間の総和」の変化を数式で記述した上で、その数値が最小となる信号制御のあり方を探る、というアプローチによって、最も適した、すなわち「最適」な信号制御のあり方を発見することが可能となる。これが最適化の考え方である。一般に、こうした最適化の考え方を記述するのは最適化数理と呼ばれ、オペレーションズ・リサーチ（OR）の分野で開発されてきた数理理論体系である。

また、こうした最適化を行う為には、想定され得る何らかの対策を行った際に、目標とする関数値がどのように変化するのか、を「予測」することが不可

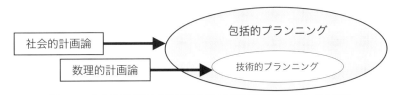

図2・12　社会的計画論と数理的計画論が支援するプランニングの対象

欠となる。例えば、道路計画の場合には道路交通需要予測が、水利用計画の場合には水利用需要予測が、廃棄物計画の場合には廃棄物需要予測がそれぞれ重要な情報を提供することとなる。これらの予測値はいずれも「定量的」に数理表現されるものである。

　ここで、「予測」を行う為には、例えば交通需要予測の場合には、交通需要を生ぜしめる「社会システム」を何らかの形で「数理的」に記述することが必要であり、同様にして、水利用需要予測や廃棄物需要予測の場合においても、それらを生じせしめる社会システムを数理的に記述することが必要となる。一般に、そのような社会システムを「数理的」に表現したものは、「数理社会モデル」と呼ぶことができる。

　このように、技術的プランニングにおいては、社会システムのモデル化とそれに基づく予測や最適化といった「数理理論」を援用することが必要とされているのである。ついては、本書ではこうした数理理論の諸論を、「数理的土木計画論」（あるいは、略記して「**数理的計画論**」）と呼称する次第である。

b）社会的計画論（社会的土木計画論）

　一方、前者の包括的プランニングは技術的プランニングを包括するものであるから、数理的計画論が包括的プランニングに有益であることは論を俟たない。しかし、包括的プランニングは、数理的、定量的な「技術」では対応できない側面も含めて、文字通り「包括的」に進められるプランニング活動である。

　そのような数理的・定量的な技術では対応しきれない側面の代表的なものとして、第一に挙げられるのが、包括的プランニングにおいて「目的」のあり方を考えるという側面である。ここで、「土木」の目的が「善き社会の実現」であることを踏まえるなら、その目的なるものは「社会的」なものであることは間違いない。

　また、包括的プランニングにおいて、所定の目的を実現する為の「手段」を考える際に、技術的プランニングでは加味できない側面もまた、「社会的」な側面である。例えば、人々の社会生活における「幸福」の水準は、数理的、定量的な技術では定量化が著しく困難であるし、土木施設の「美観」についても、その定量化は容易ではなく、したがって、それらの判断は、社会的なものとならざるを得ない[14]。

さらには、技術的プランニングによって演繹された技術的な数理解を踏まえつつ、総合的に判断しながら、プランを策定する、という行為もまた、最終的には社会的なものとならざるを得ない。なぜなら、そうして策定されたプランは、社会の構成員に大きな影響を及ぼすのであるから、そのプランの策定についての「社会的な了承」を、社会的（あるいは、政治的）に得なければならないからである。

　このように、包括的プランニングにおいては、技術的プランニングに配慮しつつも、それと同時に技術的プランニングでは考慮不能な様々な側面（すなわち、社会的側面）を考慮していくことが不可欠なのである。そして、そうした技術的側面とそれ以外の種々の側面を、包括的に勘案し、最終的にはそれらを"社会的"に策定していくことが求められているのである。ついては、包括的プランニングを遂行するにあたって不可欠となる種々の社会的な側面に関わる諸論を「社会的土木計画論」（あるいは、**社会的計画論**）、と呼称する次第である。

(2) 数理的計画論に基づく技術的プランニングの概要

　ここでは、数理的計画論を援用しつつ進められる、技術的プランニングの基本的なプロセスの概要を述べることとする。その中でもまず、技術的プランニング、あるいは、それに資する数理的計画論において中心的な役割を果たす「最適化」の考え方の概要について、述べる。

　まず、最適化の考え方の概要を理解するには、次に述べる目的関数、代替案、制約条件のそれぞれの意味を理解することが得策である。

　まず「**目的関数**」とは、その土木計画において目標としているものを数量表現したものである。例えば、渋滞解消の為のプランニングにおいては、「混雑の度合い」が目的関数となる。ここで、「関数」と呼称しているのは、こうした「混雑の度合い」は、種々の政策やはたらきかけによって変化し得るものだからである。

　次に「**代替案**」とは、目的関数を最適化（最大化、あるいは、最小化）するにあたって、土木計画において採用し得る可能な手段のことを意味する。例えば、「混雑の度合いを最小化する」という最適化問題の場合には、新しいバイパスを造る、信号制御を調整する、等が代替案となる。また、信号制御の場合に

は、例えば、信号の1サイクルの時間を何分何秒にするか、という連続的な代替案を考えることもできる。なお、解析的な最適化計算においては、代替案は「政策変数」という形で変数表現が可能であるが、そのあたりの詳細については、「第Ⅱ部・数理的計画論」において詳しく論ずる。

最後に「**制約条件**」とは、最適化を図る場合において、どうしても踏まえなければならない条件のことを意味する。例えば、その土木計画に投入できる財源はどれくらいか、信号制御技術として、どのようなものが技術的に使用可能であるか、あるいは、住民の合意の問題から、バイパスを造ることは可能であるかどうか、といった様な事柄である。

以上の用語を用いるなら、「最適化」とは、所与の「制約条件」を踏まえつつ、所定の「目的関数」を最も望ましい水準にする為の「代替案」を選択する、という考え方を意味するものである。ここで特に、制約条件や目的関数等を数理的に表現した場合には、その最適化は「**数理的最適化**」と呼ばれる。

さて、技術的プランニングにおいては、こうした数理的最適化の考え方が中心的な役割を担うところであるが、その手順は、既に前節にて触れた様に、まずは「数理社会モデル」を定式化することから始められる。その一方で、「目的関数」を明示的に定義し、種々の自然環境や社会環境を踏まえた上で「制約条件」を想定する。そして、実行可能な「代替案」を複数設定する。その上で、それぞれの代替案毎に、それらを実施した場合の「目的関数」の値がどのようになるのかを「予測」する。この「予測」のときに援用されるのが、「数理社会モデル」である。そして、それらの予測値の中で、「最適」な目的関数値をもたらす「代替案」を、最適な計画として採用し、それをもってして計画策定を行う。

以上の過程を、図2・13に示す。技術的プランニングにおいては、代替案や目

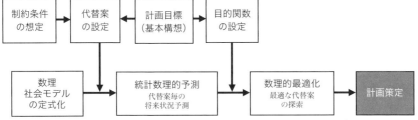

図2・13 数理的計画論に基づく基本的な技術的プランニング過程（システムズ・アナリシス）

第2章 土木計画と土木計画学

的関数の基礎的な検討を踏まえつつ、モデル化、予測、最適化という流れに基づいて最終的に計画を策定するものである。なお、こうしたプランニングにおける数理的、分析的な思考過程は、計画の対象を「システム」と見なしてその挙動を分析することから、一般に「**システムズ・アナリシス**」と呼ばれている(吉川、1975)。また、このような形で社会システムを数理表現した上で計画策定を考えようとするアプローチは、(新古典派の近代)「経済学」で頻繁に採用される方法論であることから、図2・13 に示した技術的プランニング過程は、経済学的アプローチとも呼称できる。

(3) 社会的計画論を基本とした包括的プランニングの概要

以上、数理的計画論に基づく技術的プランニング過程について述べたが、次に、社会的計画論を基本とした包括的プランニングについて述べる。既に、図2・12 で示したように、包括的プランニングは技術的プランニングを含むもので

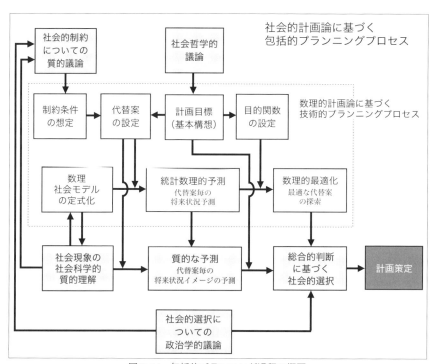

図2・14 包括的プランニング過程の概要

あるが、これをより詳しく記述したのが、図2・14である。この図に示したように、包括的プランニング過程は、図2・13で示した技術的プランニング過程の全てをそのままその一部として包括している。

以下、この図2・14に基づいて、包括的プランニング・プロセスのそれぞれの段階において必要とされる種々の計画論のあらましを述べた上で、そのプロセスの概要を述べることとする。

a) 計画目的についての「社会哲学」的議論

全ての土木計画は目的を持つ。技術的プランニングでは、その目的、すなわち計画目的を「所与」のものとして取り扱うが、包括的プランニングでは計画目的そのものについても検討を加える。例えば、どういった都市が理想の都市か、どういった交通システムが理想の交通システムなのか、という点について検討を加える。これは、図2・5の手段-目的連関の階層構造における「上昇運動」を試みる議論であるとも言える。そしてこうした議論は、何を価値あるものとみなすのかという議論である以上、必然的に「社会哲学的議論」となる。

なお、この社会哲学的議論は特定のプランの策定のときのみに行うものなのではなく、具体的プランを策定する機会の有無に関わらず持続的に継続していくことが必要である。例えば中央省庁や上位計画からの指令や要請によって特定のプランを策定することとなってからはじめてその計画目的について議論を始めるようでは、的確な計画目標を設定することを期待することなどできず、それ故、社会的に意義ある土木事業の推進が不能となる。それ故、目的、あるいは、理想の都市や地域や国土とは何か、についての議論を持続させていくことではじめて、様々な契機と共に訪れる特定プランの策定機会において、的確な計画目的を設定することが可能となるのである。

そしてより重要なことは、目的に関わる議論を、様々な機会において事あるごとに繰り返し、継続していくことは、当該の目的に少しでも具体的に近づいていく為の「プラン」を策定し、実施しなければならないという「社会的機運」を生み出し、様々なプランを具体化せしめる原動力となる、という点である。すなわち、理想についての社会哲学的議論を様々な関係者間で繰り返していくという行為は、もしそれが真剣である限りにおいては単なる空理空論に留まることなく、様々なプランを現実的に生み出していく為の極めて現実的な行為に

他ならないのである。そうである以上、計画目的についての持続的な哲学的議論は、図2・1に示したプランニングの流れにおける「支流」としてのプランニング・プロセスというよりはむしろ、図2・1に示したプランニング・プロセスの「本流の中核」をなすものであり、その流れをより太い、活力あるものにせしめる原動力となるのである。

b）社会的制約についての質的議論

技術的プランニングの最適化の計算の際に、計画策定に直接的に大きな影響を及ぼすのが、「代替案の設定」であり、それを規定する「制約条件の想定」である。制約条件には、純粋に自然環境的なものが考えられる一方で、様々な「社会的」な制約条件も存在しているのが一般的である。例えば、「政治的な制約」や「制度的な制約」はいずれも社会的なものである。前者の政治的な制約については、現代の民主主義社会では計画策定において住民の意識や世論が重大な影響を及ぼし得る点を踏まえれば、一人一人の意識が、計画策定における制約条件となっている、という例が考えられる。また、制度的な制約についても、特定の法的規制の為に特定の代替案を実行することができない、という例が考えられる。しかし、これらの社会的な制約は、「完全に固定されたものではない」という点において、純粋に自然環境的な制約とは質を異にしている。上記の例で言うならば、制度は特定の政治的行政的手続きを踏襲すれば変更可能であるし、一人一人の意識や行動も社会的なコミュニケーションによって変化し得る。包括的プランニングにおいてはこの点に着目し、社会的制約を「可変的」なものとして捉える。この点は、社会的な制約条件を自然環境的な制約と同様に「固定的なもの」として取り扱う技術的プランニングとは大いに異なる、包括的プランニングの重要な特徴である。そして、この社会的制約の「可変性」を取り扱うのが、社会的計画論なのである。

なお、こうした社会的な制約条件の変化は、一定の長期的な時間を要する場合も考えられる。それ故、社会的な制約条件の変化を目指す場合には、その取り組みは、必然的に長期的、持続的なものとなるのであり、前項で指摘した哲学的議論と同様に、図2・1に示したようなプランニングの流れにおける「支流」としてのプランニング・プロセスというよりはむしろ、図2・1に示したプランニング・プロセスの「本流」において持続的に検討していくものの1つである。

いずれにしても、以上に論じた社会的制約条件の可変性は、包括的プランニングにおいては、技術的プランニングよりも、より「多様」な代替案を想定することが可能であることを意味している。例えば、社会的なコミュニケーションを行うことによって、一人一人の意識や行動の変容を導く、という「社会的運用」（あるいは、社会的マネジメント）に関わる施策や、制度の改変を目指した政治的な活動等も、土木計画上の「代替案」として取り入れられることとなる。ここに包括的プランニングと技術的プランニングの重大な相違が存在している。例えば社会コミュニケーションについての代替案を考える場合には、心理学や社会学が、後者の制度の改変については政治学が有益な情報をプランニング過程に提供し得るものと期待されるのであり、こうした社会的な代替案を検討する為にも、諸種の社会科学を含めた社会的計画論が必要とされているのである。

c）社会現象の「社会科学」的質的理解とそれに基づく質的予測

　以上は、社会科学的議論が「社会的制約」を考える上で重要な役割を担うことを指摘するものであるが、それは、代替案毎に生ずるであろう将来状況についての「予測」にも有益な情報を与えるものである。

　社会現象、というものは、一人一人の人間や各種の団体、組織、それらの間の相互作用、そして、それぞれの歴史的な変遷、そして、一人一人の意識や社交等の、様々な要素で構成されている。そうした高度に複雑な社会現象における様々な要素を捨象した上で、複数の数式群で表現しようとするのが、数理的計画論の際に構築される数理社会モデルであった。しかし、社会に内在する全ての活動や過程を考慮可能なモデルを構築することは原理的に不可能である。例えば、一人一人の行動は、各自の内的な心理状態からの影響を受けざるを得ない一方で、一人一人の心理的な状態を完璧に記述し尽くせる数理モデルは現実的には構築不能であるという一点をとってしても、完璧な数理社会モデルを構築することは不可能であることが容易に察せられるところである。しかし、社会現象を定量的にのみ理解しようとする態度を放棄し、その代わりに「定量的」な側面を参照しつつ「定性的」に社会現象を理解しようと試みれば、数理社会モデルのみに基づいて理解しようとする場合よりも、より「豊か」な社会現象の理解を得ることが期待できる。例えば、「社会学」を援用すれば、地域コ

第 2 章　土木計画と土木計画学　　59

ミュニティや、その根幹を成す家族の役割をより深く理解することが可能となるし、経済現象を人々のライフスタイルとの相互作用を視野に入れて議論することが可能となる。「風土論」を踏まえれば、地域社会の歴史性の役割や自然環境と社会のあり方との関連もより明確に理解することが可能となる。さらに「心理学」を踏まえれば、各種の土木事業によって地域環境が変遷していくことで、人々の意識や行動が（あるいは、経済学でいうところの効用関数が）どのように変化していくのかを視野に入れた議論が可能となる。

　なお、こうした社会現象の質的理解を試みるにおいて、数理社会モデルは大いに役立つものである。ただし、如何なる「数字」も、何らかの解釈行為を通じて、一定の「質的な意味」を帯びるのだという点を踏まえるなら、数理社会モデルによる定量的な社会現象理解は、社会現象の質的理解を「支援」するもの以上の存在ではないという点は、容易に理解できるところであろう。一方、社会システムの数理モデルを定式化する上で、社会についての各種の質的な理解が有益であることも間違いない為、図2・14に示したように、この両者は相互に影響を及ぼしあうものであるということができる。

　さて、以上に述べたような社会現象についての質的な理解は、包括的プランニングにおいて最も望ましい計画を策定する為に必要となる個々の代替案毎の効果を把握する為の「将来予測」に、重要な情報を提供する。無論、繰り返しとなるがそうした代替案毎の「将来予測」を考える上で、数理社会モデルから得られる統計数理的な予測が重要な役割を担うことは間違いない。しかし、社会現象の社会科学的な質的理解を踏まえるなら、数理社会モデルでは取り扱うことができなかった各種の質的要素を加味した予測が可能となるのである。

　なお、定量的な将来予測は、表やグラフ等を用いて簡潔に表現することができるが、質的な将来予測は、そのような簡潔な形で表現することはできない。書面で表現するのなら、必然的に「文章表現」が不可欠なものとなる。ただし、終始単なる文章表現で記述された将来予測では、万人の理解を得ることは必ずしも容易ではないことが想定される。それ故、少なくとも、将来予測に関わる文章については、その根拠を「説得力」ある形で明確化していくことが必要である。またそれに加えて、何らかの定量的な予測値を可能な限り交えていくことがやはり重要となる。ただし、定量的な予測値を掲載するにおいては、その

前提を明示し、そしてその数値に「社会科学的な解釈」を加えたり、その予測値の限界を踏まえつつ、社会科学の観点から理論的に論じたりすることを通じて、その数値が含意する意味について十分に論ずることが重要となる。

　ここで、以上の議論の一例として、高速道路や新幹線等の幹線交通整備を行った場合の各種の影響を、計量的な予測の容易性に応じて分類したものを表2・5に示す。この表に示したように、幹線交通を造ることによってもたらされる時間短縮効果やそれに基づく経済的な活力や効率性の向上についての諸点については、比較的計量的な予測が容易であるが、それらを通じて「間接的」に生ずるであろう資源、市場、工業開発、人口等に及ぼす中長期的な効果については、必ずしも計量予測が容易ではない。同じく、運転手の疲労の減少や、快適性の向上といった心理学的な側面についての計量化も容易ではない。さらには、家族やコミュニティのあり方、景観や風土等に及ぼす、間接的で、しかも、中長期的に生ずる社会心理学的、社会学的な影響については、その計量化が著しく困難なものとなる。

　それ故、計量予測に基づいて計画策定を行う技術的プランニングにおいては、えてして、「計量化が容易」な諸項目を重視した計画策定がなされがちであり、計量予測が困難な、心理学的、社会学的な側面は、軽視されがち（あるいは、無視されがち）となる。一方で、総合的プランニングにおいては、こうした社会システム計量モデルの有用性と限界を過不足なく意識し、計量的予測値を「解釈」する。すなわち、定量的予測には表2・5に示したような各種の社会学的、心理学的要素が加味されていないことを前提として計量的予測値を解釈し、その限界について十分に配慮しながら計画策定を行おうと試みる。例えば、「案Ａと案Ｂとの比較によれば、経済的な合理性の観点からは案Ａが望ましいが、案Ａでは、地域コミュニティの衰弱をさらに加速する可能性が考えられる　方で、地域景観にも否定的な影響を及ぼす可能性が危惧される」といった総合的な予測と評価を目指す。その上で、経済合理性を優先するのか、それとも、地域活力を優先するのかを十分に議論した上で、案Ａと案Ｂのいずれが望ましいのか、あるいは、多様な問題を回避し得る新しい案Ｃがあり得るのか、を検討するのが総合的プランニングにおける計画策定の有り様である。

　ただし、そうした総合的判断を下す際に、上記の例で言うならば、「地域コミ

表2·5　幹線交通整備の効果とその計量予測の容易性の一例

計量予測が比較的容易なもの	走行費の節約 走行時間の短縮 荷役や梱包費などの付属費用の減少 交通事故の減少 代替路線道路・代替交通機関の交通混雑の緩和 生産・輸送計画の合理化　等
計量予測が容易でないもの	運転手の疲労の減少 交通快適度の増大 地域経済への影響を通じた消費財・サービスの質への影響* 工業開発効果* 資源開発効果* 市場開発効果* 労働力・人口の再配置* 地価の上昇*　等
計量予測が困難なもの	地域コミュニティの活力への社会学的影響 家族に及ぼす社会学的影響 地域流動性への社会学的影響 地域流動性への効果を通じた長期的人口変動 ライフスタイルへの影響を通じた地域愛着・価値観への心理学的影響 地域風土への質的影響 地域景観の質的影響　等

＊社会における各要素間の動態が完全に「計量モデル」で表現可能であり、かつ、それらが完全に「均衡」している場合には、これらの項目の間接的な効果は「計量予測が比較的容易な直接的効果」を測定することで全て測定できるとされているが、必ずしもそれらの前提は成立しているとは考えられない。

ュニティ」や「地域景観」に及ぼす影響を、可能な限り客観的に把握することが必要であることは論を俟たない。それゆえ、そうした評価を行うためにも、社会学や社会心理学等の社会科学上の知見が重要な役割を担うのである。

d）社会的選択についての政治学的議論

　以上のような定量的、技術的、ならびに、社会科学的な諸基準が、より社会的に望ましい計画策定を目指す上で重要な役割を担うことは間違いないとしても、これらの基準だけで、現実に計画を策定することはできない。なぜなら、土木計画は、多くの人々の暮らしぶり、ひいては、社会の有り様そのものに長期的な影響を及ぼす「社会的選択」であり、そうである以上は、その決定過程に「政治的」な要素が含まれざるを得ない為である。例えば、どこかの私的な研究機関が、いくら技術的、数理的、そして、社会科学的に合理的な土木計画を策定したとしても、その土木計画に基づいて土木事業が実施されることはない。土木計画が実際の土木事業の計画として実効性のあるものとなる為には、

62　│　土木計画学とは何か

当該の土木計画が、政治的に明確に位置づけられ、行政執行権を持つ機関（政府、あるいは、地方行政機関等）がそれを実施することが規定されたものでなければならない。したがって、実際の土木計画の策定行為においては、前項までに述べたような、技術的、数理的、そして、社会科学的な合理性を追求するだけではなく、それが「政治的」にも「妥当」なものでなければならないのである。そして、政治的な妥当性に配慮した土木計画の策定行為を考える上でも、それを支援する「政治学」的な議論が必要とされているのである。

　特に近年では、住民の土木計画に対する意向に配慮する重要性が増加しているところである。その一方で、全ての住民の全ての意見を完璧に反映する土木計画を常に策定することは、原理的に不可能であることは認めざるを得ない。例えば、ある住民がAを主張し、別のもう一人の住民が非Aを主張した瞬間に、全ての住民の全ての意見を完璧に反映する土木計画を策定することが不能となるからである。そして万に一つでもそれが可能であったとしても、全ての住民が賛成する土木計画が、これまでに述べた技術的、数理的、社会科学的に妥当なものである保証はどこにもない。とは言え、地域社会に根ざした土木施設を整備していく上では、当該地域の人々の暮らしぶり、ひいては、風土に十分に調和したものを計画していくことが不可欠であることもまた事実である。これらの諸点を勘案した上で、政治学的な妥当性を持ち得る適切な住民との関わり方を探ることが、現代の土木計画の策定プロセスにおいて重要な要素となっているのである。

　さらに、こうした政治学的な議論は、代替案の制約条件を緩和する為にも有用なものとなる。なぜなら、住民合意が得られないが故に選択肢の中から削除されている代替案であったとしても、住民合意を得るということそのものを土木事業の1つとして展開すれば、それが実行可能性のある代替案の1つしなり得ることもあるからである。例えば、技術的、数理的、社会科学的に妥当性のある特定の土木施設の整備が、住民合意が得られないが故に政治的妥当性を得ることができない、という状況を打開する方策の1つとして、その合理性を訴えるコミュニケーション施策を展開する、という対策を考えることができる。そしてもし、この対策によって住民の合意が促進され、「政治的妥当性」を得ることに成功すれば、その整備を進める政治的環境が形成されることとなる。あ

るいは、現行の法体系の下では実施することができない、技術的、数理的、社会科学的に妥当性のある特定の土木事業であっても、法体系を再整備するという政治的な取り組みを経れば、実施することが可能となることも考えられる。あるいは逆に、現行の法体制の下では実施することが許されている特定の土木事業であっても、法体系を再整備するという政治的な取り組みを通じて、その実施を禁止していくことが可能となる。例えば、これまでに十分に配慮されてこなかった「景観」的側面に配慮し、地域の景観を著しく乱す土木施設の建設を禁止するような法制度を整備すること等が可能となる。

このように、包括的プランニングにおいては、政治的なプロセスに配慮することで、より効果的な土木事業を柔軟に実施することが可能となる。それ故、そうした政治的な種々の考慮を、より合理的に、妥当な形で推進する為にも、政治学的な議論が必要とされているのである。

なお、政治的な各種の制約の緩和や、制度等の改変に必要とされる時間は、具体的な土木施設の整備の準備期間よりも長くなることもしばしばである。それ故、具体的な整備計画を立てる段階では、政治的、行政的、制度的な各種の制約は、緩和困難な、固定的な制約条件として取り扱わなければならないという場合も少なくはない。しかしながら、こうした政治学的な議論と、政治的な諸活動を、個々の土木施設の整備とは独立に展開しておくことで、徐々に政治的状況が変化し、従来では実施不可能と見なされていた代替案であっても、実施可能となるという事態は十分にあり得る。それ故、より良い土木計画を効果的に策定していく為には、個々の具体的な計画を個別的に検討していくだけではなく、種々の政治的状況を改善していく為の議論を、持続的に展開していくことが不可欠なのである。そして、そうした持続的な「現実的」な政治学的議論は、計画目的についての「理想的」な哲学的議論と対をなしつつ、図2・1に示したプランニングの「本流」の中核を成すのである。

なお、そうした議論を持続的に継続していく為には、それを議論する「組織」が存在していることが不可欠である。そうした組織については、例えば「学会」等の政治的な権限を持たない組織が議論を展開するということにも一定の意義がある一方、具体的な行政的権限を持つ組織が、持続的な議論を展開していくことも当然ながら必要である。さらには、行政が主導する形で、様々な関係主

体が参画する協議会を設置し、そこで、持続的な議論を展開していくという形も考えられる。ただし、そうした組織が、「形骸化」し、実質的な議論が展開されていないようでは、意味あるプランニングが展開されることはあり得ない。それ故、それぞれの組織が、それぞれ目的意識を持ち、「活力」(あるいはモラール［士気］)を持たねばならない。そうした活力を担保する方途については、当該の組織の社会学的側面の理解が必要となろう。

(4) 土木計画の各階層のプランニングの為の計画論

以上、土木計画学に含まれる数理的計画論と社会的計画論のそれぞれの概要を述べたが、ここでは、図2・6で述べた、以下の3つの階層の5つの諸計画、

- ・基本構想
- ・基本計画
- ・実施計画－整備計画
- ・　　〃　　－技術的運用計画
- ・　　〃　　－社会的運用計画

のそれぞれをプランニングするにあたって、これまでに述べた数理的計画論と社会的計画論のそれぞれがどのような役割を担い得るかについて述べる。

a) 基本構想

基本構想は、「ヴィジョン」に関わる極めて概念的なものであり、したがって、何を価値あるものと見なすのかという「目的論」的な側面が強い。これは、図2・5に示した計画階層構造における「上方運動」に対応するもので、数理的計画論ではそれを支援することができない。こうした「あるべき姿」をめぐる、目的論的な思考過程においては、当該地域の経済や社会、歴史、文化、風土、地勢等を全て総合的に勘案し、その上で、真に「価値」ある地域の姿とは如何なるものかという、極めて総合的で、しかも抽象的な検討が必要とされる。こうした、「価値」を軸とした総合的、抽象的な思考の源となるのが、「社会哲学的」な社会的計画論である。一方、想定したヴィジョンが、政治的に意味あるものとなる為には、何らかの政治的な決定(例えば、議会による決議や、法的権限のある主権者がそれを正式に策定する、等)がなされることが不可欠である。それ故、基本構想の政治的な決定過程を支援する計画論として、「政治学的」な社会的計

画論が必要とされる。

なお、基本構想においては、基本的には、創造的であることが求められ、資源制約等の拘束はあまり強く意識されないものの、資源制約をまったく無視した構想を検討することは不適当であることもまた論を俟たない。それ故、少なくとも幾分かの制約を考慮することも重要である。その意味において、数理的計画論も幾分かの支援を行うことが期待される。

b）基本計画

基本構想を実現する為に必要とされる整備と運用についての具体的な諸計画を、時間的空間的に提示するのが、基本計画である。具体的な整備計画、運用計画を含む実施計画に比べれば、抽象度は高いものの、基本構想をより具体化したものである。この段階は、基本構想で示された「目的」を達成する為の具体的な「手段」を考えるという「下降運動」を伴うプランニングのプロセスであることから、数理的計画論を援用することが重要となる。換言するなら、基本構想に比して種々の制約条件をより明確に意識することが必要であることから、この段階では、種々の技術的な検討が必要となり、したがって、数理的計画論の重要性が基本構想に比して大きなものとなる。

一方、このようにして手段を検討する「下降運動」において社会的な要素を加味することも必要であることを踏まえると、この基本計画においても社会的計画論は重要な役割を担うこととなる。特に、計画を想定する際の種々の制約条件を想定する際、社会的な要素を重視することが重要となる。例えば、高速道路計画においても治水計画においても、どこにどのような土木施設を整備するのかを考える際には、自然環境上の種々の制約のみならず、様々な社会環境上の制約を想定することが現実的に求められる。例えば、財源制約は、基本計画のあり方を大きく左右するものであるが、財源がどの程度確保できるのかという問題は、各行政機関の政府内の立場についての歴史的経緯や、税制、あるいは、それらを支える法体系の問題に直結するものである。その意味に於いて、財源制約はすこぶる社会的な問題なのである。さらには、長期広域の計画を考える際には、これまでの政治的決定がどのようになされてきたのか、そして、住民の賛否意識やそれにまつわる住民運動がどのように展開されてきたのか、という種々の政治社会的な問題とは無縁ではあり得ない。このように、基本計

画を立案する上ではこうした社会的制約を踏まえることが必要なのであり、その意味において社会的計画論が基本計画を考える上で重要な役割を担うこととなる。

　また、基本計画においては、土木施設の整備についての計画の概要を示すのみならず、基本構想で示された目的を達成する為に、その土木施設を整備した上で、それをどのように技術的、かつ、社会的に運用していくのかの「概要」も示される。ここで、技術的な運用に関わる基本計画については数理的計画論が、社会的な運用に関わる基本計画については社会的計画論がそれぞれ援用されることとなる。ただし、技術的運用と社会的運用の「詳細」は実施計画において定められるものである為、それらの諸論の活用についても、この段階では概略的な水準に留まるものである。

c）実施計画における「整備計画」

　土木計画の三階層における最も具体的なプランは「実施計画」である。一方、「土木」とは、「土木施設の整備、技術的運用、ならびに、社会的運用」を意味する社会的な営為全般を意味するものである。この中の「整備」に対応する実施計画が「整備計画」、技術的運用に対応する実施計画が「技術的運用計画」、そして、社会的運用に対応する実施計画が「社会的運用計画」である。なお、これらの諸計画についての基本的な考え方は「基本構想」において述べられており、これらの諸計画の相互関係を含む全体の計画の概要は「基本計画」において述べられている。

　ここで、「高速道路の整備」を例に取りつつ、これらの3つの実施計画について述べることとする。

　まず、この例における整備計画とは「高速道路の整備」に関わる計画である。どの経路に、何車線の高速道路を整備し、そして、インターチェンジやパーキングエリアをどこに整備するのかが記述される。そしてそれぞれの区間を、どのような順番で整備していくのかの時系列もあわせて示される。さらには、それらの整備の財源をどのように調達するのか、そして、その財源に基づいてどのような組織で整備を進めていくのか、についての計画もあわせて記述される。

　こうした整備計画の各要素を決定していくには、社会的計画論と数理的計画論の双方が必要である。

まず、高速道路整備の緒元を確定するのに重要となるのが、数理的計画論によって提供される「交通需要予測」である。複数の経路代替案が存在する場合、それぞれの経路によって、見込まれる交通需要量は異なった水準となる。なぜなら、交通需要量は、その高速道路が一般の平面街路とどのように接続するかによっても、また、沿道にどの程度の人口が居住しているのか、どのような商業施設等の都市施設が立地しているのかによって異なるからである。それ故、どの代替経路が望ましいのかを考える上で、それぞれについて交通需要量を算定することが必要となり、その為に数理的計画論に基づいた数理モデルを活用した交通需要予測が必要となる。さらに、いずれの経路が望ましいのかを決定する為には、その交通量を基本として、経済効果や時間短縮効果等の様々な観点から、社会的にどれだけの影響を及ぼすのかを算定することが必要となる。こうした算定においてもまた、数理的計画論が重要な役割を担うこととなる。同様に、どの区間から整備していくのかの優先順位を検討する際にも、「最適化」の考え方に基づく数理的計画論が有用となる。

　一方で、以上のような整備を進める為の資金をどのように調達してくるのか、そして、その整備を進める組織をどのようにするのかについては、必ずしも数理的な計画論では対応できない。これらの諸点は、当該の整備計画が、既に何度も先例のあるものである場合、財源調達方法も実施組織も既に存在している場合が多い。しかし先例のない内容や規模の施設の場合には、必ずしも組織や財源が確保されているとは限らない。そうした場合に、その施設整備をあきらめないとするなら、新たな財源確保の方途や、実施組織の新たな組織化が必要となる。そうした点を考える場合には、諸外国の事例を参照したり、あるいは、そうした財源や組織を考案する為の新しい行政手法を検討したりする様な政治学的視点が重要となる。

　さらに、高速道路の経路の特定にあたっては、予定地の住民の賛否意識が大きな影響を及ぼすことがしばしばである。そうした場合に、住民の理解を得ることは、経路の決定にあたって無視できない要素となる。そして住民の理解を得る為にも、住民のみが持つ当該地域についての各種の知識を適切に反映していく方途が重要となるのであり、その方途を考える上でも、政治学的視点の議論が重要な役割を担うこととなる。

一方、経路特定にあたっては、当該地域の歴史や伝統や風土、そして、景観に配慮することも重要となる。それらの議論にあたっては、上記の住民のみが持つ様々な知識を反映する政治学的方途を探ると共に、当該地域の歴史や伝統、風土についての社会科学的考察や景観に関する専門的議論が必要となる。さらには、当該の地域の地域経済に及ぼす質的な影響、ひいては、地域社会のコミュニティの活力に及ぼす影響等にも配慮することが重要となる。これらの諸点は、数理的計画論で扱うことが極めて困難であり、社会的計画論が必要とされるところとなる。

d) 実施計画における「運用計画」（技術的運用計画と社会的運用計画）

　技術的運用計画と社会的運用計画とから構成される土木施設の運用計画は、上記のような整備計画に基づいて整備された土木施設を、どのように運用していくかを考える計画である。先に、1.2（1）において、土木という営みは「計画、設計、施工、管理、技術的運用、社会的運用」の6段階で構成されると述べたが、先に述べた整備計画は、「設計、施工、管理」に主に関わる計画である一方、運用計画は、その第5段階と第6段階の技術的運用と社会的運用に関わるものである。

　さて、整備した土木施設をどのように運用するかについては、それを整備する際に、ある程度、陰に陽に想定されていることは間違いない。しかし、その運用の「詳細」を、整備段階においては十分に検討することはできない。なぜなら、整備については、一旦それが完了すればそれを変更することは（不可能とは言えないまでも）極めて困難である一方で、運用はその時々の状況を把握しながら、「臨機応変」に対応するものだからである。それ故、当該の土木施設を技術的にどのように運用していくのかについては、整備が完了し、それを実際に供用する時点から臨機応変に策定していくことが求められる。ただし、それが如何に臨機応変であったとしても、まったく無計画的であっては、目的に適う運用を進めていくことはできない。すなわち、運用において求められているのは、「一定の計画性に基づいた臨機応変なる対応」なのである。

　こうした「計画的」かつ「臨機応変」な運用を進めるにあたって重要となるのは、先に図2・2で示した「計画（Plan）、実施（Do）、評価（See）」の三行程からなるマネジメント・サイクルで表現されるプランニング活動である。すな

わち、まず、当該の土木施設が何を目的として整備されたものであるのかを改めて明確化した上で、その目的を達成する為にはどのように運用していくべきかの「計画（Plan）」をたてる。そして、立案された計画に基づいて、いくつかの対策を講ずる。例えば、高速道路において混雑解消を目指している場合の例で言うなら、どのような料金体系とするか、高速道路への流入を制御していくのか、ドライバーにはどのような情報を提供していくのか、等の様々な対策を考えることができるが、これらをどうするのかを計画（Plan）し、そして、実施（Do）する。そして一定期間が経過したあとに、当該の土木事業の「目的」に照らし合わせた上で、今回実施した対策が、どの程度有効であったのかを「評価」（See）する。例えば、上記の例で言うなら、それぞれの対策が渋滞対策にとってどの程度の有効性を持ち得たのかを「評価」する。そして、その評価結果に基づいてその実施体制や財源のあり方等を改めて精査する一方で、次にどのような対策を講ずるべきかをさらに検討を加える、すなわち、次の「運用計画」（Plan）を検討する。こうして、計画、実施、評価、計画、実施、評価、…の繰り返しを通じて、一定の「計画性」を担保しつつ「臨機応変」に、計画目的の実現を目指していくのである。

　「運用計画」とは、以上のようなマネジメント・サイクルを、どのように進めていくか、についてのプランである。すなわち、図2・15に示したように、「計

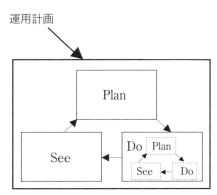

＊この図では、2階層のマネジメント・サイクルを制御する運用計画の例を示している。なお、この「運用計画」自体も、その階層における「See」（評価）に基づいて中長期的には改訂されるものである

図2・15　マネジメント・サイクル（プランニングのプロセス）を制御する運用計画

画、実施、評価」のマネジメント・サイクルそのものについての計画である。なお、このマネジメント・サイクル内部の「計画」を、その上位の運用計画と区別する為に、ここでは、「運用施策計画」と呼ぶこととする。

さて、こうした運用計画において最も重要な要素は、1）そのマネジメント・サイクルの主体を組織化し、その上で、2）そのマネジメント・サイクルが円滑に進められるようにする為に、その主体が使用する道具としての「システム」を構築することである。例えば、料金施策や情報システム等の技術的運用によって高速道路の渋滞対策を考える場合において何よりも必要とされているのは、当該の料金施策や情報システムの運用を担当する「組織」（以下、マネジメント組織）を構成することである。そしてその次に必要なのが、渋滞を常時観測する観測システムや、ドライバーに情報を提供する情報システム等の、マネジメント・サイクルの作業を繰り返すにあたって必要とされる「システム」を設計することである。

ここでさらに、マネジメント組織について言えば、それを構成するにあたって、必要となるのは、

・目的

・作業内容の概要

の2点を明確化することである。例えば、上記の渋滞対策の場合には、「円滑な交通の実現」なる目的を掲げ、その上で、「渋滞対策（＝運用施策）を検討し、その計画（＝運用施策計画）を立て、その効果を評価し、それに基づいてさらなる渋滞対策（＝運用施策）を検討していく」といった様な形で、作業内容を明確化した上で、マネジメント組織を設計することが必要となる。そして、それらの目的と作業内容の双方を鑑みた上で、必要な人員と財源、ならびに、必要となる道具としての「システム」を設計するのである。

いずれにしても、このようなマネジメント組織やシステムを設計することが、「運用計画」において最も重要な点である。

さて、「土木計画学」は、その運用計画の策定、あるいはその為の組織やシステムの設計を支援するものである。その中でも特に、「マネジメント組織」の設置とその運営そのものについては「社会的計画論」にて支援することとなる。ただし、土木施設の直接的な技術的運用にあたっては、当該土木施設を管理する

組織の内部に、マネジメント組織を設置する等の対応となることが多い（例えば、高速道路の場合には、高速道路の管理を担当する組織の内部に、各種のマネジメント組織を設置する）一方で、当該の土木施設の社会的な活用に関わる「社会的運用」の場合には、そのマネジメント組織には、行政や民間の各種団体、場合によっては一般公衆等の多様な主体の参画が求められることとなる。それ故、社会的運営の場合のマネジメント組織の検討にあたっては、政治学的側面や社会学的側面等に関わる社会的計画論を参照する傾向がより強い。また、効果的にマネジメント・サイクルが推進可能となるのは、マネジメント組織の"活力"が活性化されていることが不可欠である。その為の方途についても、社会学的、政治学的側面の議論が必要となる。

　一方、運営の為の「道具」としてのシステムとそれに基づく技術的運用に関わる各種の取り組みにあたっては主として数理的計画論が必要であり、社会的運用に関わる各種の取り組みの為の各種のシステムの構築にあたっては、主として社会的計画論が必要とされることとなる。例えば、ドライバーへの情報提供戦略の「最適化」等を考える場合には、最適化についての数理的計画論が援用できる。一方で、道路混雑を緩和する為に、道路利用者数の調整を図る為には、沿道住民に対してできるだけ自動車ではなく公共交通を利用することを促す「社会的コミュニケーション施策」を実施することが考えられるが、この場合には、社会心理学等に基づく社会的計画論が援用できる。

注

1　無論、徹底的な哲学的懐疑論の立場に立つのなら、逆説的にも、神のできる御業（みわざ）など人間には不可能である、とは必ずしも言えないのではないか、という結論を導くこともできるであろう。しかし、神なる存在は、そうした小賢しい理屈を超越する為にこそ存在するものであるという前提を思い起こすなら、そうした狂人的論理を退けることはいたって容易である。さらにいうなら、「きちんとしたプラン（あるいは、長期計画）さえ立てれば、あとはプランニング（すなわち、社会善を志す精神性）なんて要らない」なる暴論を吐いたり、あるいは、それを暗示するような言説を吐く人間がいたとするなら、即座にその人間は（例えば、チェスタトン（1905）が論じたような）「狂人」に違いなかろうと判断しても差し支えはなかろう。

2　土木計画における最上位の計画目的は、図2・1に示した様な「土木」という社会的営為の定義からも暗示されるように、「善き社会の実現」である。なお、この目的を掲げた代表的な先人としては、ソクラテスを挙げることができる。哲学の古典中の古典、プラトンがソクラテスの対話を著した『国家』において論じられているのは、「善き国家とは何か」をめぐる議論であった。

　なお、『国家』においては善き国家についての議論と、「善く生きるとは何か」とが相似している

という想定のもと、両者が議論されているのだが、その点を踏まえるなら、善き社会の実現を目指す「土木」と、善き人生を目指す「哲学」は相似をなす関係にある、と言うこともできよう。すなわち、真の土木屋は真の哲学者であり、かつ、真の哲学者は真の土木屋でもあるのである。

3 プランとプランニングの関係は、法律学で言うところの成文法と習慣法、経済学で言うところの貨幣と価値、言語学で言うところの言葉と意味の関係に類似している（c.f. 藤井、2007a）。

4 土木の方向を決めるのが土木計画であり、土木計画を捻出するのがプランニングであり、そのプランニングの中核に「意志」があるということは、意志こそが土木という社会的営みの中核であることを意味している。このように、社会的活動の中核に人間の（自由）意志の存在を想定するのは、例えば、パーソンズの主意主義的行為理論（Parsons, 1937）に見られるような社会学における典型的な主張である。なお、主意主義的行為理論では、こうした意志と、種々の外的な規定要因との関連から織りなされるのが、行為であると見なすものである。ここに外的な規定要因との関わりにおいて重要な役割を担うのが「技術」であり、その意味において、土木という営みは、「土木技術」と、土木を通じて社会的改善を志す「土木的精神」との両者によって織りなされるものだということができる。なお、これらはそれぞれ、本章で論じている技術的プランニングと包括的プランニングに対応するものでもある。

5 記憶を一切持たない人間は、自分の名前も分からなければ、友人や知人、家族を理解することもできない。そして言語を話すことすらできないのであるから、身体的特徴以外に動物と区別し得る点がなくなる。それ故、人間の人格と精神の基本に、「記憶」が存在していると言い得るのである。

6 ここに、土木史や都市計画史、土木計画史、あるいは、その土地の歴史そのものを理解し、解釈し、それを踏まえつつ当地の現時点の計画を考えていくという態度が重要とされる本質的理由が求められる。すなわち、歴史を通じて流れる意志の流れ、精神の流れに生命力を吹き込み、より力強いものとすること、そして、それを次世代に生き生きとした形で引き継ごうとする為に、過去の歴史を顧みるのである。

7 価値相対主義は、宗教的議論からはしばしば「ニヒリズム」と呼ばれるものと同種である（藤井、2006a）。

8 キリスト教等の一神教においては、真善美を司る者として唯一の「神」が想定されるのが一般的である（藤井、2006a）。

9 一般に、真善美に対する志向性は、しばしば「宗教性」と呼称される（藤井、2006a, b）。

10 キェルケゴール（1843, 1849）は、こうした態度を「あれか、これか」という言葉で表現した。彼によれば、この態度の対極にあるのが「あれも、これも」であり、その態度の相違は、その個人が、現状の存在の全て（すなわち、現存在）を完全に主体的に引き受けるか否か、という点に起因すると指摘する。「現存在」を引き受けなければ、あれも、これも選択可能であるかのような錯覚に陥るものの、現実の限界的な（ぎりぎりの）選択状況下では、常に何かを選び取ると共に、何かを断念せざるを得ないのである。すなわち、現存在を全て引き受けた上で真剣に生きる人間にとって、あれも、これも、という甘えた態度は許容され得ず、「あれか、これか」を断腸の思いで選びとり続けていかなければならないのである。これがキェルケゴール思想の本質といって差し支えない。そして、キェルケゴールが論じたこうした真剣なる精神こそが、土木計画者において求められているのである。

11 完璧なる善き社会においては、言うまでもなく、戦争の可能性も犯罪の発生頻度も最小化されている。ただし、戦争や犯罪等の万一の事態に対して適切に備えようとする努力を惜しむことはない。同様に自然災害は存在するものの、その為の備えは人智の及ぶ範囲にて最善の対策がなされている。それにも関わらず自然災害による被害が生じたとしても、人々はそれを運命として受け入れる。しかし、そうした被害が生ずる度に、人々はその被害から新たな知見を得ると共に、それを軽減する為の最善のさらなる努力を重ねようとする。都市部においても田園地域においても、長い

歴史と伝統の中ではぐくまれた良質な風景が保持されている。人々はそうした良質の風景を保持する為の公共的努力を惜しまない。必要とされる土木施設は長い年月をかけて徐々に整備されており、人々は現存する土木施設が長い年月をかけて先人から引き継いだものであることを十分に理解し、その整備と維持の為に必要な労力と財源を喜んで提供し、後世に残そうとする。同様に無形の文化たる言語や風習、芸術についても、有形の文化たる土木施設に対する態度と同様、その発展の為に必要な労力と財源を提供し、後世に残そうと努力する。万人が自らの役割、ないしは身の丈を理解し、その役割の責任を精一杯果たしつつ、他者が各自の役割についての仕事を成していることについて最大の敬意と感謝の念を惜しまない。そして、特に「真善美」への接近に対する努力を惜しまない人々（すなわち、哲学者、宗教者、芸術家、ひいては、その具現を目指す政治家）に対しては、人々は大いなる敬意を抱く。一方で、その社会の人々の諸活動は、自然の生態系の中で十全なる調和を保っており、それ故に、社会全体の持続可能性は保証されている。その為必然的に、その社会は、第一次産業を重視し、それを中心とした経済構造、社会構造を有している――。

　以上が、甚だ不完全なる表現ではあるが、筆者が想像するところの「理想の社会」を言語表現したものであるが、これは、例えば、ソクラテス・プラトンが『国家』の中で論じたものや、ゲーテが『ファウスト』の最終章で提示した理想社会、あるいは、我が国の議論においては例えば福沢諭吉が『文明論之概略』にて想定した真の文明社会や、（戦前戦後の我が国を代表する文芸評論家である）保田興重郎が『絶対平和論』の中で論じた理想的社会等において見られるような、内外の哲学・文学の中で表現されてきた理想社会と大きく乖離するものではない。

12　長尾（1972）は、土木計画学は「土木計画・学」と「土木・計画学」の2種の解釈があり得ると述べている。この指摘を踏まえるなら、本書は土木計画学を「土木計画・学」として定義していることとなる。なお、長尾が言うところの「土木・計画学」とは、オペレーションズ・リサーチを主体とした、「計画学」という数理的な学問領域の1つの応用分野として、土木計画学を定義するものである。それ故、数理的計画論と社会的計画論を包括した学問領域として土木計画学を定義する本書の立場から考えるなら、「土木・計画学」という解釈は、土木計画学を数理的計画論のみで構成される矮小な学問体系だと極解している解釈だと言うことができる。

13　しばしば、土木計画学の領域は、土木工学には完全に含まれるものではないと議論されることがある。しかし、そうした主張がなされる際に想定されている土木工学とは、主として土木施設の設計や施工等に関わる狭い範囲の学問領域として定義された土木工学である。また、土木計画は、工学ではない、と主張されることもしばしばであるが、その場合に想定されている「工学」についても、主として特定の目的を達成するモノを作る技術体系に関わる学問と狭く定義されているのが一般的であると考えられる。本書は必ずしも、土木計画学が土木工学や工学の一領域に含まれる「べき」であると強く主張するものではないが、それぞれの言葉の概念定義上、土木計画学は土木工学に含まれ、（1.2 (2) に論じたように）土木工学を含む程度のものとして工学を定義することが「可能」である、と主張するものである。ただし、そのような概念定義を踏まえることで、概念的な整合性が図れることとなるのは言うに及ばず、それぞれの言葉、すなわち、土木計画学や土木工学や工学、そして、土木計画や土木といったそれぞれの言葉が、豊かな内実を持つものとして捉えることができるのではないか、という主張は十分に成立し得るものと思われる。

14　無論、幸福や美観の判断は「主観的」なものであると言う主張は成立し得る。しかし、人々の主観は、社会から独立に成立するものではなく、社会化されたものであることは間違いない。そうした主観の原点に位置する「言語」そのものが、社会化されたものだからである。あるいは、幸福や美観の判断を、客観的な真善美との関わりから考えるものであると捉えるならば、「宗教的」なものであるという主張もまた成立し得る。しかし、そうした真善美への接近は、長い歴史と伝統を通じて社会的に達成する以外の方途を、我々は現実的、具体的には持ち得ない。この点から考えても、幸福や美観の判断は、「社会的」なものであると言うことができるのである。

第 2 章の POINT

✓ 土木計画とは、「自然の中で我々が暮らしていくために必要な環境を整えていくことを通じて、我々の社会を存続させ、改善していこうとする社会的な営み」である土木を行うにあたっての「方法・手順等を考え企てること、またその内容」を意味するものである。

✓ 土木において「方法・手順を考え企てる」という行為そのものを「プランニング」、その内容を「プラン」と呼ぶ。

・プランニングは、社会的改善を目指した持続的な「意志、あるいは精神の流れ」そのものを意味する。その活動の具体形は、計画（Plan）、実行（Do）、評価（See）のマネジメント・サイクルの形を取る。

・プランは目的−手段連関の階層構造となっている。所定の目的の手段を考える活動を下降運動、目的そのものを考える活動を上昇運動と呼称する。

・プランには一般的に、基本構想、基本計画、実施計画の 3 つがある。また、実施計画はさらに、整備計画、技術的運用計画、社会的運用計画に分類される。

・プランニングには、具体的プランを策定する作業である技術的プランニング（主として下降運動）と、技術的プランニングを 1 要素として含めつつ大局的・長期的な視野で持続していく包括的プランニング（下降運動と上昇運動の繰り返し）とがある。

・包括的プランニングにおいては、「記憶」と「善き社会に対する志向性」の両者が不可欠である。

✓ 土木計画学は、土木の手順・方法を考え企てる行為（プランニング）に資する学問体系である。

✓ 土木計画学は、数理的計画論と社会的計画論とから構成される。前者は技術的プランニングに資する計画論であり、後者は主として包括的プランニングに資する計画論である。

✓ 数理的計画論に基づく技術的プランニングでは、代替案の選択、あるいは政策変数の操作を通じて、制約条件下での目的関数の最大化・最小化を図る「数理的最適化」が重要な役割を担う。

✓ 包括的プランニングは、技術的プランニングを包含しつつ、計画目標についての「社会哲学的議論」、社会学や社会心理学等の社会現象の質的理解に基づく

第 2 章　土木計画と土木計画学　　75

「質的予測」や「代替案の検討」、総合的判断に基づく「社会的選択」とその位置づけについての「政治学的議論」等を援用しつつ、包括的に進めるものである。

✓ 基本構想においては社会的計画論が主体的に援用される一方、基本計画、および整備計画では社会的計画論と数理的計画論が適材適所に併用される。運用計画においては、目的と作業内容の概要を明確化した上で、マネジメント組織を設置することが重要な作業となる。その中で、社会的運用計画では社会的計画論が主に、技術的運用計画では数理的計画論がそれぞれ主に適用される。

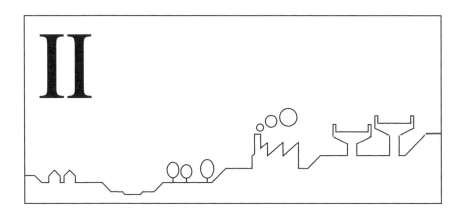

数理的計画論

　第Ⅱ部では、土木計画における技術的プランニングを支える数理的計画論における種々の各論を述べる。まず、建設プロジェクトの工程管理の際にしばしば援用される数理的方法論である PERT と CPM を述べる（第3章）。それに引き続いて、線形計画法、非線形計画法等の、数理的計画論における中心的な基礎理論とも言える数理的最適化理論について述べる（第4章）。一方で、そうした最適化の計算を含めた数理的な判断を行う為には、土木施策を行った場合にどのような帰結が得られるのかを予測することがしばしば必要不可欠とされるが、それを行う為の「統計的予測理論」を述べる（第5章）。そして最後に、それらの理論を踏まえた上で具体的な計画判断を行う際に実務的にしばしば活用されている「費用便益分析」について述べる（第6章）。

第3章
建設プロジェクトの工程管理
PERT と CPM

　土木計画は、一方では数十年、数百年という長期的な計画を、国土全域を含めた広域な視野で検討するものであるが、もう一方で、個々の具体的な土木事業に関わる極めて詳細な計画を検討するものでもある。本書ではそうした多様なレベルの土木計画に関わる計画上の諸論を概説するものであるが、本章では、その多様な計画論の中でもとりわけ計量的な分析に基づく合理的計算を行うことが容易な「建設プロジェクトの工程管理」について述べる。ここに工程管理とは、土木事業における土木施設の整備を実際に行う「建設プロジェクト」を、どのように合理的な手順で進めるべきかを考え、それに基づいて建設プロジェクトを遂行することを言う。一般に建設プロジェクトには、多くの作業行程があり、例えば作業Aが完了しないと作業Bに着手できないという順序関係が複雑にからみあっている。そのような状況において、プロジェクト開始から完了までの期間を「最短」にしたり、さらにそれを「短縮」する為には、どの作業をいつ着手していつまでに完了しなければならないかを、合理的に計画し、それに基づいて各行程を遂行していくという「管理」が必要となる。こうした工程管理の際に、システマティックに数理的な解法を導き出すのが「PERT」（Program Evaluation and Review Technique）であり CPM「Critical Path Method」である。

1 行程のネットワーク表現

(1) 工程表

合理的な工程管理を行う出発点は、行程の前後関係を「ネットワーク表現」することである。その為にもまず、当該の建設プロジェクトには、どのような行程があり、それぞれの行程に必要な時間、ならびにそれらを開始する為にはどの行程が完了している必要があるのかを検討する。そして、その検討結果を、表3·1のような形でとりまとめる。

(2) アローダイアグラム

ここに、先行作業とは、その作業に取りかかるまでに完了していることが求められる作業を言うものである。なお、この表には記載していないが、「後続作業」というのは、その作業が終了してからでないと取りかかれない作業を意味するものである。また、全ての作業について先行作業が与えられれば後続作業は全て定まる。

次に、この表3·1に記載された情報に基づくと、図3·1に示した様に当該建

表3·1 建設プロジェクトにおける各行程の前後関係と所要日数の工程表の一例

作業	所要日数	先行作業
w1	6	なし
w2	7	なし
w3	7	なし
w4	4	w1
w5	3	w2
w6	8	w2, w3, w4
w7	10	w2, w3, w4
w8	9	w5, w6

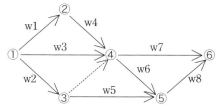

図3·1 表3·1の行程をネットワーク表現したアローダイアグラム

第3章 建設プロジェクトの工程管理

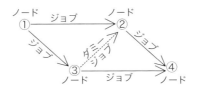

図 3·2　ノード、ジョブ、ダミージョブ

設プロジェクトの行程をネットワーク表現することができる。一般に、こうした行程を表すネットワークは「アローダイアグラム」（矢線図）と言われる。

このアローダイアグラムは、ご覧のように「丸」と「矢印」から構成されている。この丸は「ノード」（結合点あるいはイベント）と呼ばれ、矢印は「ジョブ」（作業あるいはアクティビティ）と呼ばれる（図 3·2）。

ジョブは表 3·1 に示した作業に対応するものであり、図 3·1 に記述したようにそれぞれのジョブに各作業名が記載されている。そして、このアローダイアグラムでは、そのジョブ間の前後関係がどのようになっているのかが表現されている。例えば、w4 は、結合点②を起点とし、結合点④を終点とするものである一方、結合点②はジョブ w1 の終点でもある。これによって、w4 が w1 の「後続作業」であることを表現している。同様にして、w5 の先行作業が w2 であることや、w8 の先行作業が w6 と w5 であることが表現されている。

ただし、この図の中に 1 つ、「点線」の矢印が引かれているが、これは一般に「ダミージョブ」と呼ばれるものである（図 3·2）。これは実質的な作業を表現するのではなく、ただ単に接続関係を表現しているものである。例えば、図 3·1 の実線のジョブの前後関係を辿れば、w7 の先行作業が w3 と w4 であることは容易に理解できよう。ただし、ノード③と④の間に「ダミージョブ」が引かれていることに着目すると、w2 もまた w7 の先行作業であることが表現されることとなる。繰り返しとなるが、このダミージョブはあくまでも表現の為に導入されているものにしか過ぎず、実質的な作業日数を伴うものではない。

なお、このアローダイアグラムにおいては、例えば図 3·1 の例では、左側が「上流側」、右側が「下流側」と称せられる。そして、ジョブの起点のノードは上流側ノード、終点のノードは下流側ノードとも言われる。

(3) アローダイアグラムの作図方法

　以上、アローダイアグラムの解釈の仕方を述べたが、ここでは、表3・1に示した工程表からアローダイアグラムを作図する方法を述べる。

　はじめに、図3・5のように、全ての作業をダミージョブで繋げる。ただし、このときに、最も上流側の起点ノードと最も下流側の終点ノードを設け、1つのジョブの流入もないノード（w1、w2、w3の起点ノード）に起点ノードからダミージョブを繋げる。同様に、1つのジョブの重出もないノード（w7とw8の終点ノード）からのダミージョブを終点ノードに繋げる。

　あとは、これを基本として、ダミージョブをできるだけ削除していく作業を行う。削除方法は、以下の図3・3に示すとおりである。ここで重要なのは、ジョブ間の前後関係には変化がないようにダミージョブを削除していくことであり、図3・3に示した例は双方ともジョブ間の前後関係に変化が生じないことは容易に理解いただけよう。

　これらの方法を採用して図3・5のダミージョブを途中まで削除したアローダイアグラムが、図3・6であり、その作業をさらに進めたものが図3・7である。

　ただし、この作業を行うにあたって重要な留意事項がある。それは、ダミージョブを削除していく過程で、順序関係が異ならないようにしなければならない、という点である。この問題が生ずるのは、

　「異なる接続関係を持つノード同士を一致させる場合」

である。例えば、図3・3に示した削除例2では、4つのノードを一致させてい

（ダミージョブ削除例1）

（ダミージョブ削除例2）

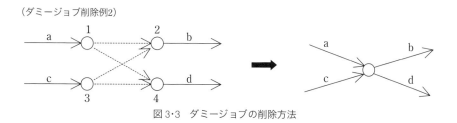

図3・3　ダミージョブの削除方法

るが、ノード1も3もジョブb, dにつながり、また、ノード2も4もジョブa、cに繋がっていることから、全てを一致させることができる。しかし、図3・4の例3、4のような場合には、注意が必要である。これらの例においてそれぞれ上段に記載したように接続すると、例3においてはdの先行作業はbしかないにも関わらずaもまた先行作業となってしまい、例4においてはeがdの先行作業にしか過ぎないにも関わらず、cの先行作業にもなってしまうのである。それ故、図3・4のそれぞれの下段のように、ダミージョブを残したままにしておくことが必要である。

さて、図3・6におけるダミージョブを削除する際にこの問題が生ずるのは、「w2からw7にかけてのダミージョブ」の処理においてである。これを削除する

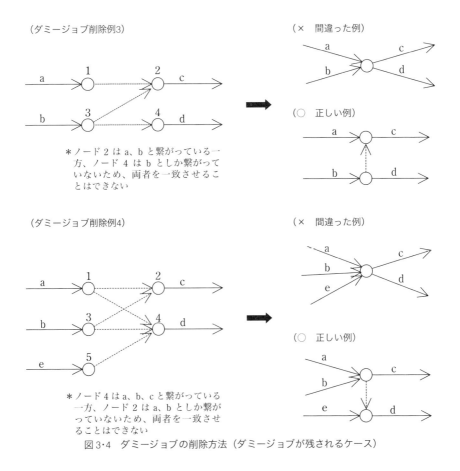

図3・4 ダミージョブの削除方法（ダミージョブが残されるケース）

為にもし、w2 の下流ノードと、w7 の上流ノードを一致させてしまえば、w5 の先行作業は w2 でしかないにも関わらず、w3 や w4 も w5 の先行作業となってしまい、ジョブ間の前後関係が異なったものとなってしまうのである。それ故、図 3·7 に示したアローダイアグラムにおいて、ダミージョブが 1 つ残されたままとなっているのである。

さて、このようにしてダミージョブを全て除去した図 3·7 を、改めて整理し、そして、上流側のノードから下流側のノードに向けて番号を振ることで、図 3·1 に示したアローダイアグラムが得られることとなる。

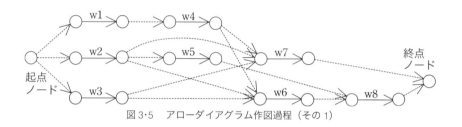

図 3·5　アローダイアグラム作図過程（その 1）

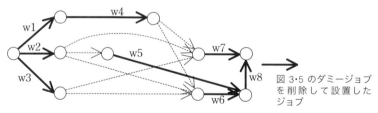

図 3·6　アローダイアグラム作図過程（その 2）

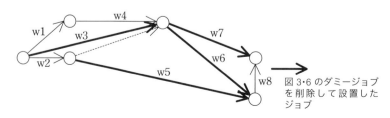

図 3·7　アローダイアグラム作図過程（その 3）

2 PERT

PERTは、前節で作図したアローダイアグラムを用いて、最短工期等、工程管理をする上で重要な諸情報を算定する解析方法である。

(1) 最早結合点時刻 (t_i^E) の算定

まず、PERTでは、図3・8のように各ジョブの上に作業日数を記述する。

続いて、最早結合点時刻 (t_i^E) を求める。これは、それぞれのノード毎に算定されるもので、「当該ノード i を終点とする作業が全て完了する最も早い時刻」であり、したがって、「当該ノード i を起点とする作業を開始できる最も早い時刻」を意味するものである。これは以下のように定式化される。

$$t_i^E = \begin{cases} 0 & if(i=0) \\ \max_{k \in \Omega_i^E}(t_k^E + D_{ki}) & if(i>0) \end{cases} \quad (1)$$

ここに、D_{ki} はノード k からノード i にかけての所要時間、Ω_i^E はノード i を終点とするジョブの起点ノードの集合である。

これを「手作業」で算定するには、まず各ノードの上に図3・9のような、枠囲みを記載する（ここでは実際上の便宜から、あとに述べる最遅結合点時刻の算出の際に用いる枠囲みも記載する）。そして、一番最初に、最も起点のノードの枠の中に「0」を記載する。そして、そこから順次、式 (1) に基づいた、次のような手順で枠囲みの中に数値を記入していく。

まず、「流入するジョブが1つのノード」の場合は、そのジョブの起点ノードの最早結合点時刻 (t_i^E) に、そのジョブの所要時間を足しあわせる。例えば、

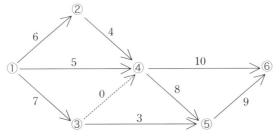

図3・8　各ジョブの所要時間を記載したアローダイアグラム（単位：日）

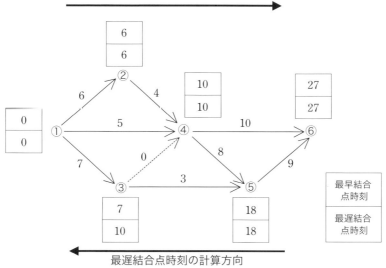

図3・9 最早結合点時刻の算定（単位：日）

ノード②と③の t_i^E はそれぞれ 6（= 0 + 6）、7（= 0 + 7）となる。

次に、「複数のジョブが流入するノード」の場合は、それに流入するジョブ毎に、その起点の最早結合点時刻にそのジョブの所要時間を足しあわせ、それらの中で最も「大きいもの」を、当該の枠の中に記入する。例えば、ノード④や⑤の場合は、

$$t_4^E = \max_{k \in \Omega_4^E}(t_k^E + D_{k4}) = \max(6+4, 0+5, 7+0) = 10$$

$$t_5^E = \max_{k \in \Omega_5^E}(t_k^E + D_{k5}) = \max(10+8, 7+3) = 18$$

となる。こうして全てのノードに、上流側から下流側へと順次計算していくと、図3・9の枠囲みの上部に記載した最早結合点時刻が全てのノードについて得られることとなる。そして、最下流端のノードでの最早結合点時刻が27と算定されたことから、この建設プロジェクトの最短工期は27日であることが分かる。

（2）最遅結合点時刻（t_i^L）の算定

最短工期を算定するだけなら、上記の最早結合点時刻を算定するだけでこと足りるが、PERTでは、「延期することが許されない作業はどれか」、あるいは逆

に「ある程度延期しても最短工期には影響しないような作業はあるか、あるとするならそれはどれか」といった様な知見を得ることができる。そうした計算を行う為にまず必要となるのが、各ノードの最遅結合点時刻 t_i^L である。

最遅結合点時刻（t_i^L）は、「最短工期を守る為に、当該ノード i を終点とする全ての作業を完了させておくべき、最も遅い時刻」であり、したがって、「最短工期を守ることを前提としたときに許容される当該ノード i を起点とする作業の開始時刻の中でも、最も遅い時刻」を意味するものである。これは以下のように定式化される。

$$
t_i^L = \begin{cases} t_N^E & if(i=N) \\ \min_{k \in \Omega_i^L} (t_k^L + D_{ik}) & if(i>N) \end{cases} \tag{2}
$$

ここに、D_{ik} はノード i からノード k にかけての所要時間、Ω_i^L は、ノード i を起点とするジョブの終点ノードの集合である。

さて、この式（2）に基づく具体的な手計算の手順は以下の通りである。

まず、最下流端ノード（ノード⑥）の最遅結合点時刻を、そのノードの最早結合点時刻とし、それを枠囲みの下段に記載する。

次いで、そのノードから順次、上流側に向かって最遅結合点時刻を算定していくのだが、「流出するジョブが1つのノード」の場合は、そのジョブの終点ノードの t_i^L から、そのジョブの所要時間を差し引く。例えば、ノード⑤の t_i^L は18（= 27 − 9）となる。

次に、「複数のジョブが流出するノード」の場合は、それから流出するジョブ毎に、その終点の最遅結合点時刻からそのジョブの所要時間を差し引き、それらの中で最も「小さいもの」を、当該の枠の中に記入する。例えば、ノード④や③の場合は、

$$
t_4^L = \min_{k \in \Omega_4^L} (t_k^L + D_{4k}) = \min(27-10, 18-8) = 10
$$

$$
t_3^L = \min_{k \in \Omega_3^L} (t_k^L + D_{3k}) = \min(18-3, 10-0) = 10
$$

となる。こうして全てのノードについて、最早結合点時刻のときとは逆に、下流側から上流側へと順次計算していくと、図3・9の枠囲みの下部に記載した最遅結合点時刻が全てのノードについて得られることとなる。

(3) クリティカルパス

いま、ノード ij 間の作業を考えたとき、この作業における t_i^E はこの作業を最も早く開始できる時刻であり、t_j^L は最短工期に遅れない為に最も遅く完了できる時刻である。したがって、両者の間の差は、この作業の為に使用できる最も長い時間を表しており、一般に「トータル使用可能時間」TA_{ij} と呼ばれる。すなわち、

$$TA_{ij} = t_j^L - t_i^E \tag{3}$$

ここでもし、この TA_{ij} が、その作業の所要時間 D_{ij} と等しければ、ノード ij 間の作業には全く「余裕」がないこととなり、もし、その作業が遅延すれば、全体の工期が遅れてしまうこととなる。それ故、

$$TA_{ij} = D_{ij} \tag{4}$$

が成立する場合、ノード ij 間の作業は「クリティカルな作業」と呼ばれる。

さて、プロジェクトの開始点から終了点に至る一連の作業の集合は「パス」と呼ばれるが、その構成作業が全てクリティカルな作業であるとき、そのパスは「**クリティカルパス**」と呼ばれる。なお、クリティカルパスは、アローダイアグラムにおいて必ず一本以上存在する。

クリティカルパスの具体的な特定の仕方は、まず図 3·10 のように、最早結合点時刻と最遅結合点時刻が等しいノードを選定し（図 3·10 で網掛けをしたノー

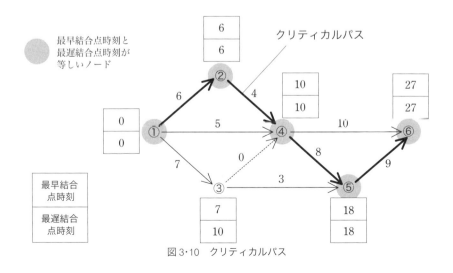

図 3·10　クリティカルパス

ド）、次に、それらの間を全て繋ぐパスのうち、起終点間に記載されているトータル使用可能時間と所要時間とが等しい作業（すなわち、上記式（4）が成立する作業）で構成されるパスを特定する、というものである。

このクリティカルパスの特定は工程管理においてとりわけ重要な意味を持つ。

第1に、クリティカルパス上の作業は全体の工期を遅延させない為には絶対に遅延してはならない作業である。それ故、工程管理の為には、クリティカルパスに含まれていない非クリティカルな作業よりも、（作業員を増やしたりチェックを厳しくしたり等をして）より厳重に管理することが必要となる。

第2に、クリティカルパスに含まれていない非クリティカルな作業は、上記のように余裕がある作業である為（少なくともその余裕の範囲内であるのなら）、最早結合点時刻に開始しなくても、また、当初予定していた所要時間以上の時間をその作業に費やすこととなっても、全体の工期に遅延をもたらす様なこととはならない。例えば、ノード 4 → 6 の作業は、10 日目に開始し、予定通り終了すれば 20 日目までに完了することが可能であるが、ノード 5 → 6 の作業が完了するのは最早で 27 日目となるのだから、7 日分の余裕があることとなる。それ故、開始を 7 日間遅延させて 17 日目に始めても全体工期が延期することはない。あるいは、10 日目に始めたのなら、その作業を 7 日分ゆっくりと行い 17 日かけて実施しても、全体工期が延期することはない。

第3に、全体の工期の短縮を考える場合には、余裕のある非クリティカルな作業の所要時間を短縮しても意味はない一方で、クリティカルパス上の作業を短縮することが必要となる。それ故、工期短縮を考える場合には、クリティカルパスを特定しておくことが必要となる。なお、その具体的な短縮方法は、CPM を説明する次節において述べる。

3 CPM

以上 PERT について述べたが、PERT は最終的にクリティカルパスを求めた上で、どの作業をより重点的に管理すべきか、どの作業に余裕があるのか等を把握しつつ、工程管理を「合理的」に行っていく方法論である。その一方で、CPM（Critical Path Method）は、PERT の分析をベースとしつつ、全体工期を

「短縮」する為の「合理的な方法」を考える方法論である。

（1）CPM の為の基礎的な諸概念

PERT では、それぞれの作業について、「所要時間 D_{ij}」を想定していたが、CPM では、それに加えて、「特急所要時間 d_{ij}」を想定する。これは、その作業を最も急いで行った場合の所要時間である。

ここで、所要時間を短縮する為には、建設プロジェクトでは、例えば夜間の作業や人員の増員が必要となることから余分に費用が必要とされることとなる。その費用の増分について、ここでは単純に一日増加する毎に C_{ij} の費用が追加されると考える。すなわち、もし n 日工期を短縮すれば nC_{ij} の費用が余分に必要とされることとなると考える。こう考えたときの C_{ij} は「費用勾配」と呼ばれる。

一方、CPM を行う上で重要な役割を担う変数が、次のように定義される「フリーフロート」（ここでは、FD_{ij} と表記する）と呼ばれる各々の作業について想定される「余裕時間」である。

$$FD_{ij} = t_j^E - t_i^E - D_{ij}$$

これは、後続の作業を遅延させない（＝ t_j^E までに完了する）為という前提を設けた場合に、当該作業にどの程度の余裕があるのか、を意味する値である。もしこの値が 0 であれば、（それはクリティカルな作業であり）作業 ij が少しでも遅延すれば、それ以降の作業に遅延が及ぶ（＝ j を起点とする作業が t_j^E に始められなくなる）ことを意味する[*1]。さらに、同様のフロート値を特急所要時間についても定義し、これを Fd_{ij} と表記する。すなわち、

$$Fd_{ij} = t_j^E - t_i^E - d_{ij}$$

これは、作業 ij を「特急」で行った場合を想定したなら、仮想的にどの程度の余裕があるのかを意味するものであり、もしこの値が 0 であれば、作業 ij をこれ以上短縮することが（物理的に）不可能であることとなる。

CPM では、以上の諸概念を前提としつつ、最も合理的に全体の工期を短縮していく方途を探るものである。そして最終的に、工期と追加費用との関数関係をとりまとめる。一般に、この関数関係は「プロジェクト費用曲線」（図3・16参照）と呼ばれる。

以下、ここでは先の PERT の例題で用いた建設プロジェクトの各作業の各費

表3·2　例題で想定する費用勾配と特急所要時間

作業 （起終点ノード）	所要日数 （万円／日）	特急所要時間 （日）
w1（①→②）	5	1
w2（①→③）	6	3
w3（①→④）	7	3
w4（②→④）	9	2
w5（③→⑤）	8	2
w6（④→⑤）	3	5
w7（④→⑥）	8	7
w8（⑤→⑥）	2	2

用勾配と特急所要時間として表3·2のものを想定した上で、このプロジェクトの合理的な工期短縮方法を探るCPMを説明する。

（2）CPMの具体的な手順

a）ステップ1

CPMではまず、図3·11のように、アローダイアグラムの各作業に費用勾配 C_{ij}、所要時間 D_{ij}、特急所要時間 d_{ij} を記載する。同時に、各作業毎にフリーフロート FD_{ij} と Fd_{ij} を算定し、同様に記載する。ここで、FD_{ij} が0となっている作業は、余裕がない作業であり、この作業の終点の最早結合点時刻 t_i^E を早める為には、この作業の所要時間を短縮せざるを得ず、したがって C_{ij} に応じた費用が追加的に必要となる。一方で、それ以外の作業においては余裕があり、仮にこの作業の終点の最早結合点時刻 t_i^E が少々早まったとしても、その作業の所要時間を短縮させる必要はなく、したがって追加費用は生じない。このように、$FD_{ij}＝0$ である作業は、工期短縮に伴う費用計算においてとりわけ注意が必要な作業である為、図3·11のように「太線」等の形で表現しておく。なお、この例では、作業①→③以外は、全てクリティカルパス上の作業である一方で、作業①→③はクリティカルパスには含まれないものである。

以上の作業のあとに、全体工期を短縮する為にはどの作業を短縮するのが最も合理的であるかを考える。前節で指摘したように、全体工期短縮の為にはクリティカルパス上のいずれかの作業を短縮することが必要である。それ故、作業①→②、作業②→④、作業④→⑤、作業⑤→⑥の4つのうちいずれかを短縮することを考える。

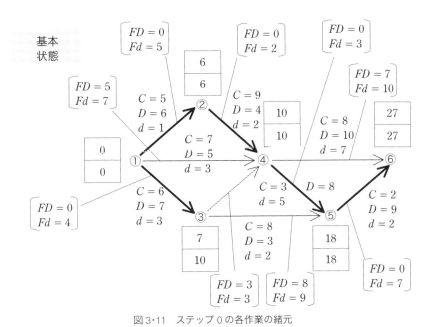

図 3・11　ステップ 0 の各作業の緒元

　ただし、クリティカルパス上の作業を短縮する際、それ以外の作業への影響を考慮することも必要となる。例えば、図 3・12 の作業⑤→⑥を「過剰に多く」短縮させてしまった場合、作業④→⑥を短縮しなければ全体の工期が短縮できなくなる。またこの例ではそのようにはなっていないが、作業④→⑥もクリティカルパスである場合には、全体工期を 1 日短縮する為には、作業⑤→⑥を 1 日短縮すると同時に作業④→⑥も 1 日短縮することが必要となる。それ故、全体工期短縮の為の検討は、クリティカルパス上の作業だけを考えるのではなく、図 3・12 に示したクリティカルパス上の作業を少なくとも 1 つ含むような「断面」にて検討していくことが必要である。なお、この「断面」は、必ず最上流端ノードが含まれる部分と最下流端ノードが含まれる部分に「二分」するように引かれるものでなければならない。それ故、例えば、作業①→②と作業②→④を通過するような断面は、考慮の対象とはならない。

　さて、図 3・12 に示した個々の「断面」の中で最も費用勾配が小さいのは、図 3・12 の下に記載したように、2 万円/日の費用勾配を持つ断面 F であることが分かる。それ故、この段階では全体の工期の短縮の為には、断面 F を短縮す

第 3 章　建設プロジェクトの工程管理　　91

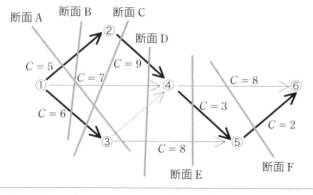

断面 A : $C_{12} = 5$ 　　　　　断面 B : $C_{12}+C_{13} = 5 + 6 = 11$
断面 C : $C_{24}+C_{13} = 9 + 6 = 15$　断面 D : $C_{24} = 9$
断面 E : $C_{45} = 3$ 　　　　　断面 F : $C_{56} = 2$

図 3・12 　工期を短縮し得る断面とそれらの費用勾配[*2]

ることが最も合理的であることとなる。

さて、断面 F にて工期の短縮を図る場合、図 3・11 より、

- 作業⑤→⑥は（$Fd_{56} = 7$ であるから）、最大 7 日間短縮可能
- 作業④→⑥は（$FD_{46} = 7$ であるから）、短縮 7 日間までなら追加費用は不要であるが、それを超えると追加費用がかかる

ということが分かる。この分析より、「断面 F において $C = 2$ 万円で短縮可能である日数は 7 日分」であることが分かる。なお、ここでは、上記の 2 つの日程が同一の 7 日となったが、もし両者の数値が異なっているなら、「短い方の日数」にて制約される。

さて、この 7 日間の短縮を施すと、図 3・13 に示したように、作業⑤→⑥の所要時間は 9 から 2 へと短縮し、その特急所要時間に対する余裕を意味する Fd_{56} が 0 となる。そして、同断面の作業④→⑥の余裕であるフリー・フロート FD_{46} が 7 短縮されて 0 となる一方、特急所要時間に対する Fd_{46} も 7 日分短縮して 3 となる。

ここで、D_{56} が 9 から 2 に短縮されたことに伴う各ノードの最早結合点時刻と最遅結合点時刻の変化分を求める。所要時間の短縮は、その作業の下流側のみに影響を及ぼすことから、この場合は最終のノード⑥の最早結合点時刻と最遅結合点時刻を修正する。この計算を通じて、全体工期が 20 日へと短縮された

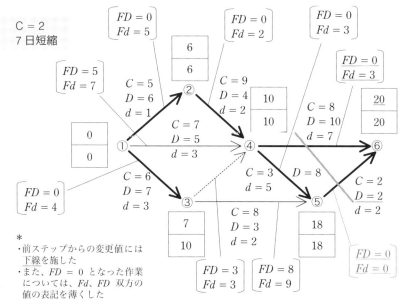

図3·13 ステップ1の各作業の緒元

ことが分かる。

b) ステップ2

こうして図3·13の状況が得られるが、この段階でも同様に、最も「安価」に工期を短縮可能な断面を探る。この場合、

「作業①→②、作業①→④、作業③→④、作業③→⑤」

の断面においては、作業①→②以外の作業にはいずれもフリーフロート（余裕 FD）が正であるから、費用勾配が存在するのは作業①→②のみであり、断面全体の費用勾配も、C_{12}の5であり、これが、いずれの断面よりも小さな費用勾配となる。

さて、この断面での、費用勾配5での短縮可能な日数は、

- 作業①→②は、Fd_{12}が5であるから最大5日短縮可能
- 作業①→④は、FD_{14}が5であるから、5日短縮までなら追加費用は不要
- 作業③→④は、Fd_{34}が3であるから最大3日短縮可能
- 作業③→⑤は、FD_{35}が8であるから、8日短縮までなら追加費用は不要

であることから、3日間であることが分かる。ついては、この断面を3日間短縮

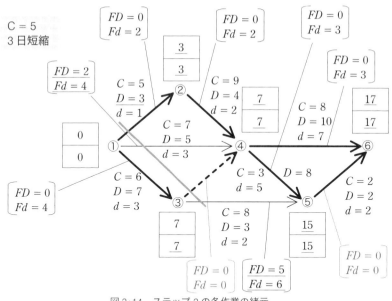

図3・14 ステップ2の各作業の緒元

し、各数値を修正すると、図3・14のようになる。

c) ステップ3以降

以下、これまでと同様に、

(1) まずは最も費用勾配が低い断面を特定し、

(2) その断面を構成する各作業のそれぞれが、最大で何日ずつ短縮できるのかを検討し、

(3) それらの中で最も小さい日数を特定し、その日数分、その断面のクリティカルな作業の所要時間を短縮する一方、

(4) 当該断面の非クリティカルな作業については、FD_{ij} ならびに Fd_{ij} を、短縮した日数分、減ずる。

(5) さらに、以上の修正をふまえて、各ノードの最早結合点時刻と最遅結合点時刻を修正する。

という手順で、作業を繰り返していく。この作業は、全てのクリティカルパス上の Fd_{ij} が0となり、どの断面においても短縮が不可能となるまで続けられる。なお、以上の作業を順次繰り返した結果を、図3・15に示す。なお、ステップ

3とステップ4はいずれも費用勾配が11であることから、いずれの断面を先に短縮しても、プロジェクトの費用に差異は生じない。

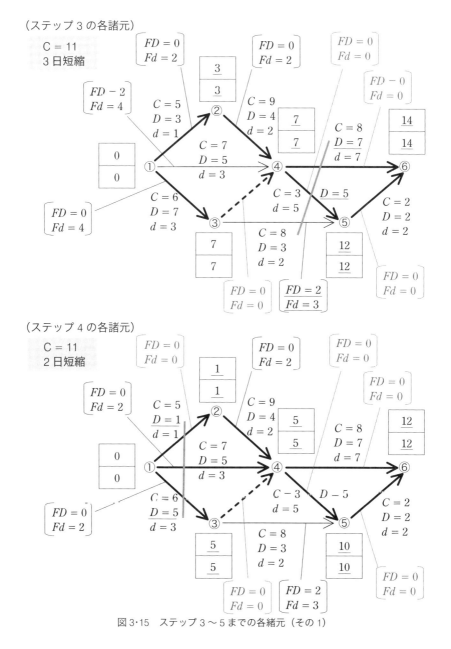

図3・15 ステップ3〜5までの各緒元（その1）

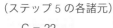
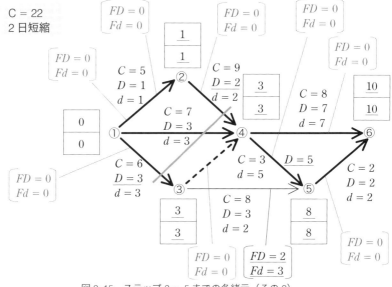

図3・15 ステップ3〜5までの各緒元（その2）

(3) プロジェクト費用曲線

以上のCPMの結果は、図3・16の「プロジェクト費用曲線」にとりまとめられる。なお、この曲線では、短縮のない最短工期である27日の際のプロジェクト費用を（仮に）20万円と設定した上で、横軸を工期、縦軸をプロジェクト費用としたグラフである。このグラフは、各々のステップ毎に求められた「費用勾配と短縮日数」を元に作成したものである。この図から分かるように、工期の短縮日数が多くない場合（例えば、工期20日以上の場合）は勾配が低く、短縮日数が大きくなるほど、勾配が大きくなる様子が分かる。これは言うまでもなく、CPMとは、できるだけ費用勾配の小さな短縮方法から順次に求めていく方法だからである。

例えば、工期短縮の要請が工事の発注者からあった場合には、こうしたプロジェクト費用曲線をCPMを通じて算定し、これに基づいてどの程度までの短縮なら、現在の財源の範囲で可能であるのか、という判断や、要望のあった工期の短縮の為には、どの程度の追加的予算が必要であるのか等を算定し、行程短縮についての判断を下すこととなる。

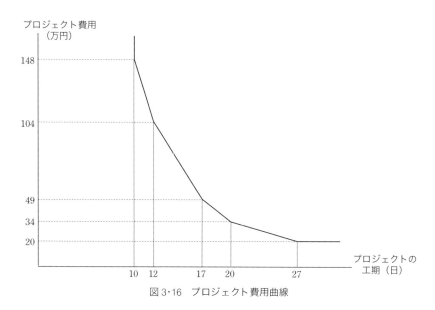

図3·16 プロジェクト費用曲線

|練習問題|

AからFの作業について先行作業、標準所要時間、特急所要時間、費用勾配（1日所要時間を短縮した場合の追加費用）が下表のように与えられている。このとき、以下の設問に答えなさい。

作業	先行作業	標準所要時間（日）	特急所要時間（日）	費用勾配（万円/日）
A	−	10	6	7
B	−	13	10	5
C	A	9	6	2
D	A	6	5	9
E	B、C	8	6	3
F	D	9	7	3

① 上記の作業リストより、アローダイヤグラムを作成しなさい。

② アローダイヤグラムから、最早結合点時刻・最遅結合点時刻を導出し、クリティカルパスを求めよ。

③ 上記のPERTネットワークに対して、CPM計算を行い、プロジェクト費用曲線（横軸が工期・縦軸が最小費用のグラフ）を求めよ。ただし、初期費用（工期の長短にかかわらず必ず必要とされる固定的な費用）は300万円とする。

注

1　PERT/CPM では、フロートの概念として、トータルフロート（＝ $TA_{ij} - D_{ij}$）や従属フロート（＝ $t_i^L - t_i^E$）等が挙げられるが、CPM では直接使用しないので、ここでは詳述しない。

2　以上の A ～ F までの断面以外にも、作業①→②、作業①→④、作業④→⑤、作業⑤→⑥を通る断面等もまた考えることができるが、この断面で作業を 1 日短縮しようとした場合、作業④→⑤が作業①→②や作業⑤→⑥とは逆方向にこの断面を横切るものであることから、作業①→②と作業⑤→⑥の日数を 1 日ずつ減少させる一方で作業④→⑤については作業日数を 1 日「増加」させることが必要となる。ただし、現在は初期時点であり、作業④→⑤の作業日数が上限値となっていることから、その作業日数を増加させることができない為、ここでは考慮対象外としている。なお、仮にこの断面の費用勾配を算定するなら、$C_{12} - C_{45} + C_{56} = 5 - 3 + 2 = 4$ となる。以下の各ステップにおいても、この断面が候補となり得る場合もあるが、この計算例では、いずれのステップでも、この断面上のクリティカルな作業の作業日数の上限制約か下限制約に制約される為、実際の考慮対象とはならない。

第 3 章の POINT

✓ PERT は、複数の作業から構成される建設プロジェクトにおいて、その工程を管理する為の数理的技法であり、最短工期やその工期を守る為に遅延してはならない作業がいずれなのかを特定するものである。

✓ PERT では、「工程表」に基づいて作成したアローダイアグラムを用いて、最早結合点時刻と最遅結合点時刻を各ノード毎に求めると共に、その結果に基づいてクリティカルパスを特定する。

✓ CPM は PERT の計算結果に基づいて合理的に工期を短縮する方法を探る方法論であり、工期の長さ毎に建設費用がいくらであるかを取りまとめたプロジェクト費用曲線を求めるものである。

✓ CPM においては、アローダイアグラムを用いて、どの断面にて工期を短縮することが合理的であるかを特定し、その断面にて最大でどれだけ短縮できるかを求める、という作業を、一切の短縮が不能となるまで繰り返す。

第4章 数理的最適化理論

　先の章に述べた PERT や CPM は、様々な制約条件の中で、特定の目標値（例えば、作業の合計日数や作業日数短縮に伴う費用増分）の最大化や最小化を目指す、という方法論であった。こうした方法論は、「最適化」と呼ぶことができるが、この最適化を様々な条件の下で考える数理的な方法論が、これまでに開発されている。

　ここで、一般に、数理的最適化問題は、次のように記述できる。

目的関数（OBJ）　$f(x_1, x_2, \cdots, x_n) \to \max$ 　　　　　　　　　　(1)

制約条件（S.T.）　$g_i(x_1, x_2, \cdots, x_n) = 0$ 　and/or 　$g_i(x_1, x_2, \cdots, x_n) \leq 0$
　　　　　　　　　　　　　　　　　　　　　　　$(i = 1, 2, \cdots, m)$ 　　　(2)

　この問題は、ある変数 $x_1 \sim x_n$ について一定の制約が課せられている中で（式(2)）、それらの $x_1 \sim x_n$ の複数の変数によって規定される値を最適化しよう（式(1)）、とするものである。なお、式(1)は、

$$-f(x_1, x_2, \cdots, x_n) \to \min$$

と記述することができる。すなわち、関数 f の符号のとり方によって、当該の最適化問題は最大化問題にも最小化問題にもなり得る。同様に式(2)における不等式も、

$$-g_i(x_1, x_2, \cdots, x_n) \geq 0$$

と記述することができるのであり、制約条件の不等号の向きもまた、関数 g の符号の取り方によって任意に変わるものである。

ここで、もしも関数 f および関数 g が共に次の式のような「線形関数」、

$$\alpha_0 + \alpha_1 x_1 + \alpha_2 x_2 + \cdots + \alpha_n x_n \tag{3}$$

にて表すことができる場合（なお、α_1、α_2、…は任意の常数）、その最適化問題は、「線形計画問題」（Liner Programming 問題；LP 問題）と呼ばれ、その問題を解く方法は「線形計画法」（Liner Programming 法；LP 法）と呼ばれる。

一方、上記のような線形関数で関数 f や関数 g の中の関数が1つでも、上記のような線形関数ではないが何らかの連続関数である場合、すなわち、"非線形関数"の場合（例えば、高次式や対数関数、指数関数等で表現される場合）には、その最適化問題は「非線形計画問題」（Non Liner Programing 問題；NLP 問題）と呼ばれ、それを解く方法は「非線形計画法」（Non Liner Programming 法；NLP 法）と呼ばれる。

以上のように定義される線形計画法や非線形計画法は、関数 f や g が数理的に（しかも連続関数として）定義できる限りにおいては、土木計画の技術的プランニングにおいて一定の利用価値のあるツールとして援用することができる。無論、そのように解析的に解くことが可能な数式を定義し得る問題は現実社会においては限られたものである。しかし、「最適化」や「最適解」あるいは、「局所的最適解・広域的最適解」という概念そのものは、土木計画のプランニングにおいて非常に有益な考え方である。こうした点を鑑み、本書では、これらの基本的な部分について説明することとしたい。

なお、本章末には、これらの問題の練習問題を掲載するとともに、付録1には、それらに関連する補足事項として線形計画法における双対定理、ならびに、動的計画法の概要を掲載するので、そちらもあわせて参照されたい。

1 線形計画法

（1）図形解法

最適化問題を考える場合、線形計画問題にせよ非線形計画問題にせよ、その問題の図形的イメージを把握しておくことは重要である。ついてはここでは、その一例として、例えば次のような線形計画問題を考え、その図形的イメージを述べることとする。

ある工場を考える。この工場では、3つの資材（資材1、資材2、資材3）を用いて、商品1と商品2の2種類の商品を加工している。商品1、商品2を1単位生産すれば、それぞれ4百万円と2百万円の利益が上がるとする。なお、各々の商品の生産量は自然数でなくとも良いと考える。ここで、商品1を加工するには、資材1、資材2、資材3がそれぞれ、1単位、6単位、3単位必要であり、商品2を加工するにはそれぞれ2単位、5単位、1単位必要であるとする。また、資材1、資材2、資材3のこの工場における使用可能量はそれぞれ10単位、30単位、12単位であるとする。以上の条件をまとめて記載すると表4・1となる。

こうした条件の下で、この工場の利益を最大化するような方法を考える。

この場合、商品1、商品2の生産量をx_1、x_2とすれば、この工場の利益総額（以下、これをz）は$4x_1 + 2x_2$と記載できる。一方で、商品1、商品2の生産量をx_1、x_2のときの資材1、資材2、資材3の使用量は、それぞれ$x_1 + 2x_2$、$6x_1 + 5x_2$、$3x_1 + x_2$であるが、それぞれの資材量は、表4・1に示した上限がある。さらに、商品1、商品2の生産量が負の値を取ることはあり得ないことを踏まえると、上記の工場の収益の最大化問題は、次のように定式化することができる。

OBJ　$z = 4x_1 + 2x_2 \rightarrow \max$　　　　　　　　　　　　　　(4)

S.T.　$\left.\begin{aligned} &x_1 + 2x_2 \le 10 \\ &6x_1 + 5x_2 \le 30 \\ &3x_1 + x_2 \le 12 \\ &x_1 \ge 0,\ x_2 \ge 0 \end{aligned}\right\}$　　　　　　(5)

これは、式（4）を目的関数、式（5）を制約条件とする数理的最適化問題であり、かつ、いずれも線形関数であることから、これは線形計画問題である。

ここで、式（5）の制約条件が意味する領域を図示すると、図4・1にて網掛

表4・1　資材量の制約と商品収益

	商品加工に必要な資材量		資材の利用上限
	商品1	商品2	
資材1	1	2	10
資材2	6	5	30
資材3	3	1	12
単位あたりの利益（百万円）	4	2	

第4章　数理的最適化理論　　101

けをした部分（**ABCDE** を頂点とする五角形）となる。この網掛け部分は制約条件（5）の全てを満たす領域であることから「実行可能領域」[*1]と呼称される。そして、その領域内にある各点は、実行可能な解であることから「実行可能解」と呼ばれる。なお、この実行可能解の中でも、式（4）を満たす解を「最適解」と呼び、それに対応する目的関数値を「最適値」と呼ぶ。なおこの例では、それを (x_1^*, x_2^*) と記載し、それに対応する目的関数値を z^* と記載する。

さて、ここで目的関数 z を最大化するには、$z = 4x_1 + 2x_2$ を変形して得られる、

$$x_2 = -2x_1 + (1/2)z \tag{6}$$

なる直線を、実行可能領域と交わるか接する範囲で平行移動し、x_2 の切片（= $(1/2)z$）が最大となるケースを探せばよい。そのケースとは、この例では、式（6）で表される直線が $(x_1, x_2) = (10/3, 2)$ の点 **C** を通過する場合である（図4・1）。それ故、この場合の最適解 (x_1^*, x_2^*) は $(10/3, 2)$ となり、最適値 z^* はこの最適解を式（4）に導入して得られる 52/3 となる。以上より、工場の利益を最大化する方法は、商品1を 10/3 単位、商品2を2単位生産することであり、その際の利益は 52/3 百万円であることが図形的に示されることとなる。

なお、以上の図形解法より直感的に自明な様に、最適解は必ず、実行可能領域の多角形の頂点（あるいは、場合によっては辺）に現れることとなる（あわせて、注［1］を参照されたい）。

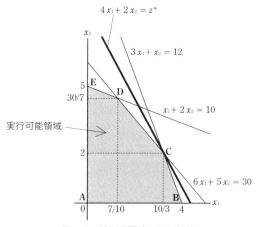

図4・1　線形計画法の図形解法

（2）ガウスジョルダンの消去法を用いた解法

　変数が 3 つ以上となると、図形解法を行うことは著しく困難、あるいは不可能となる。ただし、そうした場合でも活用できる方法として、ガウスジョルダンの消去法がある。以下、この方法について述べる。

　この方法ではまず、制約条件式に各資材の「余裕量」を意味する非負の変数 λ_1、λ_2、λ_3 を導入し、（5）の不等式を以下の等式に変換する。

$$\left.\begin{array}{llll}
x_1 + 2\,x_2 + \lambda_1 & & = 10 & (7-1) \\
6\,x_1 + 5\,x_2 & + \lambda_2 & = 30 & (7-2) \\
3\,x_1 + x_2 & + \lambda_3 & = 12 & (7-3) \\
x_1 \geq 0,\, x_2 \geq 0,\, \lambda_1 \geq 0,\, \lambda_2 \geq 0,\, \lambda_3 \geq 0 &
\end{array}\right\} \qquad (7)$$

さらに、式（4）の目的関数における z を 1 つの変数と見なし、以下の等式に変換する。

$$z - 4\,x_1 - 2\,x_2 = 0 \qquad\qquad\qquad (8)$$

このとき、未知数は z、x_1、x_2、λ_1、λ_2、λ_3 の 6 つである一方、等式は 4 つしかないことから、この連立一次方程式を満たす変数の組は唯一でなく、「複数」存在することとなる。それ故、もとの線形計画問題は、上記の 4 つの等式からなる連立一次方程式を満足する、「複数」の非負の変数 z、x_1、x_2、λ_1、λ_2、λ_3 の値の組の中から、z を最大にするものを発見する問題に変換されたこととなる。

　さて、上記のように、方程式は 4 つしかない為に解を一意に定めることはできないが、6 つの内、2 つの変数の値を与えてやれば、方程式を満足する解は唯一になることとなる。ついてはまず最初に、「目的関数に導入されている変数」の値を 0 とする。すなわち、

$$x_1 = 0,\ x_2 = 0$$

このとき、

$$\lambda_1 = 10,\ \lambda_2 = 30,\ \lambda_3 = 12$$

となり、目的関数値 z は、

$$z = 0$$

となる。これは、図 4・1 で言えば、原点（点 **A**）に対応している。

　さてここで、z の値を大きくする為には、式（8）の目的関数に含まれている 2 つの変数である x_1、x_2 の係数がマイナスであることから、これらの変数が正の

第 4 章　数理的最適化理論　　103

値をとればよい。ただし、x_1、x_2のそれぞれを 1 単位増加させたときの z の増分はそれぞれ 4 と 2 であることから、x_1 を増加させた方が「効率的」に z を増加させることができる。ただし、x_1 を増加させるにしても、式（7）の制約条件があり限界がある。

　まず、式（7-1）（$x_1 + 2x_2 + \lambda_1 = 10$）において、$x_1$ が最大となるのは x_2 と λ_1 が共に最小値 0 のときである。それ故、x_1 の上限値 x_1^{max1} は、

$$x_1^{max1} + 2 \times 0 + 0 = 10 \quad \rightarrow \quad x_1^{max1} = 10$$

　同じく、式（7-2）（$6x_1 + 5x_2 + \lambda_2 = 30$）において、$x_1$ が最大となるのは x_2 と λ_2 が共に最小値 0 のときであり、その上限値 x_1^{max2} は、

$$6x_1^{max2} + 5 \times 0 + 0 = 30 \quad \rightarrow \quad x_1^{max2} = 5$$

　そして、式（7-3）（$3x_1 + x_2 + \lambda_3 = 12$）において、$x_1$ が最大となるのは x_2 と λ_3 が共に最小値 0 のときであり、その上限値 x_1^{max3} は、

$$3x_1^{max3} + 0 + 0 = 12 \quad \rightarrow \quad x_1^{max3} = 4$$

さて、これらの制約条件を全て満足させつつ x_1 を増やすことを考えたとき、これらの値の最小値である 4 までしか x_1 を増やすことができないこととなる。

　ついては、次に x_1 を 4 とするものとして、その上で、他の変数の値を求めることとする。このとき、次のような「ガウスジョルダンの消去法」を活用する。

　まず、x_1 の値が「4」とする制約を与えた式（7-3）の x_1 の係数を 1 にする為に、式（7-3）の x_1 の係数である 3 で、式（7-3）の両辺を除し、これを、式（9-3）とする。

$$x_1 + 1/3\,x_2 + 1/3\lambda_3 = 4 \tag{9-3}$$

　次に、残りの方程式である式（7-1）、式（7-2）、式（8）の x_1 の項を「除去」する。除去するにあたっては、先に求めた x_1 の係数が 1 である式（9-3）を活用して、以下のような操作を行う。

　　式（9-1）　＝　式（7-1）　－式（9-3）　×1
　　式（9-2）　＝　式（7-2）　－式（9-3）　×6
　　式（10）　＝　式（8）　＋式（9-3）　×4

　以上の操作を経ると、以下のように、目的関数が式（10）、制約条件が式（9）となるような連立方程式に、式（7）、（8）が変換されることとなる。

$$\left.\begin{array}{l} 5/3\,x_2+\lambda_1 \qquad\qquad 1/3\,\lambda_3=6 \quad (9\text{-}1) \\ \qquad\quad 3\,x_2 \qquad +\lambda_2 \quad -2\lambda_3=6 \quad (9\text{-}2) \\ x_1+1/3\,x_2 \qquad\qquad +1/3\,\lambda_3=4 \quad (9\text{-}3) \end{array}\right\} \qquad (9)$$

$$x_1\geqq 0,\ x_2\geqq 0,\ \lambda_1\geqq 0,\ \lambda_2\geqq 0,\ \lambda_3\geqq 0$$

$$z-2/3\,x_2+4/3\,\lambda_3=16 \qquad\qquad (10)$$

このとき、x_1 の値を"4"としていることから、式（9-3）より、

$$x_2=0,\ \lambda_3=0$$

となる。なお、また、それらを式（9-1）、（9-2）、（10）に挿入すると、

$$\lambda_1=6,\ \lambda_2=6,\ z=16$$

となる。このように、式（9）、（10）のように変換しておくと、各々の変数の値を、右辺の数値から瞬時に求めることができる。これが、ガウスジョルダンの消去法のメリットである。なお、この段階での実行可能解は、図4・1で言えば点 **B** に対応している。

さて、あとは、z の値をこれ以上「改善」できなくなるまで、以上の式（7）、（8）の連立方程式から式（9）、（10）への変換と同様の操作を繰り返していく。具体的にはまず、式（10）より、z の値をより大きくする為には、x_2 の値を正値とすることが必要であるが、x_2 は式（9-1）によれば 18/5（＝6×3/5）まで、式（9-2）によれば 2（＝6/3）まで、式（9-3）によれば 12（4×3）まで大きくすることができる。これらの中で最も厳しい制約は、式（9-2）である。それ故、次に x_2 を式（9-2）で制約される最大値である"2"とすることとして、その前提にて、他の変数の値を先と同様の消去法を用いて求める為に、式（9）、（10）を変換すると、以下の式（11）、（12）に変換されることとなる。なお、この変換にあたってはまず、x_2 の改善を制約した式（9-2）における x_2 の係数が 1 になるように式（9-2）の両辺を 3 で除して式（11-2）を得る。そしてこの式（11-2）を用いて、式（11-1）、（11-3）、（12）を得る。

$$\left.\begin{array}{l} \lambda_1 \quad -5/9\,\lambda_2 +7/9\,\lambda_3=\ 8/3 \quad (11\text{-}1) \\ \quad x_2 \qquad +1/3\,\lambda_2 -2/3\,\lambda_3=\ \ 2 \quad (11\text{-}2) \\ x_1 \qquad\quad -1/9\,\lambda_2 +5/9\,\lambda_3=10/3 \quad (11\text{-}3) \end{array}\right\} \qquad (11)$$

$$x_1\geqq 0,\ x_2\geqq 0,\ \lambda_1\geqq 0,\ \lambda_2\geqq 0,\ \lambda_3\geqq 0$$

$$z+2/9\,\lambda_2+8/9\,\lambda_3=52/3 \qquad\qquad (12)$$

ここで、先に述べたように x_2 を "2" と考えているため、式 (11-2) より、

$\lambda_2 = 0, \lambda_3 = 0$

となり、これらを式 (11-1)、(11-3)、(12) に挿入すると、

$\lambda_1 = 8/3, x_1 = 10/3, z = 52/3$

となる。ここで、式 (12) に着目すると、z 以外の変数である λ_2、λ_3 の係数が共に正であることから、これらの変数に正の値を導入すれば z の値はさらに低下してしまう。それ故、これ以上、z の値を大きくすることはできないこととなる為、計算はここで終了することとなる。

以上より、商品 1 を 10/3 単位、商品 2 を 2 単位生産し、52/3 百万円の収益を得ることが最適な方法であることが分かる。

なお、この最後の最適解は、図 4·1 で言うなら、点 C に対応している。ところで、一番最初の実行可能解は点 A、次の変換に対応する実行可能解は点 B であり、最後に点 C に辿り着いたのだが、ガウスジョルダンの消去法を用いた方法を幾何的に言うなら、こうして実行可能領域の「頂点」を、原点から順次辿っていく方法なのだと言うことができる。

(3) シンプレックス法

以上に述べたガウスジョルダンの消去法を用いた方法を、より手順良く、システマティックに行う方法がシンプレックス法である。それ故、シンプレックス法の考え方は、ガウスジョルダンの消去法を用いた方法と同一であるが、システマティックに解いていく為に、いくつかの概念を新たに定義することが必要である。まず、一般的には、線形計画問題は以下のように記述される。

$$
\left. \begin{array}{l}
\text{S.T.} \quad a_{11}x_1 + \cdots\cdots + a_{1n}x_n \leq b_1 \\
\qquad\quad a_{21}x_1 + \cdots\cdots + a_{2n}x_n \leq b_2 \\
\qquad\qquad\cdots\cdots\cdots\cdots \\
\qquad\quad a_{m1}x_1 + \cdots\cdots + a_{mn}x_n \leq b_m
\end{array} \right\} \tag{13}
$$

$$x_1, x_2, \cdots, x_n \geq 0 \tag{14}$$

$$\text{OBJ} \quad z = c_1 x_1 + \cdots\cdots + c_n x_n \to \max \tag{15}$$

ここに、$a_{11} \sim a_{mn}$、$b_1 \sim b_m$、$c_1 \sim c_n$ はいずれも常数であり、$x_1 \sim x_n$ および z は変数である。ここで、ガウスジョルダンの消去法を用いた解法の折りに、新たな変数を導入して等式に変換したように、新たな変数を導入して、以下のように

106   Ⅱ 数理的計画論

等式の連立方程式に変換する。

$$
\left.
\begin{aligned}
a_{11}x_1+\cdots\cdots+a_{1n}x_n+\lambda_1 \qquad\qquad &= b_1 \\
a_{21}x_1+\cdots\cdots+a_{2n}x_n \qquad +\lambda_2 \qquad &= b_2 \\
\cdots\cdots\cdots\cdots \\
a_{m1}x_1+\cdots\cdots+a_{mn}x_n \qquad\qquad +\lambda_m &= b_m
\end{aligned}
\right\}
\qquad (16)
$$

$$
x_1, x_2, \cdots, x_n, \lambda_1, \lambda_2, \cdots, \lambda_n \geq 0 \qquad\qquad (17)
$$

$$
z = c_1x_1+\cdots\cdots+c_nx_n+0\cdot\lambda_1+\cdots\cdots+0\cdot\lambda_m \to \max \qquad (18)
$$

ここで新たに導入した$\lambda_1 \sim \lambda_m$は「スラック変数」と呼ばれる。

　ここで、この式（16）の特徴は、特定の方程式にのみ存在し、それ以外の方程式には現れないという変数が、全ての方程式について1つずつ存在している、という点である。こうした特徴を持つ連立一次方程式は「基底形式」と呼ばれる。そして、基底形式の連立一次方程式において、式（16）のスラック変数のように、その変数が含まれている方程式は1つのみに限られている、という変数は「基底変数」と呼ばれる。そして、それ以外の変数（この例では、$x_1 \sim x_n$）は、「非基底変数」と呼ばれる。

　さらに、非基底変数の値を全てゼロにしたときの、この式（16）、（18）の連立一次方程式の解を、「基底解」と呼称する。1つの規定形式に対して基底解は唯一となる。そして、基底変数が非負、非基底変数が0となるような基底解を可能基底解と呼ぶ、ここに、制約領域の端点（図4・1の**A**、**B**、**C**、**D**、**E**の各点）は、1つの可能基底解に対応している。

　さて、以上の用語を用いて、改めて、式（4）、（5）の線形計画問題をシンプレックス法で解くこととしよう。

a) ステップ1：サイクル0の記述

　まず、式（4）、（5）にスラック変数λ_1、λ_2、λ_3を導入して、基底形式の連立方程式とした場合、式（7）、（8）となる。これらの式における基底変数は、ここで導入したスラック変数λ_1、λ_2、λ_3ならびにzである。一方、非基底変数は、x_1とx_2であるが、シンプレックス法では（ガウスジョルダンの消去法と同様に）、これら非基底変数の値が常に"0"であると考える。すると、式（7）、（8）より明らかに、それぞれの式の基底変数の値は、各式の左辺の値に一致することとなる。

　以上より、式（7）、（8）の連立方程式、ならびに、基底変数とその値は、表4・2に示

したシンプレックス表の「サイクル 0」の欄のようにまとめられる。この表の
サイクル 0 の欄は、基底変数が λ_1、λ_2、λ_3、z であること、それらの値が 10、
30、12、0 であることを意味していると共に、式（7）、（8）の各式のそれぞれ
の変数の係数が表記されている。

b)ステップ 2：シンプレックス基準に基づく基底変数の選択

　さて、ここで、基底変数が z の式に着目する。この線形計画問題はこの z の
値（目的関数値）を最大化することが目的であるが、ガウスジョルダンの消去
法で述べたように、それをより大きくするにあたって効果的なのは、「その式に
おいて、負の値を持つ係数の中で、最も絶対値が大きい変数」に非負の値を与
えることである（なお、その式において全ての変数の係数が正である場合は、
z の値をより大きくすることができない為、その時点で計算は打ち切られるこ
ととなる）。ところで、目的関数 z が含まれる式において係数値が 0 でないのは
常に「非基底変数」であり、基底変数の係数は常に 0 である。それ故、いずれ
の変数値に非負の値を与えるかの判定は、常に目的関数の式の非基底変数の係
数に着目することとなる。ここで、非負の値を与えるか否かの判定を行う基準
となる、目的関数式内における非基底変数の係数値は「**シンプレックス基準**」
と呼ばれる。

　表 4·2 のサイクル 0 の例では、x_1 と x_2 が非基底変数であり、目的関数 z が含

表 4·2　シンプレックス表の一例

サイクル	基底変数	基底変数の値	変数					θ	式番号と返還式	図形解法における対応点
			x_1	x_2	λ_1	λ_2	λ_3			
0	λ_1	10	1	2	1	0	0	10	①	A
	λ_2	30	6	5	0	1	0	5	②	
	λ_3	12	3	1	0	0	1	4	③	
	z	0	-4	-2	0	0	0		④	
1	λ_1	6	0	5/3	1	0	-1/3	3.6	⑤＝①－⑦	B
	λ_2	6	0	3	0	1	-2	2	⑥＝②－6×⑦	
	x_1	4	1	1/3	0	0	1/3	12	⑦＝③/3	
	z	16	0	-2/3	0	0	4/3		⑧＝④＋4×⑦	
2	λ_1	8/3	0	0	1	-5/9	7/9		⑨＝⑤－5/3×⑩	C
	x_2	2	0	1	0	1/3	-2/3		⑩＝⑥/3	
	x_1	10/3	1	0	0	-1/9	5/9		⑪＝⑦－1/3×⑩	
	z	52/3	0	0	0	2/9	8/9		⑫＝⑧＋2/3×⑩	

　　　　シンプレックス基準

108　　II　数理的計画論

まれる式におけるそれらの係数は、それぞれ -4 と -2 であるが、これらが、この時点におけるシンプレックス基準となっている。そして、それらのうち、負、かつ、絶対値が最大の値は -4 であることから、この係数値を持つ非基底変数である x_1 の値に非負の値を与えることで、z の値をより"効率的"に大きな値とすることができることとなる（式 (8) 参照）。

c) ステップ3：基底変数から非基底変数に変える変数の選択

さて、こうして x_1 の値を非負の値とすることになったが、どこまで x_1 を大きくできるのかは、式 (7) の各方程式に制約されることとなる。このシンプレックス表に基づけば、その制約の範囲を簡単に算定することができる。まず、シンプレックス基準で選ばれた非基底変数である x_1 の各方程式の係数(1、6、3)に着目する（表4・2のサイクル0には、その箇所に灰色の網掛けを施した）。一方、それぞれの式における現在の基底変数の値は 10、30、12 であるが、もし、これらを全て x_1 に"提供"することとすれば、それぞれの式において x_1 は、10 を 1 で割った 10、30 を 6 で割った 5、12 を 3 で割った 4 まで、大きな値を取り得ることが可能である。この表4・2では、そうして得られた値を、θ として記述している。なお、この θ は、先に述べた"灰色の網掛け"の部分の値にて、"基底変数の値"を除す形で容易に求めることができる。さて、これらの θ のうち、最も"厳しい制約"は、その最小値である 4 である。それ故、これら 3 つの制約条件式の全てを満たし得る、x_1 の最大値は 4 であることとなる。

さて、ここで x_1 を 4 とするのなら、λ_3 の値は 0 となる。このことは、(今まで非基底変数であった) x_1 を「基底変数」にする一方で、(今まで基底変数であった) λ_3 を「非基底変数」と見なすことを意味している。すなわち、基底変数と非基底変数を、x_1 と λ_3 の間で入れ替えることとなる。

d) ステップ4：規定形式の変換

さて、このように、基底変数と非基底変数を、x_1 と λ_3 の間で入れ替えることとなったわけだが、その場合には、連立方程式全体を先のサイクル0とは異なる形の基底形式に変換する必要がある。ここで、先にも述べたように、基底形式とは基底変数は全ての方程式中に 1 つしか出現しない、という形式を持つ。それ故、x_1 が出現する式は 1 つ限りであり、それ以外の式においては x_1 は出現しない (すなわち、係数が 0)、という形となるように、サイクル0の連立方程式

を変換することが必要である。

　この作業を行うにあたり、シンプレックス法ではまず、x_1 の最大値を制約した表 4・2 における式③に着目する（表 4・2 では、この式に対応する行に灰色の網掛けを施している）。そして、その式における、基底変数に変換する x_1 の係数である "3" という値に着目する（ちょうど、表 4・2 における縦の網掛けと横の網掛けが "交差" する箇所の係数である）。そして、この数値 "3" でもって、式③を除し、これを式⑦とする。すなわち、基底変数 x_1 が現れる式の、その変数 x_1 の係数を "1" にするように変換するのである。

　次に、基底変数に変換する x_1 の係数が "0" となるように、基底変数が現れる式（この場合では式⑦）以外の式（すなわち、この場合では式⑤、⑥、⑧）を変換していく。その変換にあたっては先に求めた式⑦を使用し、式①から式⑤へ、式②から式⑥へ、そして式④から式⑧へとそれぞれ変換していく。具体的には、前サイクルにおいて縦列方向に網掛けした係数値を、基底変数を含む式である式⑦に乗じ、これを、前サイクルの式から差し引く、というものである（それぞれの行の具体的な変換については、表 4・2 の右側に示した変換式を参照されたい）。こうして、サイクル 1 の基底形式が得られることとなる。この表に示したように、このサイクル 1 では、x_1 が、λ_3 の代わりに新たに基底変数となっている。なお、その値は 4 である。一方で、x_2 は非基底変数であるからその値は 0 である。それ故、この解は図 4・1 の点 **B** の端点に対応するものであることが分かる。さらに、この時点における目的関数の値 z は 16 となっていることが、この表から読み取ることができる。

e) ステップ 5 以降：以上の作業の繰り返し

　このようにして、新たな基底形式の連立方程式が得られたわけであるが、あとは、以上に述べたステップ 2 に再び戻り、全てのシンプレックス基準が非負となるまで、同様の作業を繰り返していく。

　この表 4・2 の例では、サイクル 1 におけるシンプレックス基準がマイナスの値となっているのは x_2 だけであるから、この x_2 を基底変数とすることが必要である。一方、この x_2 の最大化を制約する式は、サイクル 1 の θ の値より、式⑥であり、最大で 2 まで大きな値を取ることができることが分かる。それ故、次のサイクル 2 においては、この式⑥の「基底変数 x_2 の係数が 1 となるように」、式

110　　Ⅱ　数理的計画論

⑥全体を 3 で除して式⑩を得る。そして、それ以外の式については、この式⑩を使いつつ、「基底変数 x_2 の係数が 0 となるように」、表 4・2 の右側に記載した変換式を用いて、それぞれ式⑨、⑪、⑫を得る。こうして、サイクル 2 の基底形式の連立方程式が得られることとなる。このとき、表 4・2 に示したように、(x_1, x_2) ＝ $(10/3, 2)$ であり、目的関数の値が 52/3 であることが分かる。これは、図解法で示した端点 C に対応する。

　ここでシンプレックス基準に着目すると、全て正の値となっていることが分かる。これは、これ以上、目的関数値を大きくすることができないことを意味している。それ故、この線形計画問題の最適値は 52/3 であり、x_1 と x_2 の値は 10/3、2 であることが分かる。さらに、スラック変数として導入した λ_2、λ_3 は非基底変数であることから 0 である。一方、λ_1 は基底変数であり、その値は 8/3 である。このことは、もともとの問題において、定義した資材 2 と資材 3（表 4・1 参照）は、この最適解においては全て使い切ってしまい、残余が 0 となっている一方、資材 1 は 8/3 単位残っていることを意味している。

2　非線形計画法

　線形計画問題とは、式 (1)、(2) で示した最適化問題における関数 f, g_i $(i = 1, 2, \cdots, m)$ がいずれも線形関数の場合の解法であった。しかし、それらの関数が線形関数ではない場合には、上述のシンプレックス法をはじめとした解法を援用することができない。そうした最適化問題は、非線形計画問題と呼ばれ、その解法は、非線形計画法と呼ばれている。非線形計画法には、それぞれの問題の性質に応じて、複数の解法が開発されている。ここでは、それらの中から代表的なものを紹介する。

（1）非線形計画問題の一般的な特徴

　まず、非線形計画問題の基本的な考え方を、図 4・2 を用いて説明しよう。

　いま、2 つの変数 x_1 と x_2 についての、任意の点において微分可能な連続関数 f として、図 4・2 のような非線形関数を想定し、その「最小化」を図ろうとしている場合を考える（なお、関数 f に－1 を乗ずれば、この問題は最大化問題となる為、

最大化問題も最小化問題も本質的な差異はない。それ故、ここでは、最小化問題を前提として以下を述べることとする)。このとき、制約条件式によって示される実行可能領域が領域 G_1 の場合には、その解は点 X_1 となる。一方、実行可能領域が領域 G_2 の場合には X_2 が最適解となる。ところが、より広域的な領域 G が実行可能領域である場合には、最適解は X_2 のみとなる。このように、局所的には最適解と見なされるものであっても、広域的には最適解とはならないケースが考えられる。このような場合の、X_1, X_2 は局所的最適解（local optimal solution）と呼ばれる一方、特に X_2 は全域的最適解（global optimal solution）と呼ばれる。なお、図 4・2 からも自明な通り、局所的最適解が複数存在する場合、それらのうちの少なくとも 1 つが全域的最適解である。

さて、このように、広域的な最適解は、少なくとも局所的にも最適解であるという点を踏まえ、以下では、局所的最適解にどのような数理的性質が存在しているかについて述べることとしよう。

まず、ベクトル $\mathbf{x} = (x_1, x_2, \cdots)$ と、その関数 $f(\mathbf{x})$ を考える。このとき、ある特定の点 $\mathbf{x}^*$ 近傍での変化量を求める為に、微小なベクトル $\Delta \mathbf{x} = (\Delta x_1, \Delta x_2, \cdots)$ を考えた上で、$f(\mathbf{x}^* + \Delta \mathbf{x})$ をテーラー展開すると、以下となる。

$$f(\mathbf{x}^* + \Delta \mathbf{x}) = f(\mathbf{x}^*) + \nabla f(\mathbf{x}^*)^T \Delta \mathbf{x} + \frac{1}{2} \Delta \mathbf{x}^T H(\mathbf{x}^*) \Delta \mathbf{x} + \cdots\cdots \qquad (19)$$

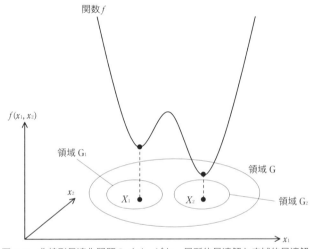

図 4・2　非線形最適化問題のイメージと、局所的最適解と広域的最適解

ここに、$\nabla f(\mathbf{x}^*)^T$ は、以下のように点 $\mathbf{x}^*$ での偏微分係数を要素とするベクトルである。

$$\nabla f(\mathbf{x}^*)^T = \left(\frac{\partial f(\mathbf{x}^*)}{\partial x_1}, \frac{\partial f(\mathbf{x}^*)}{\partial x_2}, \cdots\cdots, \frac{\partial f(\mathbf{x}^*)}{\partial x_n} \right)$$

また、$H(\mathbf{x}^*)$ は二次偏微分係数を要素とする以下のようなヘシアン行列である。

$$H(\mathbf{x}^*) = \begin{bmatrix} \dfrac{\partial^2 f(\mathbf{x}^*)}{\partial x_1{}^2}, & \dfrac{\partial^2 f(\mathbf{x}^*)}{\partial x_1 \partial x_2}, & \cdots\cdots, & \dfrac{\partial^2 f(\mathbf{x}^*)}{\partial x_1 \partial x_n} \\ \dfrac{\partial^2 f(\mathbf{x}^*)}{\partial x_2 \partial x_1}, & \dfrac{\partial^2 f(\mathbf{x}^*)}{\partial x_2{}^2}, & \cdots\cdots, & \dfrac{\partial^2 f(\mathbf{x}^*)}{\partial x_2 \partial x_n} \\ \vdots & \vdots & \ddots & \vdots \\ \dfrac{\partial^2 f(\mathbf{x}^*)}{\partial x_n \partial x_1}, & \dfrac{\partial^2 f(\mathbf{x}^*)}{\partial x_n \partial x_2}, & \cdots\cdots, & \dfrac{\partial^2 f(\mathbf{x}^*)}{\partial x_n{}^2} \end{bmatrix}$$

そして、点 $\mathbf{x}^*$ が局所的最適解である為の必要条件は、$\nabla f(\mathbf{x}^*)^T = \mathbf{0}$、すなわち、その点における偏微分係数が以下のように全て 0 となるというものである。

$$\frac{\partial f(\mathbf{x}^*)}{\partial x_1} = \frac{\partial f(\mathbf{x}^*)}{\partial x_2} = \cdots\cdots = \frac{\partial f(\mathbf{x}^*)}{\partial x_n} = 0 \tag{20}$$

また、以下のようなヘシアン行列についての条件式が、任意の微小ベクトル $\Delta \mathbf{x}(\neq \mathbf{0})$ について成立するということも、点 $\mathbf{x}^*$ が局所的最適解である為のもう1つの必要条件である[*2]。

$$\Delta \mathbf{x}^T H(\mathbf{x}^*) \Delta \mathbf{x} \geq 0 \tag{21}$$

前者の式（20）が意味する条件は、当該の目的関数において、その点が「頂点」に位置するものを意味するものである。一方で、式（21）は、当該の点近傍において、「下に凸の関数」となっていることを意味している[*3]。

これらの条件は、図4・3に示したような変数が1つの場合を考えると、直感的に分かり易い。まず、式（20）は微分値が0であることを意味しており、その点での切片が x 軸に対して平行であることを意味している。そして、式 (21) は二次微分が非負であることを意味しており、これは、切片の傾きが、この点において「増加」していく（ないしは一定である）ことを意味していることから、関数として図4・3のように下に凸の関数であることを意味している。それ故、両者の条件を同時に満たすのは、図4・3に示した $x_1{}^*$ であることが分かる。

ところで、図4・2に示した例では、局所的最適解が2つ存在しているが、も

第4章　数理的最適化理論　　113

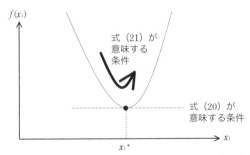

図4·3 変数が1つの場合の最適値についての2つの必要条件の意味

し、局所的最適解が1つ限りの場合には、当然ながら、その局所的最適解が広域的最適解となる。局所的最適解が、特定の領域において1つ限りであるのは、当該の領域における任意の点 $\mathbf{x}^*$ において、常に式 (21) が成立する場合である。このような場合、当該の関数は「凸関数」である。このような場合、全ての微分係数が0となる点 (すなわち、式 (20) が成立する点) を探索すれば、その点が最適解であるということとなる。

以上が、非線形計画問題における最適解についての特徴である。以下、ここに述べた種々の特徴を前提として、いくつかの場合における最適解の特定方法を述べる。

(2) 制約条件がない場合の最適化

もっともシンプルな非線形計画問題は、制約条件がない問題である。

$$\text{目的関数} \quad f(\mathbf{x}) \to \min \tag{22}$$

この場合の最適化は、上記の式 (20) より得られる n 個の方程式から構成される連立方程式の解を求めることで得られる。そして、その解における $\Delta \mathbf{x}^T H(\mathbf{x}^*) \Delta \mathbf{x}$ の値を求め、それが非負であるか否かを判定することも必要である (式 (21) 参照)。それらの条件を満たす解 (これはいずれも局所的最適解である) が複数存在するなら、それらの中で一番小さな目的関数値を与える解を特定すれば、これが最適解である。

なお、言うまでもなく、目的関数が全域において式 (21) が成立している凸関数の場合には、局所的最適解は1つしか存在していない為、上記の式 (20) より得られる n 個の方程式から構成される連立方程式の解を求めることで、直

接的に、最適解を求めることができる。

(3) 等式制約条件が存在する場合の最適化

制約条件式が、以下のように等式条件である場合、ラグランジェ未定乗数法を用いて最適解を特定することができる。

目的関数（OBJ）　$f(\mathbf{x}) \to \min$　　　　　　　　　　　　　　　(23)

制約条件（S.T.）　$g_i(\mathbf{x}) = 0$　　$(i = 1, 2, \cdots, m)$　　　　(24)

ラグランジェ未定乗数法では、まず、以下のようにラグランジェ関数 L を定義する。

$$L(\mathbf{x}, \boldsymbol{\lambda}) = f(\mathbf{x}) - \sum_{i=1}^{m} \lambda_i g_i(\mathbf{x}) \tag{25}$$

ここに、λ_i はラグランジェの未定乗数であり、$\boldsymbol{\lambda}$ はそれらを要素とするベクトルである。このとき、局所的最適解は、以下の連立方程式を満足する。

$$\frac{\partial L(\mathbf{x}, \boldsymbol{\lambda})}{\partial x_j} = \frac{\partial f(\mathbf{x})}{\partial x_j} - \sum_{i=1}^{m} \lambda_i \frac{\partial g_i(\mathbf{x})}{\partial x_j} = 0 \qquad (j = 1, 2, \cdots, n) \tag{26}$$

$$\frac{\partial L(\mathbf{x}, \boldsymbol{\lambda})}{\partial \lambda_i} = -g_i(\mathbf{x}) = 0 \qquad (i = 1, 2, \cdots, m) \tag{27}$$

それ故、この連立方程式を解けば、局所的最適解を得ることができる。ただし、これらの解は局所的最適解である為、それらの解が常に広域的最適解であるとは限らない（すなわち、上記の条件は最適解にとっての必要条件ではあるが十分条件ではない）。それ故、具体的には、それぞれの局所的最適解の目的関数値を求め、それらを相互比較することを通じて、広域的最適解を探索することが必要である。また、関数 L が凸関数であることが保証されている場合には（すなわち、式(21)が任意の点について成立している場合には）、局所的最適解は広域的最適解に一致するため、上記連立方程式を解くことによって唯一の広域的最適解を得ることができる。

(4) 不等式制約条件が存在する場合の最適化

制約条件式が「不等号」で与えられている、次のような最適化問題を考える。

目的関数（OBJ）　$f(\mathbf{x}) \to \min$　　　　　　　　　　　　　　　(28)

第4章　数理的最適化理論　　115

制約条件（S.T.）　$g_i(\mathbf{x}) \geq 0 \quad (i=1, 2, \cdots, m)$ 　　　　(29)
　　　　　　　　　$x_j \geq 0 \quad\quad (j=1, 2, \cdots, n)$

この場合には、これらの関数fやgが一定の性質を満たす場合においては、その最適解が満たすべき"必要十分条件"が数理的に与えられることが知られている。その条件が"キューン・タッカー条件"であり、その条件が成立するという定理そのものが"キューン・タッカー定理"と呼ばれる。

ここに、キューン・タッカー定理とは、以下のような定理である。

キューン・タッカー定理

目的関数fが凸関数であり、制約条件式g_iがいずれのiについても凹関数（すなわち、実行可能領域が凸集合[*4]）であり、かついずれの関数も微分可能な連続関数である場合、$\mathbf{x}^* \geqq \mathbf{0}$が最適解（最小値）となる為の必要十分条件は、

$$L(\mathbf{x}, \boldsymbol{\lambda}) = f(\mathbf{x}) - \sum_{i=1}^{m} \lambda_i g_i(\mathbf{x}) \quad\quad (30)$$

という関数において$(\mathbf{x}^*, \boldsymbol{\lambda}^*)$という点が"鞍点（あんてん）"となっており、かつ、$\boldsymbol{\lambda}^* \geqq 0$となっている、という条件である。

ここに鞍点とは、xとλが1つずつである単純なケースを想定した場合、関数fが図4・4に示すような"馬の鞍"のような形になっており、かつ、x方向についての最小値であると共にλ方向においての最大値となっている点を意味する。すなわち、

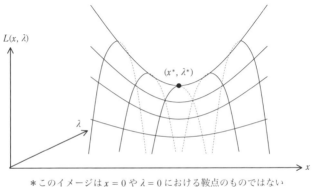

＊このイメージは$x=0$や$\lambda=0$における鞍点のものではない
図4・4　関数$L(x, \lambda)$における鞍点のイメージ

$$L(\mathbf{x}^*, \boldsymbol{\lambda}) \leq L(\mathbf{x}^*, \boldsymbol{\lambda}^*) \leq L(\mathbf{x}, \boldsymbol{\lambda}^*) \tag{31}$$

を満たす点が鞍点である。

さて、点 $L(\mathbf{x}, \boldsymbol{\lambda})$ が鞍点である必要十分条件は、以下の連立条件式が成立するというものである。

$$\left.\begin{array}{ll} x_j^* > 0 \text{ のとき} & \dfrac{\partial L(\mathbf{x}^*, \boldsymbol{\lambda}^*)}{\partial x_j} = 0 \\ x_j^* = 0 \text{ のとき} & \dfrac{\partial L(\mathbf{x}^*, \boldsymbol{\lambda}^*)}{\partial x_j} \geq 0 \end{array}\right\} (j = 1, 2, \cdots, n) \\ \left.\begin{array}{ll} \lambda_i^* > 0 \text{ のとき} & \dfrac{\partial L(\mathbf{x}^*, \boldsymbol{\lambda}^*)}{\partial \lambda_i} = 0 \\ \lambda_i^* = 0 \text{ のとき} & \dfrac{\partial L(\mathbf{x}^*, \boldsymbol{\lambda}^*)}{\partial \lambda_i} \leq 0 \end{array}\right\} (i = 1, 2, \cdots, m) \tag{32}$$

この連立条件式が、"キューン・タッカー条件"と呼ばれるものである。なおここで、$x_j^* > 0$ のときや $\lambda_i^* > 0$ のときの条件式は、鞍点が $x_j > 0$ や $\lambda_i > 0$ の領域において存在する場合にはその鞍点における偏微分係数は 0 となるということに対応するものである。一方、$x_j^* = 0$ のとき、$\lambda_i^* = 0$ のときに条件式は、鞍点が $x_j = 0$ や $\lambda_i = 0$ に存在する場合は、偏微分値が 0 とならずに図 4・5 に示したように、0 以下または 0 以上となる、という条件を意味するものである。

以上のキューン・タッカー条件は、最適解についての"必要十分条件"であることが保証されていることから、目的関数が凸関数、かつ、制約条件式が凹関数である不等号条件式下での最小化問題においては、式 (32) の条件式を解くことによって直接的に、その最適解を求めることができるのである。

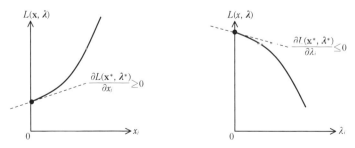

図 4・5 関数 $L(\mathbf{x}, \boldsymbol{\lambda})$ の鞍点が、$x_j = 0$ または $\lambda_i = 0$ に存在する場合における偏微分係数についてのキューン・タッカー条件

（5）数値的な最適化手法

　以上に述べた最適化手法は、「解析的手法」と呼ばれるものであり、それぞれの関数が特定の条件（例えば、凸関数等）を満たす場合に効果的な方法であるが、現実の最適化問題においては、そうした条件が常に満たされるとは限らない。こういう場合には、「数値的手法」と呼ばれる方法論を活用することが多い。数値的手法にも様々なものが提案されているが、その代表的な手法は、おおよそ次のようなものである。すなわち、

　1）まずは初期値 $\mathbf{x}^0$ を設定し、

　2）その初期値よりも目的関数値を改善できる方向 $\mathbf{d}^0$ を何らかの方法で定め、

　3）その方向の中で最も良好な目的関数値をもたらす点を $\mathbf{x}^1$ とする。

　4）そして再び、その点 $\mathbf{x}^1$ よりも目的関数値を改善できる方向 $\mathbf{d}^1$ を定め、

　5）その方向に進む…

という作業を「目的関数値を、これ以上改善できない」というところに至るまで繰り返す、というものである。ここで、目的関数値を改善する方向 $\mathbf{d}$ をどのように定めるのか、という点によって、様々な数値的手法が提案されている。例えば、数値的手法の中でも代表的な手法である「最急降下法」では、目的関数値の改善方向を、当該点における微分係数から求めている。すなわち、関数 f の最小化におけるある点 $\mathbf{x}^i$ からの改善方向ベクトル $\mathbf{d}^i$ を、

$$\mathbf{d}^i = \left(-\frac{\partial f(\mathbf{x}^i)}{\partial x_1}, -\frac{\partial f(\mathbf{x}^i)}{\partial x_2}, \cdots, -\frac{\partial f(\mathbf{x}^i)}{\partial x_n} \right)^T \tag{33}$$

という形で、偏微分係数に -1 を乗じたものとして求めるものである。これは、当該の点において最も急な勾配の方向を探るためのものである。そして、この方向 $\mathbf{d}^i$ が 0 ベクトルならば計算を終了する一方、そうでなければ、その方向における最小値を与える点を特定し、これを $\mathbf{d}^{i+1}$ として、同様の計算を繰り返す、という方法である。その他、二階までの導関数を用いて、より効率的に最適解を探索するニュートン法等も提案されている。

練習問題

◆問題1　以下の線形計画問題を解きなさい。

OBJ　$z = 3x_1 + 2x_2 \to \max$

S.T.　$2x_1 + x_2 \leq 12$
$x_1 + 3x_2 \leq 15$
$x_1 + x_2 \leq 7$
$x_1, \ x_2 \geq 0$

◆問題2　以下の非線形計画問題を解きなさい。

OBJ　$f(x, y) = -5(x + 2y)^2 - 8x^2 - 6y \to \max$

◆問題3　長径20、短径10の楕円に内接する長方形の面積の最大値を求めなさい。

◆問題4　以下の非線形計画問題を解きなさい。

OBJ　$z = (x_1 - 1)^2 + (x_2 - 2)^2 \to \min$

S.T.　$x_1^2 + x_2^2 - 2 \leq 0$
$x_1 - x_2 \geq 0$
$x_2 \geq 0$

付録1　補足事項：双対定理と動的計画法

　ここでは、以上の本文で論じた最適化手法以外のものの中でも、しばしば数理的最適化の中で適用される双対定理と動的計画法について、簡潔に述べる。

①線形計画法における双対問題と双対定理

　例えば、本文表4・1に関わる線形計画問題において、式（4）、（5）のような定式化以外にも、次のように定式化する問題を考えることができる。すなわち、

$$w = 10y_1 + 30y_2 + 12y_3 \to \min \tag{34}$$

$$\left. \begin{array}{l} y_1 + 6y_2 + 3y_3 \geq 4 \\ 2y_1 + 5y_2 + y_3 \geq 2 \\ y_1, y_2, y_3 \geq 0 \end{array} \right\} \tag{35}$$

　本文の式（4）、（5）に示した問題は、資材と各商品の単価が与件として与えられた場合に利潤を最大化する為にそれぞれの商品をどれだけ生産すべきかという趣旨の問題であったが、この式（34）、（35）の式において問題とされているのは「生産する商品の個数」ではなく、「資材を1つ増やしたときの総費用の増分」である。

第4章　数理的最適化理論　　119

すなわち、資材の量が表4・1右端列の値のように与件として与えられているという条件の下で、個々の資材についての単位増加に対する総費用の増分を y_1, y_2, y_3 と考えたとき、それらの資材を購入する際の総費用を式(34)右辺は意味している。そして、式（35）の各式の左辺は、個々の商品を1単位生産する為に必要な総費用の増分を意味している。したがって、この最適化問題は、個々の商品を1単位生産することで増加してしまう総費用が、その商品を1単位生産することによる利益の増分よりも常に大きいという（経営者にとっては望ましくない）制約条件の下で、総費用を最小化しようとする問題である。

　こうした問題は、式（4）、（5）で定式化される問題を「主問題」と呼んだときの裏問題、あるいは「双対問題」と呼ばれる。主問題と双対問題は、上記の例で示したように同一の条件を異なる視点から定式化したものであり、1つの対を成している。上記の例では、総利潤の最大化問題（主問題）を逆に言うなら、総費用の最小化問題（双対問題）となっている、という次第である。それ故、その両者の間には、1）両問題の目的関数の最適値は同じ、2）一方の解は一方のシンプレックス基準となっている、という、一方を解けば、もう一方の解も自動的に求まるという関係にある。なお、こうした関係は一般に「双対定理」にて数理的に保証されている。詳細は、飯田（1991）あるいは、吉川（1975）を参照されたい。

②動的計画法

　本章にて述べた線形計画法、非線形計画法についでしばしば活用される計画法として「動的計画法」（Dynamic Programing；DP）と呼ばれている方法論がある。これは、先行する意思決定が後続する意思決定の状態を決定してしまう、という状況下にある多段階の意思決定列が存在しており、しかも、ある目的関数がその意思決定列によって規定されている、という場合に、その意思決定列を最適化する方法論である。こうした問題を解くにあたっての最も単純な方法は、考えられ得る全ての意思決定列について目的関数値を逐一計算し、それらを相互比較することで最適な意思決定列を探索する、という方法である。しかしこの方法では、意思決定列が比較的単純な場合には現実的な作業量が必要とされるに過ぎないかもしれないが、意思決定列に含まれる意思決定の数が多くなればなるほど、指数関数的に必要とされる作業量が増大してしまうため、現実的に解を求めることが不可能となる。こうした問題に対処する為に提案されている方法論が「最適性原理」を活用した解法である。

最適性原理とは、「最初の状態と最初の決定がいかであれ、残りの決定は最初の決定から生じる状態に関して最適でなければならない」というものである。すなわち、ある意思決定列が最適意思決定列である場合、ある段階以降の最適意思決定列は、それ以前の最適意思決定列の一部として含まれている、という原理である。この原理を活用して、意思決定段階の一番後ろの段階から逐次的に一番最初の段階へと、最適解を求めていくことで、全ての意思決定列の目的関数値を求め、それらを比較することで最適解を求める、というような煩雑な方法を採用するよりも遙かに効率的に最終的に最適意思決定列を求めることができることとなる。

　なお、この最適化手法は、線形計画法や非線形計画法のように解析的な手法を意味しているのではなく、あくまでも多段階の意思決定列の最適解を求める"考え方"を定性的に記述しているものであるに過ぎない。それ故、個別の問題毎に、必要とされる数式を定義することが求められている点に留意が必要である。ただしその一方で、この手法は必ずしも微分可能ではない離散的な目的関数等の場合にも適用できることから、その適用範囲は線形計画法や非線形計画法よりもさらに広いものである。詳細は、飯田（1991）あるいは、吉川（1975）を参照されたい。

注

1　線形計画法の制約条件にて定義される実行可能領域は、常に「凸多面体」であることが保証されている。ここに凸多面体とは、当該の多面体内の任意の2点を結ぶ直線が、常に当該多面体の内部に含まれるような多面体を意味するものである（なお、凸多面体の内部の点集合は、凸集合と呼ばれる）。そして、最適解は必ずこの実行可能領域の凸多面体の内部ではなく、その「境界上」（すなわち、多面体の頂点、あるいは、面）のみに現れることとなる。

　なお、最適解が見つからない状況が2つある。1つは互いに矛盾のある制約条件式が与えられている場合で、その場合の実行可能領域は空になり、最適解は存在しえない。最適解が得られないのでこの場合は、その線形計画法は実行不能と呼ばれる。もう1つの状況は、多面体が目的関数の向きに境界を持たない場合である。この場合、目的関数はいくらでも大きい値を取り得る。

2　この条件は、ヘシアン行列が、x^* において正定値であるという条件を意味している。

3　ヘシアン行列が全ての点において、任意の微小ベクトル $\Delta x (\neq 0)$ について式（21）が成立する（すなわち、正定置を取る）場合、その関数は凸関数である。なお、幾何的には、「その関数上の任意の2点の内分点が、常に、その関数よりも上方にある場合」、その関数は凸関数と言われる。あるいは、「その関数上の任意点から引いた接線が、常に、当該の関数の下方にある場合」もまた、その関数が凸関数であることの条件となっている。なお、こうした幾何的条件と式（21）の条件とは必要十分条件の関係にあることから、式（21）もまた凸関数の定義と見なすことができる。また、これらの大小関係を表記する式において、"等号"ではなく"不等号"のみが成立する場合、その関数は「狭義凸関数」と呼ばれる。

4　凹関数とは、注［3］に示したような凸関数に"-1"を乗じた形状の関数である。すなわち、例え

ば、式（21）で言うなら、不等号の向きが逆の条件が常に成立するような関数である。ここで、制約式がいずれも凹関数である場合、それらに囲まれる領域は、領域内の任意の2点間の任意の内分点が常に当該領域内に含まれる、という条件を満たす"凸集合"（注［1］参照）である。

第 4 章の POINT

✓ 計画上必要とされる特定の目的や、その目的を達成する為の各種の制約を、それぞれ「目的関数」と「制約条件式」によって定量的に関数表現が可能である場合には、様々な「数理的最適化手法」を活用して、その最も望ましい目的関数値を与える条件（すなわち、最適解）を特定することができる。

✓ 目的関数、制約条件式が共に線形関数である場合、その問題は「線形計画問題」（LP）と呼ばれ、その解法は「線形計画法」と呼ばれる。単純な線形計画法の場合は図形解法で解けるが、一般的にはガウスジョルダンの消去法をシステマティックに演算することができる「シンプレックス法」によって最適解を得ることが多い。

✓ シンプレックス法は、線形計画問題にスラック変数を導入することで基底形式の連立方程式を定式化した上で、シンプレックス基準を指針としつつ最適解を効率的に探索していく方法である。

✓ 目的関数、制約条件が非線形関数の場合、その問題は「非線形計画問題」（NLP）と呼ばれ、その解法は「非線形計画法」と呼ばれる。非線形計画問題における最適解には、局所的最適解と広域的最適解の二種類がある。

✓ 非線形計画法は、関数が微分可能であり、かつ、凸関数であるなら、条件に応じて様々な手法を採用しつつ、最適解を得ることができる。すなわち、1）制約条件がない非線形最適化問題は、一階の微分係数が全て 0 であるという条件を用いて、2）等式制約条件が付与された非線形計画問題は、ラグランジェ未定乗数法を用いて、3）不等式制約条件が付与された非線形計画問題は、キューン・タッカーの定理を用いて、それぞれ最適解を得ることができる。

✓ 関数の凸性が保証されていない場合等においては、数値的な最適化手法を援用することが得策である。

第5章 統計的予測理論

　言うまでもなく、土木計画で策定されるプランは、常に「未来」についてのものである。それ故、「未来」がどのような状態となっているのかを「予測」することが極めて重要な意味を持つのであり、既に第2章図2・14（あるいは図2・13）で示したように、予測はプランニング・プロセスにおいて主要な位置を占めている。そしてとりわけ、数理的計画論を基調とした技術的プランニングのプロセスにおいては、定量的予測は極めて重要な要素となる。例えば、先の章で述べた各種の最適化数理との関連で言うならば、その最適化の計算の前提となる各種の数値を設定する為には、それらの数値が計画実施段階においてどの程度の水準となっているのかについての定量的な「予測値」が不可欠である。また、次の章で述べる費用便益分析もまた、基礎的な指標についての予測値がなければ分析を始めることもできない。例えば、交通計画の場合には各種の交通量の予測値が、電力や廃棄物に関わる土木事業の計画であるならそれぞれの予測値が、施設の規模や形態を計画する上で重要な情報を提供することとなる。

　そしてもしもそれらの予測値が変わるのなら、最適化計算や費用便益分析の計算結果もまた、大きく異なるものとなるのであるから、予測に基づく計画論を展開するのなら、可能な限り正確な予測が必要である。そしてまた、**第7章**で詳しく論ずるように、もしもこの「予測」の精度が一定以上確保できないのなら、数理的な計画論の意義が大幅に低下してしまう為、土木計画の包括的なプランニングの過程における、第Ⅲ部で述べる各種の社会的計画論の相対的重要性が拡大することとなる。

　こうした背景から、どのような方針でプランニングを展開するかを考える上

でも、また、数理的な計画論をより意義有るものとする為にも、土木計画者は将来予測についての方法論を的確に把握しておくことが重要なのである。

以下本章では、予測に必要となる基礎的な方法論を述べる。なお、本書は確率統計学を説明することを目的とするものではない為その詳細を論ずるものではないが、本章の内容の完結性を確保する趣旨で、必要最小限の確率統計に関わる内容については、必要に応じて付録等の形で記載するので、そちらもあわせて参照されたい。

1 統計的予測理論の基本的な考え方

「数値予測」を行うには様々な方法論が考えられるが、いずれの方法論を採用するにしても、将来の「不確実性」（uncertainty）を取り扱うものであることが不可欠である。なぜなら我々にとって、将来は常に何が起こるか分からない不確実なものであることは間違いないからである。例えば交通量の予測をする場合では、その交通量が1000台程度かもしれないし、2000台程度かもしれないし、500台程度かも知れない、という不確実性を避けることはできない。

こうした不確実性を数理的に取り扱う方法論には、様々なものが理論的に提案されているが、土木計画において最も頻繁に適用されているのは「確率論」を採用するというものである。すなわち、土木計画における一般的な予測の基本的な方法は、

①予測対象とする変数yを設定し、

②その変数の確率分布（probabilistic distribution）を求める。

③そして、その確率分布を用いて予測をする。

というものである。なお、この予測対象とする変数のことを、「予測変数」と呼ぶこととする。以下、それぞれの段階について、簡潔に述べる。

（1） 予測変数yの選定

予測変数yとしては、各種の交通に関わる計画では各種交通量、土地利用計画なら各ゾーンの人口や土地利用状況、水利計画なら水利用需要、治水計画なら洪水を起こす可能性のある異常降雨量、防災計画なら地震が生じた際の被害

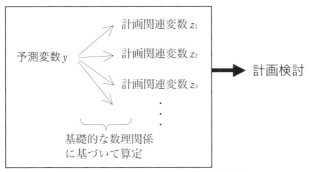

図 5・1　予測変数に基づく計画検討の概要

等が考えられる。

　これらの「予測変数」としては、それぞれの計画を考える上でとりわけ重要な変数が選定される。この「とりわけ重要」という趣旨は、「その変数さえ与えられれば、それ以外の変数は事後的に算定することができる」、というものである。例えば、交通計画なら、交通量が分かれば特定の数理的関係式等を用いて速度や所要時間、交通事故発生変化量等の、交通計画上有益となる種々の変数を求めることができる為、「交通量」が予測変数として設定されることが多い。すなわち、図 5・1 に示したように、1) 計画に関連する各種の変数を求めるのに有益な変数を選定し、まずは統計的にそれを予測した上で、2) 各種の関連変数を別途与えられる基礎的な数理関係式を用いて算定する、3) そしてそれらを全て踏まえた上で計画検討を行うのである。ついてはこうした手続きが可能となるような変数が、予測変数として選定されるのである。

(2) 予測変数 y の確率分布の予測

a) 確率密度関数

　予測変数が設定されれば、あとは、その確率分布を予測することとなる。ここに確率分布は、例えば図 5・2 にいくつか例示したような「**確率密度関数**」(probability density function) で表現することができる。ここに、確率密度関数とは、それを区間積分することで当該の変数がその区間内に収まる確率を算定することができる関数である。それ故、図 5・2 の例で言うなら、いずれも、確率密度が高い y の「近傍」の実現確率が高く、また、すべての領域についての

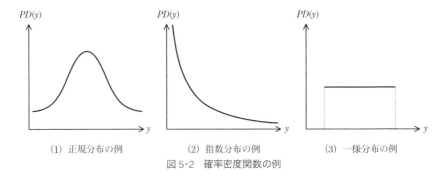

(1) 正規分布の例　　(2) 指数分布の例　　(3) 一様分布の例
図 5·2　確率密度関数の例

積分をすれば（確率の定義から）、1.0 となる。

　なお、確率密度関数を積分して得られる関数は、一般に**分布関数**、あるいは、**累積分布関数**と呼ばれるものであり、「確率」そのものを従属変数とする関数である。また言うまでもなく、それらの関数を微分すれば確率密度関数が得られる。それ故、特定の変数の確率分布は、確率密度関数でなくとも累積分布関数で表現することもできる。

b) 確率密度関数の数理表現とその留意事項

　確率密度関数とは上記のような性質を持つ関数であるからその形式は任意である。ただし、需要予測に一般的に活用されるのは、図 5·2 に例示したような、数理的に定式化可能であり、また、それ故にその数理的操作も容易である特定の数理的関数である。一般に、こうした数理的に確率分布を表現する数理的方法は「確率モデル」と呼ばれる。なお、予測計算に活用される代表的な確率モデルとしては、正規分布（モデル）、指数分布（モデル）等、様々なものが挙げられる。それらの内の代表的なものの概要を、表 5·1 に示す。

　これらの確率モデルの統計学的裏付けは様々に存在しており、「自然界」においてもしばしば、少なくとも近似的には見いだすことのできるものである。例えば、正規分布は多様な「ランダムなノイズ」が重なり合えば生ずるものであることから、(的屋の) 的の中心から矢が刺さった点までの距離等がこれに従うことが知られている。また指数分布は、定常的な状態において複数回繰り返し生ずる特定事象の時間間隔として現れることが知られており、例えば、屋根からの雨漏りの雫が垂れる時間間隔等がそれに従うことが知られている。自然界の現象が、少なくとも近似的にではあっても、このような簡潔な数式で記述で

表 5・1　土木計画における統計的予測にしばしば活用される確率モデルの概要

確率 モデル	確率密度関数 $f(x)$ and/or 確率分布関数 $F(x)$	期待値 E 分散 V	備考
一様分布	$f(x) = \begin{cases} \dfrac{1}{b-a} & if(a \leq x \leq b) \\ 0 & if(x < a \text{ または } x > b) \end{cases}$	$E = \dfrac{a+b}{2}$ $V = \dfrac{(a-b)^2}{12}$	予測値の上限値下限値の情報のみが与えられる場合等に活用。
指数分布	$F(x) = \begin{cases} 1 - e^{-\lambda x} & if(0 \leq x) \\ 0 & if(0 > x) \end{cases}$ $f(x) = \begin{cases} \lambda e^{-\lambda x} & if(0 \leq x) \\ 0 & if(0 > x) \end{cases}$	$E = \dfrac{1}{\lambda}$ $V = \dfrac{1}{\lambda^2}$	時間軸上で、（ポアソン過程に従って）ランダムに生起する事象を考えた時、その事象が生ずる時間間隔は指数分布に従う。それ故、活動時間などの「時間・期間」等の非負の変数を従属変数とした予測を行う場合等に、しばしば活用される。
ポアソン分布	$f(x) = \dfrac{\lambda^x e^{-\lambda}}{x!}, \ x = 0, 1, 2, 3, \cdots$	$E = V = \lambda$	時間軸上で、（ポアソン過程に従って）ランダムに生起する事象を考えた時、その事象が単位時間内に生ずる頻度はポアソン分布に従う。それ故、一人一人のトリップ数などの「頻度」等の非負の整数を従属変数とした予測を行う場合等に、しばしば活用される。
正規分布	$f(x) = \dfrac{1}{\sqrt{2\pi}\,\sigma} \exp\left[\dfrac{(x-m)^2}{2\sigma^2}\right]$	$E = m$ $V = \sigma^2$	様々なランダム事象が重なりあったとき、その確率分布が正規分布となることが知られている。それ故、多くの需要予測の局面で幅広く活用されている。なお、平均 m、分散 σ^2 の正規分布を特に $N(m, \sigma^2)$ と表記する。また、$N(0, 1)$ を特に標準正規分布と呼称する。
対数正規分布	$f(x) = \begin{cases} \dfrac{1}{\sqrt{2\pi}\,\sigma} \exp\left[\dfrac{-(\log x - m)^2}{2\sigma^2}\right] \\ \qquad\qquad if(0 < x) \\ 0 \qquad\qquad if(0 > x) \end{cases}$	$E = e^{\left(m + \frac{\sigma^2}{2}\right)}$ $V = e^{(2m+\sigma^2)}$ $\cdot (e^{\sigma^2} - 1)$	ある変数を対数変換した変数が正規分布に従う場合に、その元の変数が従う確率分布。指数分布と同様に、非負の変数を従属変数とした場合の予測にしばしば活用される。

きること自体興味深いものではある[*1]。ただし、土木計画者が実際に取り扱おうとする予測変数の全てがこのような理想的な状況下で見いだされる簡潔な数式で表現できるとは限らない。

　しかし仮に誤差を含むものであったとしても、「予測値」を得ればより適切な計画を行い得る可能性が増進することもあり得る[*2]。なぜなら、その予測値にどれくらいの誤差が含まれており、それはどのような非現実的な仮定の下で導

出された数値であるのかを、熟知した上であるなら、その数値に含まれる「真に意味ある知見」を定性的に取り出すことができるからである。ただし、そうした慎重なる態度で予測値を活用しない人々に対しては、大きな誤差や非現実的な仮定を施した上で得られた予測値は（特定の計画上の判断を特定の方向に誘導する為の合意形成の為の道具としての意味程度ならあるとしても、それ以外については）百害あって一利なしの代物になりかねない。

土木計画者に求められる資質は、以上に論じた予測の限界と有用性を熟知した上で予測を行い、それを具体的にかつ適切に計画判断に反映させていく技術、あるいは技量を携えることに他ならない。

c) パラメータの予測を通じた確率密度関数の予測

さて、以上の留意事項を前提として、予測変数の確率密度関数として、特定の確率モデルを「仮定」するのであるが、その際典型的には、「予測変数の範囲が必ず非負（すなわち、0以上）であるような変数」の場合には、指数分布を代表とする、非負領域にのみ確率が存在する種類の関数が活用されることが多い。逆にそうした制約が特に存在していない場合には、正規分布を代表とする全ての領域における確率が存在することを前提とした関数が活用されることが多い。ただし、非負の変数であっても、十分に大きく、しかも、0となる見込みがほとんどないような変数（人口や大規模な交通施設における旅客者数、等）については、後者の正規分布が活用されることも多い。

いずれにしても、このように、特定の確率モデルの形式を1つ仮定すれば、予測すべきものは、その数理的な確率密度関数の形状を規定する「パラメータ」（parameter）に絞られることとなる。すなわち、例えば正規分布であるならその平均 m と標準偏差 s が、指数分布であるならパラメータ λ を特定すれば、その予測変数の確率密度関数を得ることができるのである。

（3）確率分布に基づく、予測変数の予測

以上の手順で予測変数の確率分布が求められれば、あとは、それを使って実際に予測を行うこととなる。その代表的な方法には、点予測、区間予測、そして、モンテカルロ・シミュレーション、という3つの予測方法がある。なお、これらの詳細については、後に述べることとする。

2 統計データに基づくパラメータ推定
—基本ケース

このように、土木計画で必要とされる予測の作業では、まずは予測変数の確率密度関数の数理モデルを仮定し、そのパラメータを特定することを通じて、予測変数の確率分布の関数を求める、そして、最終的には、得られた予測変数の確率分布を何らかの方法論で活用して、具体的な「予測値」を求めていくのである。

こうした一連の作業の中でも、とりわけ重要な意味を持つのが、パラメータの推定である。予測の成否、あるいは、可否は、そのパラメータ推定の妥当性に大きく依存しているのである。

さて、土木計画の予測で頻繁に活用されている方法が、「統計データに基づく推定」である（以下、単に「パラメータ推定」と略称する）。ここでは、最も単純なケースとして、予測変数とその確率モデルの形状が想定されており、その確率モデルのパラメータ（例えば、正規分布なら平均値と標準偏差）を求める場合について述べる。

a) パラメータ推定の基本的な考え方

パラメータ推定の基本的な考え方は、次の通りである。

まず、予測する将来においても現在においても、対象とする確率現象の最も本質的な構造は、一定普遍であると仮定する[*3]。そして、その仮定の下、当該の予測変数のデータを可能な限り豊富、かつ、適切に収集する。そして、得られたデータに基づいてパラメータを推定する。そして、当該の予測変数の確率分布の関数は、そうして得られたパラメータの推定値を当初想定した確率モデルにあてはめることで得る。

b) ランダム・サンプリング

なお、上記にて、データを可能な限り豊富、かつ「適正に」収集する、と述べたが、この「適正に」、という言葉は、誤差なく、という趣旨を意味していることはもちろんのこと、「偏りなく」、という趣旨を意味するものである。例えば、道路における日交通量（24時間に特定断面を通過した自動車台数）の確率分布を求めようとしているときに、観測者の都合か何かで毎週月曜だけ観測し、気が向いたときにだけ週末を含めた他の日を観測するようなことをすれば、そこで

第5章　統計的予測理論　129

得られたデータが全体を「代表」しているとは到底考えられない。ただし無論、全ての日について測定するにこしたことはないが、その為の費用は莫大なものとなるし、ある程度データを取っておけば、あとは無駄なデータだともいえる。こうした点を考えたときに重要となるのが、「偏りなくデータを取ること」であり、別の言い方をすれば「ランダムに標本を抽出する（サンプリングする）こと」なのである。ここに、ランダムにとは偏りなく、という意味と同義である。そして、サンプリング、とは、標本を抽出すること、を意味しており、例えば、上記の例では、交通量を観測する日程をいくつかに絞ることに対応する。

c) パラメータ推定方法

　以上のデータがそろえば、あとは、当初に想定した確率モデルが何であったかを踏まえつつ、パラメータを推定することとなる。推定方法にも色々なものが挙げられるが、頻繁に使われるのは**最尤推定法**である。この方法の詳細については付録1に記述するが、この方法を使うと、もしも、確率モデルとして正規分布を想定していた場合には、極めて単純にその形を特定することができる。すなわち、正規分布は、その期待値 m と標準偏差 s の2つのパラメータで特定されることとなるが、m の推定値 $\bar{m}$ については単なる単純なサンプル平均で（$\sum_{i=1}^{N} y_i/N$）、s の推定値 $\bar{s}$ については次式で得られる。

$$\bar{s} = \sqrt{(y_i - \bar{m})^2/(N-1)} \tag{1}$$

また、指数分布のパラメータ λ の推定値 $\bar{\lambda}$ は、

$$\bar{\lambda} = N \bigg/ \sum_{i=1}^{N} y_i \tag{2}$$

となる。このように、正規分布、指数分布の場合は、こうした単純な方法でパラメータを手計算することが可能である。なお、基本的にはどのような確率モデルを想定していたとしても、付録1に示した最尤推定法を用いればそのパラメータを推定することができる。

3 統計データに基づくパラメータ推定
──線形重回帰モデルのケース

(1) パラメータの関数表現

前節で述べたように、単一の予測変数に対して、単一の確率分布を求めるケースは、確率に影響を及ぼす条件の変動が少ない自然現象等の場合に活用することができる。しかし、交通需要や電力需要、廃棄物等、人々、あるいは、社会全体の活動に依存する各種の予測変数については、社会、経済、あるいは、各種のインフラ整備等の様々な環境的な要因の変化によって、大きく異なったものとなる。こうした場合、以下のように、パラメータを関数で表現する、という方法が採用されることが多い。

$$\theta = f_\theta(x_1, x_2, \cdots, x_J) \tag{3}$$

ここに、θ が関数表現で表す予測変数の確率分布についてのパラメータ、$x_1, x_2, \cdots, x_J$ はパラメータ θ の値についての条件の変数、$f_\theta(\ )$ は関数を意味する。

さて、この関数としてどのようなものを採用するか、そして、この θ が規定する確率分布についてどのような確率モデルを想定するのか、に応じて様々な統計的方法論が考案されているが、ここではそれらの中でも最も基本となる、次のようなケースについて、紹介する。すなわち、

1) 関数表現されるのが、正規分布の期待値 m_y であり、かつ、

2) その関数が、次のような線形関数である、

$$m_y = a_0 + a_1 x_1 + a_2 x_2 + \cdots + a_J x_J \tag{4}$$

という場合である。なお、ここに、$a_0 \sim a_J$ はいずれも常数である。ところで、この常数は、一般にパラメータとも呼称されるが、混乱を避ける為、ここでは常数と呼ぶ。なお、この式の場合には、a_0 は定数項、$a_1 \sim a_J$ は係数と呼ばれる場合もある。

このように表現しておけば、図5·3に示したように、条件変数 $x_1, x_2, \cdots, x_J$ の組み合わせが変われば、それに対応する正規分布の期待値も変わる、ということが表現できるようになる。

ところで式（3）のように、条件変数によって確率分布のパラメータが異なり、それを通じて予測変数の確率分布が条件変数によって異なったものとなるように定式化する、ということは、それらの変数を条件とする以下のような条

第5章　統計的予測理論　**131**

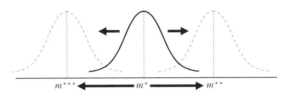

条件変数 ($x_1, x_2, \cdots$) の値によって、m の値が上下し、確立密度関数が左右にスライドする

図 5・3　予測変数の期待値を関数表現することのイメージ図

件付き確率密度関数を定式化することに他ならない。

$$PD(y|x_1, x_2, \cdots, x_J) \tag{5}$$

(2) 線形重回帰モデルによる関数の推定

さて、予測変数を正規分布と見なし、かつその期待値を式 (4) のように定式化すれば、あとは式 (4) の常数 $a_0 \sim a_J$ を推定すれば、予測変数の確率分布が確定することとなる。そしてこれら常数は、以下のような「線形重回帰モデル」を援用することで推定できる。

まずここでは予測変数 y を平均 m_y の正規分布と仮定していることから、その分散を s^2 とすれば、y は次のように定式化することができる。

$$y = m_y + \varepsilon \tag{6}$$

ここに、ε は、平均 0、分散 s^2 の正規分布、$N(0, s^2)$、に従う誤差項である。これに、式 (4) を導入すると、

$$y = a_0 + a_1 x_1 + a_2 x_2 + \cdots + a_J x_J + \varepsilon \tag{7}$$

となる。

この式 (7) は、線形重回帰式そのものであるから、あとは、y とその期待値に影響を及ぼす条件変数 $x_1 \sim x_J$ のデータをサンプリングで収集し、その上で、付録 1 に示した最尤推定法、あるいは、付録 2 に示す最小二乗法を用いると、式 (7)、あるいは (4) における、未知の常数 $a_0 \sim a_J$ を推定することができる[*4]。

最後に、誤差項 ε の標準偏差の推定値 $\check{s}^2$ は、$a_0 \sim a_J$ の推定値を式 (4) に導入することで得られる各サンプル毎の誤差項の不偏分散を求めることで推定できる。同じく、詳細は、付録 2 を参照されたい。

（3） 条件付き確率密度関数の特定

　以上の作業は、予測変数が期待値が m_y、標準偏差が s の正規分布 $N(m_y, s^2)$ に従う確率変数であり、しかも、その期待値 m_y が式（4）のように、条件変数の線形関数の形で表現できるという前提の下で定義される未知常数 $a_0 \sim a_J$ と s を推定する為のものであった。これらが推定されれば、予測変数が次のような確率分布を持つものとして、取り扱うことができる。

$$y \sim N(m_y, s^2) \tag{8}$$

$$= N \left[a_0 + a_1 x_1 + a_2 x_2 + \cdots + a_J x_J, \sqrt{\sum_{i=1}^{N} (y^i - a_0 - a_1 x_1^{\ i} - a_2 x_2^{\ i} - \cdots - a_J^i x_J)^2 / (N-1)} \right]$$

　ここで、$N(u, \sigma^2)$ の確率密度関数を $\varphi(u, \sigma^2)$ と表現するとすれば、式（5）に示した条件付き確率密度関数は、

$$PD(y | x_1, x_2, \cdots, x_J) \tag{9}$$

$$= \varphi \left[a_0 + a_1 x_1 + a_2 x_2 + \cdots + a_J x_J, \sqrt{\sum_{i=1}^{N} (y^i - a_0 - a_1 x_1^{\ i} - a_2 x_2^{\ i} - \cdots - a_J^i x_J)^2 / (N-1)} \right]$$

と表現されることとなる。

4　予測変数の確率分布に基づく予測値の特定

　予測変数の確率分布が与えられた上でも、プランニング・プロセスの中でその予測値をどのように特定していくか、については、複数の方法が考えられる。ここでは、それらの中でも代表的な方法について述べる。

点予測　当該の予測変数の確率分布から１つの予測値を求め、それを唯一の予測値とすること。求め方は、一般には、次のような期待値を採用することが多い。

$$\bar{y} = \int_{-\infty}^{\infty} y \cdot PD(y)$$

なお、予測変数の条件付き確率分布を線形重回帰モデルを用いて推計した場合は、それぞれの条件毎に、単純に、

$$a_0 + a_1 x_1 + a_2 x_2 + \cdots + a_J x_J$$

を算定すれば、予測変数の期待値が得られることとなる。

　ところで、この方法は数値が１つである為、プランニングにおける煩雑さを

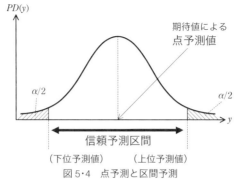

図 5・4 点予測と区間予測

簡略化できるものの、予測変数の確率分布の分散を一切考慮しないものである為、予測値がどの程度曖昧であるのかを加味した計画判断ができない。

区間予測 当該の予測変数が収まるであろう確からしい「範囲」を確率分布から求める。この場合、1) 安全率 ($1-\alpha$) を 90%、95%、99%、逆に言えば危険率 α を 10%、5%、1%等という形で設定しておき、2) 図5・4に示したように両端に $\alpha/2$ ずつの面積を確保して上端と下端を確定する、という手順を踏み「信頼予測区間」を求める。なお、区間の算定にあたっては、例えば付録3に付した正規分布表を活用して特定する。

さて、この区間予測を活用すれば、予測値の曖昧さがどの程度存在しているのかを加味した計画判断が可能となる。特に、下端を「下位予測」、上端を「上位予測」と見立てて、計画判断の性質に応じて使い分けるという方法を採用することができる。例えば、洪水や災害等の「予測変数において、過剰に大きな値が生じた場合に安全が脅かされる危険性がある場合」においては、安全側の「上位予測」を採用することが得策であろう。逆に、「予測値において、過小に小さな値が生じた場合に、事業成立が脅かされる料金収入を伴う公共施設」等の場合においては、安全側に「下位予測」を採用するということも考えられる。

モンテカルロ・シミュレーション 与えられた確率分布を前提としつつ、(サイコロを振るようにして)乱数を発生させることを通じて、予測値を1つ決める方法。例えば、与えられた確率密度関数で囲まれた領域を「100等分」し、それぞれの領域に1〜100までの数字を記入する。一方で、1〜100までの数字を全くランダムに発生させ、発生した数字の領域を探す。そして、その領域に対応する

y の値を予測値とする、というものである。この方法は、同じ予測値が繰り返し生ずるような場合、例えば、特定の道路の一日の交通量を、365 日分算定してみる様な場合に活用できる。また、複数の確率変数同士が複雑に絡み合った上で構成される予測変数の場合、その期待値の解析解を導出することが困難であることが多いが、そういう場合にモンテカルロ・シミュレーションを繰り返して逐一予測変数を求め、その平均値や分散を求めることを通じて、予測変数の確率分布の性質を把握する等の方法があり得る。

練習問題

◆**問題1** いま、4 つの市について、その市から市外への発生トリップ数を測定したところ、表のような数値が得られた。なお、各市の人口と面積は、同じく表に示したところである。これらのデータを使い、市外発生トリップを被説明変数とし、人口と面積を説明変数とする線形回帰モデルに含まれる定数項と係数を推定せよ。

また、市外発生トリップが正規分布に従うと仮定した上で、任意の人口と面積の任意の市からの市外発生トリップの確率分布を特定せよ。なお、正規分布 $N(u, \sigma^2)$ の確率密度関数は $\varphi(u, \sigma^2)$ と表現することとする。

市内	市外発生トリップ数 （千トリップ）	人口 （千人）	面積 （10 平方キロメートル）
A	100	41	6
B	200	77	4
C	150	51	5
D	50	28	10

◆**問題2** 交通調査を行っておらず、どれだけの市外発生トリップが存在しているのか不明な市 Z を考える。なお、この市 Z は、人口が 5 万人、面積が 100 平方キロメートルである。この市 Z の市外発生トリップを、(問題 1) で推定した回帰モデルを用いて予測せよ。なお、予測にあたっては、期待値を求める点予測と、危険率 5％ を想定した区間予測を行うこと。

付録1：最尤推定法

予測変数 y に対して、$(y_1, y_2, y_3, y_4, \cdots, y_N)$ という N 個のサンプルが得られている場合を考える。一方、この y の確率密度関数について $PD(y)$ を想定し、これが、いくつか（M 個、なお、正規分布の場合は $M = 2$、指数分布の場合は $M = 1$）のパラメータ（$\theta_1, \theta_2, \cdots, \theta_M$）によって、次のように関数表現可能となっているものと考える。

$$PD(y) = f_{pd}(\theta_1, \theta_1, \cdots, \theta_M, y)$$

このとき、この得られた各データの確率密度を求め、それらを全て掛け合わせたもの

$$\prod_{i=1}^{N} f_{pd}(\theta_1, \theta_2, \cdots \theta_M, y_i)$$

が、「尤度」と言われる。ここで、$y_1 \sim y_N$ は、データとして与えられていることから、この尤度は、パラメータ（$\theta_1, \theta_2, \cdots, \theta_M$）の関数となっている。すなわち、

$$L(\theta_1, \theta_1, \cdots, \theta_M) = \prod_{i=1}^{N} f_{pd}(\theta_1, \theta_2, \cdots \theta_M, y_i)$$

という関数 L を考えることができる。この関数 L が、「尤度関数」と言われる。なお、この尤度関数に対数を取ったもの、

$$LL(\theta_1, \theta_1, \cdots, \theta_M) = \sum_{i=1}^{N} \ln\{f_{pd}(\theta_1, \theta_1, \cdots, \theta_M, y_i)\}$$

は対数尤度関数と呼ばれ、取り扱う小数点以下の桁数が格段に大きい上記の尤度関数よりも、計算機等での取り扱いが容易である。

さて、こうして誘導した尤度関数、あるいは、対数尤度関数を「最大化」するようなパラメータベクトルの解（$\theta^{\#}_1, \theta^{\#}_2, \cdots, \theta_M{}^{\#}$）を求める。こうして得られた解が、当該のデータセット（$y_1, y_2, y_3, y_4, \cdots, y_N$）に最も「適合している」が故に、「最も尤もらしい」パラメータであると考え、この解をもって、パラメータの推定値とする。これが、最尤推定法である。

付録2：最小二乗推定法

例えば、次のような線形重回帰式を想定する。

$$y = a_0 + a_1 x_1 + a_2 x_2 + \cdots + a_J x_J + \varepsilon \tag{s1}$$

y が被説明変数（あるいは従属変数）、$x_1 \sim x_J$ が説明変数（あるいは独立変数）、$a_0 \sim a_J$ が推定対象となる未知の常数あるいはパラメータであり、ε が誤差項、あるい

は、残差である。なお、未知パラメータの中の a_0 は特に定数項、$a_1 \sim a_J$ は各説明変数の（回帰）係数と呼ばれる。

このときに、以下のような、サンプルが得られていると考える。すなわち、N 人のサンプルのそれぞれの、被説明変数 y と全ての説明変数 $x_1 \sim x_J$ についてのデータ全てが、調査より得られている状況を考える。

サンプル番号 i	y	x_1	x_2	……	x_J
1	y^1	x^1_1	x^1_2	……	x^1_J
2	y^2	x^2_1	x^2_2	……	x^2_J
3	y^3	x^3_1	x^3_2	……	x^3_J
			………………		
n	y^n	x^n_1	x^n_2	……	x^n_J
			………………		
N	y^N	x^N_1	x^N_2	……	x^N_J

このデータを用いると、上記の回帰式の未知パラメータは、次の式により求めることができる。

$$\sum_{i=1}^{N} \varepsilon_i{}^2 \to \min \tag{s2}$$

ただしこの ε_i は、以下のように各サンプル i 毎に求めた誤差項・残差である。

$$\varepsilon_i = y^i - (a_0 + a_1 x_1{}^i + a_2 x_2{}^i + \cdots + a_J x_J{}^i) \tag{s3}$$

すなわち、上記式は、残差の二乗の総和（「残差二乗和」と言われる）を最小化するような未知パラメータを、その推定値とする、という考え方を意味するものである。残差二乗和を最小化することから、この方法は、最小二乗法と呼ばれている。

なお、$\bar{y}^i = a_0 + a_1 x_1{}^i + a_2 x_2{}^i + \cdots + a_J x_J{}^i$ とすると、(s1) に i を付した式は、

$$y^i = \bar{y}^i + \varepsilon_i \tag{s1'}$$

と書き改められ、同じく、式 (s2) (s3) もそれぞれ、

$$\sum_{i=1}^{N} (y^i - \bar{y}^i)^2 \to \min \tag{s2'}$$

$$\varepsilon = y^i - \bar{y}^i \tag{s3'}$$

と書き改められることとなる。

さて、式 (s2) あるいは (s2') は、もちろん、

$$\sum_{i=1}^{N} (y^i - a_0 - a_1 x_1{}^i - a_2 x_2{}^i - \cdots - a_J x_J{}^i)^2 \to \min \tag{s2''}$$

第5章 統計的予測理論　137

と書き改めることができる。ここで、この式（s2"）の右辺の $y^i, x_1^i, x_2^i, \cdots, x_J^i$ はいずれもデータとして与えられていることから、この式は、未知パラメータ $a_0 \sim a_J$ の「関数」であり、それぞれの未知パラメータの値によって増減するものであることが分かる。すなわち、

$$S(a_0, a_1, a_2, \cdots, a_J) = \sum_{i=1}^{N} (y^i - a_0 - a_1 x_1^i - a_2 x_2^i - \cdots - a_J x_J^i)^2$$

なる関数 $S(\ )$ を想定することができ、この関数 S を最小化するパラメータの組み合わせ

$$(a_0{}^*, a_1{}^*, a_2{}^*, \cdots, a_J{}^*)$$

が、最小二乗法によるパラメータ推定値、ということとなる。

　以上の方法で具体的にパラメータを解析的に推定する方法は、「制約条件なしの非線形関数の最小化問題」であるから、次のように推定対象となっている変数（すなわち、この場合は各パラメータ）毎に最小化する関数を偏微分し、それぞれ 0 とおいた上で、その連立方程式を解くことによって得られる。すなわち、

$$\partial S(a_0, a_1, a_2, \cdots, a_J) / \partial a_0 = 0$$
$$\partial S(a_0, a_1, a_2, \cdots, a_J) / \partial a_1 = 0$$
$$\partial S(a_0, a_1, a_2, \cdots, a_J) / \partial a_2 = 0$$
$$\cdots\cdots\cdots\cdots$$
$$\partial S(a_0, a_1, a_2, \cdots, a_J) / \partial a_J = 0$$

なる連立方程式を求め、これを解くことで、$(a_0{}^*, a_1{}^*, a_2{}^*, \cdots, a_J{}^*)$ を得る。

　なお、こうして得られる推定値は、誤差項に正規分布を仮定した最尤推定法によって得られる推定値と同一となる。

　また、最小二乗法の場合においては、誤差項として特定の関数を仮定する必要はないが、（最尤推定法においても同じ推定結果を導く）正規分布を想定すれば、その平均値は 0 であるが、その標準偏差 s については、次の式から推定値 $\bar{s}$ を得ることができる。

$$\bar{s} = \sqrt{\sum_{i=1}^{N} (y^i - a_0 - a_1 x_1^i - a_2 x_2^i - \cdots - a_J^i x_J)^2 / (N-1)}$$

付録 3　正規分布表　（標準正規分布 N（0, 1））

$$\Pr[y \leq z] = \int_{-\infty}^{z} f(y) dy \qquad f(y) = \frac{1}{\sqrt{2\pi}} e^{-\frac{y^2}{2}}$$

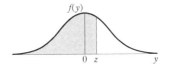

z	+.00	+.01	+.02	+.03	+.04	+.05	+.06	+.07	+.08	+.09
0.0	0.5000	0.5040	0.5080	0.5120	0.5160	0.5199	0.5239	0.5279	0.5319	0.5359
0.1	0.5398	0.5438	0.5478	0.5517	0.5557	0.5596	0.5636	0.5675	0.5714	0.5753
0.2	0.5793	0.5832	0.5871	0.5910	0.5948	0.5987	0.6026	0.6064	0.6103	0.6141
0.3	0.6179	0.6217	0.6255	0.6293	0.6331	0.6368	0.6406	0.6443	0.6480	0.6517
0.4	0.6554	0.6591	0.6628	0.6664	0.6700	0.6736	0.6772	0.6808	0.6844	0.6879
0.5	0.6915	0.6950	0.6985	0.7019	0.7054	0.7088	0.7123	0.7157	0.7190	0.7224
0.6	0.7257	0.7291	0.7324	0.7357	0.7389	0.7422	0.7454	0.7486	0.7517	0.7549
0.7	0.7580	0.7611	0.7642	0.7673	0.7704	0.7734	0.7764	0.7794	0.7823	0.7852
0.8	0.7881	0.7910	0.7939	0.7967	0.7995	0.8023	0.8051	0.8078	0.8106	0.8133
0.9	0.8159	0.8186	0.8212	0.8238	0.8264	0.8289	0.8315	0.8340	0.8365	0.8389
1.0	0.8413	0.8438	0.8461	0.8485	0.8508	0.8531	0.8554	0.8577	0.8599	0.8621
1.1	0.8643	0.8665	0.8686	0.8708	0.8729	0.8749	0.8770	0.8790	0.8810	0.883
1.2	0.8849	0.8869	0.8888	0.8907	0.8925	0.8944	0.8962	0.8980	0.8997	0.9015
1.3	0.9032	0.9049	0.9066	0.9082	0.9099	0.9115	0.9131	0.9147	0.9162	0.9177
1.4	0.9192	0.9207	0.9222	0.9236	0.9251	0.9265	0.9279	0.9292	0.9306	0.9319
1.5	0.9332	0.9345	0.9357	0.9370	0.9382	0.9394	0.9406	0.9418	0.9429	0.9441
1.6	0.9452	0.9463	0.9474	0.9484	0.9495	0.9505	0.9515	0.9525	0.9535	0.9545
1.7	0.9554	0.9564	0.9573	0.9582	0.9591	0.9599	0.9608	0.9616	0.9625	0.9633
1.8	0.9641	0.9649	0.9656	0.9664	0.9671	0.9678	0.9686	0.9693	0.9699	0.9706
1.9	0.9713	0.9719	0.9726	0.9732	0.9738	0.9744	0.9750	0.9756	0.9761	0.9767
2.0	0.9772	0.9778	0.9783	0.9788	0.9793	0.9798	0.9803	0.9808	0.9812	0.9817
2.1	0.9821	0.9826	0.9830	0.9834	0.9838	0.9842	0.9846	0.9850	0.9854	0.9857
2.2	0.9861	0.9864	0.9868	0.9871	0.9875	0.9878	0.9881	0.9884	0.9887	0.9890
2.3	0.9893	0.9896	0.9898	0.9901	0.9904	0.9906	0.9909	0.9911	0.9913	0.9916
2.4	0.9918	0.9920	0.9922	0.9925	0.9927	0.9929	0.9931	0.9932	0.9934	0.9936
2.5	0.9938	0.9940	0.9941	0.9943	0.9945	0.9946	0.9948	0.9949	0.9951	0.9952
2.6	0.9953	0.9955	0.9956	0.9957	0.9959	0.9960	0.9961	0.9962	0.9963	0.9964
2.7	0.9965	0.9966	0.9967	0.9968	0.9969	0.9970	0.9971	0.9972	0.9973	0.9974
2.8	0.9974	0.9975	0.9976	0.9977	0.9977	0.9978	0.9979	0.9979	0.9980	0.9981
2.9	0.9981	0.9982	0.9982	0.9983	0.9984	0.9984	0.9985	0.9985	0.9986	0.9986
3.0	0.9987	0.9987	0.9987	0.9988	0.9988	0.9989	0.9989	0.9989	0.9990	0.9990
3.1	0.9990	0.9991	0.9991	0.9991	0.9992	0.9992	0.9992	0.9992	0.9993	0.9993
3.2	0.9993	0.9993	0.9994	0.9994	0.9994	0.9994	0.9994	0.9995	0.9995	0.9995
3.3	0.9995	0.9995	0.9995	0.9996	0.9996	0.9996	0.9996	0.9996	0.9996	0.9997
3.4	0.9997	0.9997	0.9997	0.9997	0.9997	0.9997	0.9997	0.9997	0.9997	0.9998
3.5	0.9998	0.9998	0.9998	0.9998	0.9998	0.9998	0.9998	0.9998	0.9998	0.9998
3.6	0.9998	0.9998	0.9999	0.9999	0.9999	0.9999	0.9999	0.9999	0.9999	0.9999
3.7	0.9999	0.9999	0.9999	0.9999	0.9999	0.9999	0.9999	0.9999	0.9999	0.9999
3.8	0.9999	0.9999	0.9999	0.9999	0.9999	0.9999	0.9999	0.9999	0.9999	0.9999
3.9	1.0000	1.0000	1.0000	1.0000	1.0000	1.0000	1.0000	1.0000	1.0000	1.0000

注

1　例えば、我々は自分の主観的な事柄を言葉で表現する。そして、時にその主観を表す言葉でもって
して、客観的な自然を表現することも可能である。例えば、人々は好きなものに近づく。この原理
を踏まえて、古代のギリシャ人達は、モノが落ちるのはモノが地を愛するからだと表現した。すな
わち、全く異なる目的の下に作られた「数学という言語」でもってして、その目的とは無縁の事柄
である自然界の事象を説明することが可能であるのは、何も数学に限ったことなのではない（ウィ
トゲンシュタイン、1921）。

2　この表現は、いわゆる不正確確率論（imprecise probability theory；Walley, 1991）における 2 次的確率（確率分布のパラメータの確率）の存在を前提とした表現である。すなわち、ここで表現しているのは、予測値を求めることで、より良い計画ができる確率が増進することもあれば、低下することもあるものの、少なくとも増進することもあり得るのだ、ということを表現するものである。

3　この仮定が成立しなければ、統計的な予測は、如何なる方法を用いても不可能となる。その為、統計的予測においては、本質的な確率構造は変わらないと仮定されるわけであるが、言うまでもなく、そのような仮定が必ずしも成立している保証はない。これも、統計的予測の本質的かつ重大な限界の 1 つである。

4　パラメータの推定については、様々な統計パッケージが販売されているので、実務においては、それらを活用すると便利である。

第 5 章の POINT

✓ 技術的プランニングにおける数理的最適化を図る上で、個々の代替案毎にどのような事態が将来において生ずるのかを「定量的に予測すること」は極めて重要な役割を担う。

✓ 定量的予測を行う方法には様々なものが考えられるが、一般的な方法は、確率統計理論を援用した予測方法である。

✓ 一般的な確率統計理論に基づく予測においては、まず予測変数を特定し、その予測変数の確率分布をランダム・サンプリングデータから特定する。具体的には、（例えば、正規分布や指数分布等の）予測変数の確率モデルの形状をあらかじめ想定した上で、当該の確率モデルのパラメータをデータに基づいて推定する。

✓ 確率モデルのパラメータを、条件変数の関数で表現することで、条件の変化に伴う予測変数の変化を予測することが可能となる。その関数として、常数と条件変数とで構成される線形式を想定し、予測変数の確率分布として正規分布を想定すれば、線形重回帰モデルを用いて当該の関数の常数を推定し、それを通じてその関数形を特定できる。その他の関数形、確率分布形状を想定した場合でも、最尤推定法等を援用すれば関数形を特定することができる。

✓ 予測変数の確率分布が特定できたなら、あとは、点予測、区間予測、モンテカルロ・シミュレーション等の方法で予測を行い、それをプランニング・プロセスに援用する。

第6章 費用便益分析

　第4章で述べた数理的最適化手法は、目的関数が微分可能な数理関数で表現できる場合に主として援用される方法論であるが、通常の土木計画上の意思決定においては、そうした連続変数の選択問題はむしろ希であり、代替案についての「離散的な選択肢集合」の中から1つを選択するというケースが大半である。例えば、高速道路のルートをいずれにするか、高速道路を造るか鉄道を造るか、ダムを造るか堤防を造るか、ダムを造るとするならどの地点にするか、といった問題はいずれも「連続的な変数の選択」ではなく、A案かB案かC案か…という離散的な選択肢からの選択問題である。

　この代替案の選択問題は、土木計画において最も中心的な問題と言うことができるものであり、土木計画学に含まれる様々な要素技術や要素的理論の多くは、この選択問題の検討を支援する為のものであると言うことができる。例えば本書の枠組みで言うのなら、**第2章**の図2・13、あるいは図2・14に示したように、**第5章**で述べた「統計的予測」や**第9章**で述べる「社会学的予測」等を踏まえつつ、**第7章**や**第10章**で述べる諸種の「社会的選択」や「政治学的選択」についての議論を踏まえることが、代替案の選択を検討していく上で重要であるものと考えられる。費用便益分析（cost-benefit analysis）とは、まさにこうした選択問題を、「数理的」「定量的」に解く為の1つの方法論であり、技術的プランニングにおける最も重要な技術の1つだと位置づけることができる。事実、現実の土木計画の策定においても頻繁に活用されているものである。

　無論、全ての社会的現象を数理的に表現することが困難であり、かつ、前章で述べた数理的な統計的予測の不確実性が不可避である等の理由から、これを

万能の方法論だと主張することは適当とは言えない。しかしながら、その限界を的確に理解しているのなら、その分析結果は現実のプランニングにおける重要な「参考情報」となり得ることもまた間違いない。さらには、計画決定を行ったあとに、一般の国民や住民から、その計画決定の理由や正当性を説明する際に、何らかの「数字」が存在していることはその説明の説得力の向上に寄与するところとなる。言うまでもなく、その数字の「前提」ならびに「限界」を、その数字そのものについて言及する際にあわせて説明することが不可欠であるが、そうした留意点に十分に配慮するなら、計画決定についてのアカウンタビリティを果たす上でも、費用便益分析は一定の役割を担い得るものと考えられる。

　ここでは、土木計画においてこのような意味を持っている費用便益分析の基本的な考え方とその数理的構成について述べる。なお、ここでは、ダムや高速道路等の土木施設を建設し、それを維持管理していくという一連の土木施策を、「土木プロジェクト」と呼称し、その費用便益分析について述べることとする。

1　費用便益分析の基本的考え方

（1）費用と便益とプロジェクトライフ

　ある土木プロジェクトを実施するには、一定の「費用」が必要である。例えば、ダムや高速道路の建設にはそれなりに大きな財源が必要である。さらには、一旦建設したあとにも、それらを維持管理していく為の費用が当然ながら必要となってくる。一般にこうした土木プロジェクトは公共的なものであるから、その費用も国や自治体等の公共的な財源が充てられる。これを国や自治体等の公共主体の側から言うなら、公共主体が当該の土木プロジェクトに「投資」するということを意味する。こうした投資は一般に「**公共投資**」と呼ばれる。

　一方で、公共主体が土木プロジェクトの実施についての公共投資を行う直接的な理由は、それによって社会的に望ましい効果が期待されるからに他ならない。例えば、ダムを建設すれば、それがなければ生じてしまう様な洪水を防ぐことが可能となったり、それがなければ供給し難い水資源を地域に供給できるようになったり、等の望ましい社会的な効果が期待される。こうした社会的な

142　Ⅱ　数理的計画論

効果は、一般に当該の土木プロジェクトの「社会的便益」とも呼ばれるが（本書の 1.1（2）参照）、費用便益分析の枠組みの中ではこれを特に**「貨幣」**（金銭）に**換算**し、それを単純に「便益」と呼ぶ。

さて、これらの便益は、当該の土木プロジェクトが実施されている期間において、持続的に発現するものである。例えばダムの場合には、そのダムが存在している限りにおいて、社会に便益をもたらし続ける。ただし、当該の土木施設には、それを使い続けることができる"耐用年数"を想定することが多い。そうした耐用年数としては、物理的に当該施設が使用できなくなるまでの年限（物理的耐用年数）や、それが社会的経済的な要因から使用されなくなるまでの年限（社会的耐用年数、経済的耐用年数）等を想定することができる。こうした耐用年数は、費用便益分析では一般に**「プロジェクトライフ」**と呼ばれる。そして、このプロジェクトライフの期間において、上述の費用や便益が発生し続けるものと考える[*1]。

（2）費用便益分析における 3 つの基準

費用便益分析は、以上の基本的な考え方に基づいて費用と便益を想定し、それらを比較することを通じて、土木プロジェクトの計画判断に資する基礎情報を提供するものである。具体的には、費用便益分析は、土木プロジェクトに関わる以下のような計画判断を行う際に適用されることが多い。

・特定の土木プロジェクトを実施するか否かの判断

・既に中途まで進行している土木プロジェクトを継続するか否かの判断

・複数の土木プロジェクトの代替案の中から、いずれを選択するかの判断　等

そして、これらの判断を行うにあたって、個々の土木プロジェクトの"望ましさの程度"を、上述の費用や便益の観点から"評価"する。その評価にあたって算定されるのが、以下の 3 つの評価基準である。

・純現在価値（NPV；net present value）

・費用便益比（CBR；cost benefit ratio）

・内部収益率（IRR；internal ratio of return）

ここではまず、費用便益分析を通じて求められるこれらの 3 つの評価基準を説明することとしよう。

いま、プロジェクトライフn年の土木プロジェクトを考える。そして、t年次において、当該プロジェクトから生じる便益と費用をそれぞれb_t、c_tと表す。すなわち、以下のような費用と便益を想定する。

費用：$c_1, c_2, \cdots, c_t, \cdots, c_n$

便益：$b_1, b_2, \cdots, b_t, \cdots, b_n$

一般の土木プロジェクトでは、図6・1に示したようにその建設に大きな費用が必要であるものの一旦供用されればその維持管理のコストは概して低い。ところが逆に、便益は、それが供用されてはじめて生ずるものである。特に高速道路等のように、様々な個人や企業が利用することで便益が生ずるような土木施設の場合には、利用が定着するまでに一定の時間が必要であることから、年次毎の便益が年々向上していくようなケースが多い。

ここで、費用便益分析では、現在時点における各年次の費用と便益の「価値」を考える。これは一般に「**現在価値**」と言われる。この現在価値を考えるにあたっての基本的な考え方は、「将来における費用・便益の現在における価値は、今すぐに得られる同額の費用・便益より低い」というものである（すなわち、「1年後に得られる1万円は、今すぐ手に入る1万円よりも価値が低い」、と考えるわけである）。

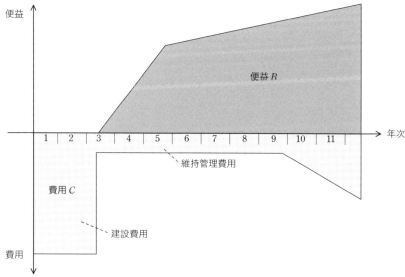

図6・1 土木プロジェクトにおける年次毎の費用と便益の推移についてのイメージ図

この考え方に基づいて、c_t、b_t の現在時点 $(t = 1)$ の価値を、"社会的割引率 r" という数値を想定しつつ、以下のように定式化する。

$$b_t \text{の現在価値} = \frac{b_t}{(1+r)^{t-1}} \qquad c_t \text{の現在価値} = \frac{c_t}{(1+r)^{t-1}}$$

ここに、r としては一般的に3%〜10%程度の値が採用されることが多い（例えば、国土交通省は4%を標準的な値と設定している；国土交通省、2003）。

　このようにして得られる"割り引かれた"将来の費用や便益の現在価値の合計を、費用と便益のそれぞれについて以下のように求める。

$$B = \sum_{t=1}^{n} \frac{b_t}{(1+r)^{t-1}} \tag{1}$$

$$C = \sum_{t=1}^{n} \frac{c_t}{(1+r)^{t-1}} \tag{2}$$

a) 純現在価値（NPV；net present value）

　ここで、以下のように定義されるこれら両者の差異は特に、「純現在価値」（NPV）と呼ばれる。

$$\text{NPV} = B - C = \sum_{t=1}^{n} \frac{b_t - c_t}{(1+r)^{t-1}} \tag{3}$$

この純現在価値NPVが大きな値である場合ほど、その土木プロジェクトの実施が望ましいものと評価されることとなる。

b) 費用便益比（CBR；cost benefit ratio）

　費用と便益の現在価値の総和（すなわち、B と C）の比（式（4））は、費用便益比（CBR）と呼ばれる。

$$\text{CBR} = B/C = \sum_{t=1}^{n} \frac{b_t}{(1+r)^{t-1}} \bigg/ \sum_{t=1}^{n} \frac{c_t}{(1+r)^{t-1}} \tag{4}$$

これもNPVと同様、大きな値である場合ほどその土木プロジェクトの実施が望ましいものと評価される。なお、CBRは B を C で除することで得られるところから、直接的に B/C（B by C）と呼称されることも多い。

c) 内部収益率（IRR；internal ratio of return）

　内部収益率（IRR）とは、B と C とが等しくなる（すなわち、NPV = 0 あるいは CBR = 1 となる）ような社会的割引率を意味する。すなわち、

$$\sum_{t=1}^{n} \frac{b_t - c_t}{(1+r_0)^{t-1}} = 0 \qquad (5)$$

が成立する場合の r_0 が、内部収益率である。

　一般的な土木プロジェクトの場合、図6・1に示したように初期の費用は概して大きい一方、建設が終了して以降は各年次の便益の方が費用を上回るという傾向がある。この傾向を踏まえると、「将来価値を極端に低く見積もっても（＝社会的割引率を大きく設定しても）、早期に初期の投資額を回収できる」程に各年次の便益が高ければ、その土木プロジェクトは優良なものであると評価することができる。それ故、内部収益率が高いほど、当該の土木プロジェクトは望ましいものと評価できる。

（3）費用便益分析における3つの基準の採用について

　以上に述べた3つの評価基準は、年次毎の費用と便益が得られているなら、それぞれ容易に算定することができる。それ故、プランニングのプロセスの中でも、また、事後的に計画決定を公表する局面においても、それぞれの評価値を算定しておくことが得策である。ただし、いずれの評価基準を重視するか（あるいは、採択するか）については、その時々の評価の目的に応じて個別的に検討する必要がある。

　まず、「単一プロジェクトの採否の判断」においては[*2]、いずれの基準を採択してもよい。すなわち、純現在価値 NPV の正負、費用便益比 CBR が1を上回るか否か、内部収益率 IRR が実際の社会的割引率を超過しているか否かという判断はいずれも数理的に等価であるので、これらのいずれの判断基準を用いて

表6・1　費用便益分析における3つの基準の定義と特徴

評価基準	定義	採用する局面
純現在価値（NPV）	$\displaystyle\sum_{t=1}^{n} \frac{b_t - c_t}{(1+r)^{t-1}}$	財源の制約を考えず、できるだけ効果の大きいプロジェクトの採用を図る場合に用いる。
費用便益比（CBR）	$\displaystyle\sum_{t=1}^{n} \frac{b_t}{(1+r)^{t-1}} \bigg/ \sum_{t=1}^{n} \frac{c_t}{(1+r)^{t-1}}$	財源の制約を考え、できるだけ効率的なプロジェクトの採用を図る場合に用いる。
内部収益率（IRR）	$\displaystyle\sum_{t=1}^{n} \frac{b_t - c_t}{(1+r_0)^{t-1}} = 0$ となる r_0	事業採算性を重視する場合に用いる。

146　Ⅱ　数理的計画論

も結果に差異は生じない。

　一方、複数代替案の中からの選択を考える場合には、基準の取捨選択が必要となる（表6·1）。例えば、事業費が大きく便益も大きいが、費用に対する便益の比はさして大きくないプロジェクトAと、事業費は小さいがその事業費の何倍もの便益をもたらすプロジェクトBのいずれが望ましいかを考えてみよう。この場合、費用便益比CBRの視点から言うなら、プロジェクトBの方が望ましいと言える。しかし、純現在価値NPVの視点からいうなら、プロジェクトAの方が望ましいという結論が得られることとなる。それ故、財源の制約をあまり重視しない場合には、できるだけ大きな社会的な便益が生ずることが望ましいものであることから、純現在価値NPVを採用することが得策である。一方、財源の制約を考慮する場合には、財源投資によって効率的に便益を得ることが重要となることから、費用便益比CBRを採用することが得策だと言うことができる。なお、同様の議論は、複数代替案の中から、一定基準に満たないものを削除する（つまり「足切り」）の場合にも成立する。

　なお、内部収益率IRRは、高速道路の利用料金や、水利施設の利用料金等の、直接的な「事業収入」を便益の中心と考える場合に、しばしば採択される基準である。ただし、多くの土木プロジェクトは、そうした直接的な事業収益だけでなく、種々の社会的な便益を考慮することが求められていることが一般的であり、事業収益を便益の中心と考えるケースは必ずしも多いわけではない。

（4）財務分析と費用便益分析

　一般企業においては、費用便益分析よりむしろ、財務分析（financial analysis）が採用されることが多い。財務分析は、当該企業の出費と歳入の関係を分析するものであり、社会的な便益を考慮するものではない。一般企業において財務分析が採用されるのは、そもそも一般企業が営利の追求を主要な目的として掲げている存在だからである。

　一方で、政府や自治体等の公共主体においても、財務分析は、その財政的な健全性を担保する趣旨において必要とされるものではあるが、費用便益分析がより中心的な役割を担うものであることは論を俟たない。なぜなら、公共主体は、単なる財政的な「営利」を追求する存在なのではなく、「より望ましい社

会」の実現を目指している存在だからである。ここが、一般企業との本質的な相違である。例えば、鉄道等の公共交通の建設の有無を検討しており、財務分析の結果、その収支が"赤字"であることが予想されている場合を考えてみよう。こうした場合、その判断の主体が民間の企業であるのなら、それが如何に社会的に望ましい帰結をもたらすものであったとしても、それを建設するという判断を下すことは必ずしも容易ではなかろう。しかし、その判断主体が政府や自治体等の公共主体であるのなら、費用便益分析の結果、高い社会的便益が期待される事業であることが示されている場合においては、その建設を推進することこそが「より望ましい社会」の為に必要とされることとなる。それ故、費用便益分析の結果如何によっては、公共的な財源を投入し、その建設を推進することこそがより望ましい社会にとって求められる、「正しい、あるべき判断」だということが可能となるのである。

それ故、公共的な土木プロジェクトにおいては、費用便益分析等に基づく公益の最大化という視点を十二分に理解した上で、健全な財政状況からの大幅な逸脱を回避する手段として、あるいは、財政的な制約条件を合理的に検討する手段として、財務分析を補足的に活用することが望ましいものと考えられる。

2 費用と便益の算定

以上は、費用と便益がそれぞれ定量化されている、という前提の下での分析方法を述べたものであるが、言うまでもなく、そうした分析の為には隔年次毎の費用と便益の貨幣換算値を求めることが必要である。ここではそれらの評価方法の概要を述べる。

（1）With ／ Without の比較に基づく費用と便益の定義

個々の土木プロジェクト費用や便益は、それを実施した場合（With）と、それを実施しなかった場合（Without）との比較によって求めることが必要である。すなわち、それを実施した場合に得られる社会全体の豊かさの水準[*3]を貨幣換算したものを b_{with}、それを実施しなかった場合の同水準を $b_{without}$ とするなら、$b_{with} - b_{without}$ が、当該土木プロジェクトの便益 b と定義されることとなる。同様に、

148　II　数理的計画論

費用についても、そのプロジェクトを実施する場合としない場合とで、国や自治体等のプロジェクト実施主体からの支出がどの程度異なるかによって、費用を算定することとなる。

(2) 便益評価についての考え方

費用については単純に当該プロジェクトに関わる諸出費を合算することで求められる為、比較的容易に算定することができる。しかし、「便益」は必ずしも、算定することが容易ではない。それ故、これまでにそうした便益を測定する様々な方法論が提案されている。ここでは、それらの中でも代表的なものを、簡潔に説明する。

a) 便益算定の基本的手順

便益算定の手順は、以下のようなものが一般的である。

1) まず、どのような項目の「効果」が存在し得るかを網羅的に整理する。

2) それぞれの項目の「効果」を可能な限り貨幣換算し、それぞれの項目毎の「便益」を算定する。ただしその際、便益を重複して評価しないよう、留意する。

ここに、「効果」という言葉は、貨幣換算する前の、社会的便益を意味する言葉である。このとき、望ましくない効果は特に「不効果」と呼ばれ、これはいわゆる社会的費用（1.1（2）参照）に該当する。そして、これらを貨幣換算したものが「便益」と呼ばれる。このとき、便益は、効果（社会的便益）を貨幣換算したものから不効果（社会的費用）を貨幣換算したものを差し引いたものと考えることができる[4]。

b) 事業効果と施設効果

ここで、土木プロジェクトを実施した場合の「効果」には、当該のプロジェクトを実施し、多額の公共投資が地域経済に投入されるところから生ずる「事業効果」[5]と、プロジェクトの結果作られた土木施設によってもたらされる「施設効果」の2種類が考えられるが、一般的な費用便益分析では施設効果のみが考慮され、事業効果は考慮されない。これはそもそも、土木という営為が、土木施設の整備と運用を通じてよりよい社会を目指す社会的な営みであり、その中でどのような施策を採択すべきかを考える為の基礎情報を費用便益分析から

得ようとしている為である。それ故、雇用を創出したり公共投資によって地域経済が活性化したりといった事業効果は、あくまでも副次的な効果にしか過ぎないものと見なされるのである。なお、一般に、事業効果を考慮しなければ、便益は過小評価されることとなる為、プロジェクト推進についてより"慎重"な判断が下される傾向が強くなる。

c) 道路建設の場合の便益評価

「施設効果」としては、様々な項目を考えることができるが、例えば道路建設の実務においては、次のような項目が考慮されている (cf. 国土交通省、2003)[6]。

①走行時間短縮(効果)：道路建設に伴う道路施設利用者の走行時間短縮の効果

②走行経費減少(効果)：道路建設に伴って生ずる、走行費用（燃料費、タイヤ費、車両償却費等）の減少効果

③交通事故減少(効果)：道路建設に伴って生ずる、交通事故の減少効果

これらのうち、走行時間短縮の便益は「時間価値」という考え方を用いて算定されることが一般的である。これは、単位時間あたりの貨幣価値を意味するものであり、これを、総走行時間の短縮量と掛け合わせることで、その便益が算定される。ここに、時間価値を求めるにあたっては、人々の賃金率（つまり、単位時間あたりの賃金）を用いる方法や、人々の交通行動についてのデータに基づいて求める方法[7]等、様々な方法が考えられている。一方で、総走行時間の短縮量を求めるには、当該の道路が供用された場合の交通量を予測することが必要であり、その為にも、先の第5章で述べた予測手法を援用して算定する必要がある。

また、交通事故減少効果の便益測定にあたっては、交通事故の減少量と、交通事故一回あたりの平均的な社会的費用を掛け合わせるという方法が一般的である。交通事故についての社会的費用は、事故による「人的損害額」、事故による車両や構築物に関する「物的損害額」等が考慮される。ここに、人的損失額は医療費や、当該個人の所得の事故による減少額等から算定される。なお、この人的損失額の考え方は、防災関連事業の便益測定においても援用されるものである。

また、以上以外の便益項目として、

④自然環境に及ぼす不効果

が考慮されることもある（国土交通省、2003）。ただし、「環境」そのものは市場で取引されているものではなく、それ故にその価値を測定することは必ずしも容易ではない。そうした中で、アンケートを活用する方法（例えば、CVM、Contingent Valuation Method）等を採用し、貨幣換算する方法等も提案されている（cf. 栗山、1997）ものの、こうした項目に対する効果・不効果の貨幣換算値は、些細な条件によって大きく変動することが知られている。それ故、必ずしもその信頼性は高いものではないことが、心理学等の研究者を中心としてしばしば指摘されていることから、その定量可能性は必ずしも高いとは言い難いのが実情である。

なお以上は実務的な算定方法について述べたが、これらの方法の背景には、経済学における「応用一般均衡理論」と呼ばれる基本的な考え方がある。その概要については、付録1を参照されたい。

3 プランニング・プロセスにおける費用便益分析の活用について

以上、本章では、費用便益分析について述べたが、ここでは、実際のプランニング・プロセスにおいて援用する際の基本的な考え方について述べる。

まず第1に、NPVやCBR等の判断基準を用いるにしても、そうした「数値」は、様々な前提の下で算定されたものである、という点に留意が必要である。便益の算定においては、多くの場合、前章で述べた数値的な予測値が重要な役割を担うこととなるが、その予測値に誤差や不確実性が含まれることは避けられないし、時間価値や人的損失額等の原単位も、算定の考え方を変えれば幾通りもの値を設定することが可能である。こうした点に対処する方法としては、例えば、それらの前提となる値を変化させたときに便益がどのように変化するかといった分析（一般に「感度分析」と呼ばれる）を行う等をして、算定した便益の値にどの程度の信頼度があるのかを確認する、といった方法が考えられる。ただし、そうした「確認」は、前提の曖昧さを「補償」するものではない。さらには、便益計算がしづらい項目は分析には反映されていないという点も重要な留意事項である。それ故、費用便益分析結果に基づいてプランニングの判

第6章　費用便益分析　　151

断を行うときには、前提の曖昧さや、予測値の不確実性、考慮されていない要因の定性的な効果等を総合的に勘案した判断が求められる。例えば、予測値に不確実性がある場合には、区間予測を行い、より慎重な判断を下すような方向で上位予測や下位予測を適宜使い分ける等の対策が考えられる。また、考慮していない要因が、社会的費用をもたらす可能性を持つのなら、定性的に想定されている当該の社会的費用が数値として与えられている便益を上回るものであるか否かを、プランニング・プロセスの中で、質的に判断していく（あるいは、"決断"していく）ことが求められることとなる。

　第2に、NPVやCBR等はいずれも、地域や社会に対する総便益と総費用との関係を示唆するものに過ぎない、という点にも留意が必要である。すなわち、費用便益分析は、当該土木プロジェクトが、全体としてどれだけ効果的なのか、効率的なのかを把握することを主たる目的とした分析なのであり、個々人の間の"公平性"を考慮したものではないのである。それ故、ごく一部の人々に対してのみ大きな便益がもたらされ、それ以外の人々は社会的な費用を負担しているだけである、という様な"極端に不公平なプロジェクト"であっても、そのごく一部の人々にもたらされる便益が極めて大きなものであるのなら、NPVやCBRが良好な水準となってしまう。それ故、費用便益分析に基づいて計画判断を行う場合には、公平性の視点をあわせて考慮することが重要である。

練習問題

　プロジェクトライフが3年の短期間のイベント型プロジェクトを実施するか否かを検討しているとしよう。その費用と便益を予測したところ、第1年度の初期投資を除く費用が10億円で便益が50億円であった。また、第2年度と第3年度は、費用が10億円で便益が55億円であった。さて、このプロジェクトの純現在価値が正となるならばそのプロジェクトを採択するとしたら、このプロジェクトが採択可能な最大の初期投資額はいくらか計算せよ。なお、社会的割引率を6％とする。

付録1：便益についての基礎理論の概要

　ある社会における個人（ないしは世帯）i を考え、その所得を y_i、それ以外の諸要素を q_i で表す。そして、この個人 i は、y_i と q_i の組み合わせの望ましさについて識別が可能であると考え、その識別が関数 $u_i(y_i, q_i)$ の大小関係に対応しているものと考える（なお、この関数は、個人 i の効用関数と呼ばれるものである）。そして今、あるプロジェクトを実施した場合の所得とそれ以外の諸要素を y_i^{with}, q_i^{with}、実施しなかった場合のそれらを $y_i^{without}, q_i^{without}$ とする。このとき、

$$u_i(y_i^{without} + EV_i, q_i^{without}) = u_i(y_i^{with}, q_i^{with})$$

となる様な EV_i が、個人 i にとっての当該プロジェクトについての（肯定的効果を貨幣換算した）便益であると考えることができる。あるいは、逆に、

$$u_i(y_i^{without}, q_i^{without}) = u_i(y_i^{with} - CV_i, q_i^{with})$$

となる様な CV_i をもってして、当該プロジェクトについての便益であると考えることができる。ここに、前者は等価的偏差と呼ばれ、後者は補償的偏差と呼ばれており、それぞれ異なった性質を持つものであるが、いずれも、便益を表している。そして、これらを全ての個人について足しあわせることで、当該プロジェクトの便益の総計を求めることができる（cf. 森杉、1997）。

　さて、ここで、この個人ないしは世帯 i の行動が、上記の効用関数 u_i によって決定されるものと考える一方で、社会における種々の主体である各種の企業の行動を規定する生産関数等の行動方程式を措定し、それに基づいて各企業の行動が決定されるものと考える。さらには、それぞれの主体が消費する財やサービス、あるいは生産に投入される土地、資本、労働といった諸要素が取引される様々な市場が存在しており、それらが連関し合いながら、どの市場においても同時に需要と供給がバランスして市場価格が決定されるという均衡状態が成立しているものと考える。それと同時に、交通ネットワーク等の土木プロジェクトによって変化する条件を想定する。そして、各世帯は効用最大化を、各企業は利潤最大化をそれぞれ目指しており、かつ、各市場において完全競争が成立していると仮定すれば、全世帯、全企業の行動や所得や利益の水準が均衡解として得られることとなる。この計算を、当該プロジェクトが存在する場合としない場合とで計算すると、$y_i^{with}, y_i^{without}, q_i^{with}, q_i^{without}$ が得られる。そして、これらの値を上記の式を導入することで、各個人・世帯毎の便益が EV_i ないしは CV_i という形で得られることとなる。あとは、これを全個人・世帯について集計することで、便益が得られることとなる。

第6章　費用便益分析　　153

こうした分析は、一般に応用一般均衡分析と呼ばれているものであり、本書の2.2（1）で述べた「数理社会モデル」の中でも代表的なモデルとして知られているものである。ただし、この計算は必ずしも単純なものでなく、実務においてその計算を実行することは必ずしも容易ではない。それ故、本文に示したような、便益項目を複数列挙し、それぞれについて需要予測と便益評価を個別に行う手法が活用されることが多い次第である。ただし、個別の評価と応用一般均衡分析とが整合するような数理的条件を設定することも可能であることから、実務的評価と応用一般均衡分析との間に理論的整合性が不在であるとは必ずしも言えない。

　なお、この応用一般均衡分析を行えば、どの主体にどの程度の便益がもたらされているのかを求めることができる。それらをとりまとめた表は、一般に「便益帰着構成表」と呼ばれている。これを作成することを通じて、NPV や CBR に基づく社会全体にとっての評価だけでなく、より詳細な評価が可能となる。

　なお、応用一般均衡分析は、理論的整合性という点では洗練されたものであるが、現実社会における諸現象との整合性という点では疑問視されることはしばしばである。それ故、実際のプランニング・プロセスにおいては、応用一般均衡分析で得られる結果を「重要な参考値」として見なした上で、総合的な判断でもって、種々の計画判断を進めていくことが肝要である。

注

1　"耐用年数"という観点からプロジェクトライフを考える場合には、半永久的な期間を想定することが適当である場合も少なくはない。例えば、平安京の時代に作られた京都の各々の通りの「プロジェクトライフ」は、少なくとも 1200 年以上の長さを持っているし、一旦整備した大規模空港や港湾を閉鎖することはあり得るものの、それらを半永久的に使用し続けることもまた十分に考えられる。そしてもし、それを閉鎖することがあり得るとしても、それがいつになるかを予想することは困難である。ただし、あとに述べる社会的割引率を勘案すれば、40 年や 50 年のプロジェクトライフを想定すれば、それ以降の社会的便益や費用の現在価値は相当程度低い水準となることから、その観点からプロジェクトライフを（例えば 40 年等と）実務的に設定することもある。なお、こうした判断からプロジェクトライフを「過小」に設定すると、便益は「過小」に評価されることが一般的である。それ故、プロジェクトライフを過小に設定した上での費用便益分析は、プロジェクト実施や推進にとって、より「慎重」な判断をもたらす傾向にある。この点からも、先に述べたようなプロジェクトライフの設定が実務的に十分な正当性を持ち得るものであると言うことができる。なお、このように、耐用年数に基づかずに期間を決める場合は、プロジェクトライフという用語よりはむしろ、「評価期間」という言葉が用いられることがしばしばである。なお、場合によっては、評価期間以後に生ずる費用や便益は「残存価値」と呼ばれ、費用便益分析の中に取り入れられることがある。

2　中途まで進行している単一プロジェクトを中止するか継続するかの判断も、新規プロジェクトの採否の判断と、基本的に同様である。ただし、その判断時点において各種の指標を算定するのか、

当該プロジェクトの開始時点にまで遡って、当該プロジェクト全体を改めて評価するのかによって、判断結果は異なるものとなる点に、留意が必要である（国土交通省、2004）。

3　一般に、厚生経済学、公共経済学では、社会的厚生水準と呼ばれる。

4　なお、社会的費用の取り扱いについては、負の便益として計上する以外の方法として、「費用」として計上するという方法がある。すなわち、実際的な公共投資額に、社会的費用を加算することで、費用を算定するという方法が考えられる。ここで、NPV についてはいずれの方法を採用しても差異は生じないが、CBR (B/C) の値は大きく異なる事となる。そして実務では CBR (B/C) は「投資の効率性」を図る尺度として活用されることが多いので、費用としては公共投資額のみを計上し、社会的費用は社会的便益を減ずるものとして考慮されることが多い。

5　「事業効果」とは、例えば、ダムを造るという「工事」を行うことそのものが、社会や経済に及ぼす効果を意味する。大規模な土木施設の工事には、数十億円、数百億円という費用が必要であり、こうした費用が、地域経済に出回ることとなる。すなわち、それら費用が民間の建設会社やその関連企業に支払われ、各企業は労働者にそれを賃金として支払う。そして各労働者にとってはそれによって家計の収入が増え、市場の消費行動が活性化し、それを通じて市場そのものが活性化することとなる。大規模な公共投資は、"ただそれだけ"で、このような経済的な影響を及ぼすものなのである。こうした事業そのものの効果が「事業効果」である。

6　道路建設の施設効果は、こうした交通の外部にも様々な波及効果をもたらすものである。しかし、完全競争の成立する経済では、波及効果（あるいは、間接効果）は全て相殺され、その合計はゼロとなるということが、数理的経済学的に明らかにされていることから（c.f. 森杉、1997）、「完全競争が成立している」という前提を施せば、道路交通内部における効果の便益のみを測定することで、社会全体における便益の増進量を測定することが可能となる。ただし言うまでもなく、現実の社会は完全競争が成立する経済からは乖離しているであろうことは想像に難くない。それ故、現実の計画判断においては、例えば第9章で述べるような種々の社会学的な質的波及効果を視野に収めた議論を進めることが必要とされている。

7　行動データから時間価値を求める代表的な方法は、「効用関数」を想定し、その効用関数に所要時間と料金の項を導入した上で、その効用関数を行動データから推計して求める、という方法である。具体的には、所要時間と料金が、各々の交通選択肢の望ましさの程度（効用）に及ぼす影響の大きさの比を時間価値と見なした上で、それを推計する。詳しくは、北村・森川 (2002) を参照されたい。なお、付録1にも示したように経済理論においては、こうした効用関数は、行動を規定する関数であると同時に、当該主体にとっての価値を表現する関数でもあることから、行動から便益を評価する際に活用されることが"理論的"に推奨されることがしばしばとなっている。ただし、種々の実証的、心理的、行動科学的な研究では、こうした効用理論の仮定は現実では成立し難いということがしばしば指摘されている。

第 6 章の POINT

✓ 土木計画のプランニングにおいて、土木プロジェクトの採否や代替案の選択は最も重要な要素の1つである。費用便益分析は、そうした判断を行うにあたって必要となる参考情報を、数理的な分析を通じて提供しようとするものである。

✓ 費用便益分析では、当該の土木プロジェクトによって社会全体にもたらされる効果を貨幣換算した「便益」と、そのプロジェクトの為の「費用」（出費）とを、将来にわたって年次毎に求める。一方で、評価する期間（プロジェクトライフ）

を当該施設の耐用年数等を考慮して設定する。また、将来の費用や便益の現在時点における価値が"割り引かれる"という前提の下、その程度を表す社会的割引率を設定する。これらの前提の下、費用と便益の「現在の価値」を求める。

✓ 費用と便益の現在の価値の差（純現在価値：NPV）や比（費用便益比：CBR）でもって、当該の土木プロジェクトの"望ましさの程度"を評価する。また、純現在価値が0となるような割引率は内部収益率（IRR）と呼ばれ、これも当該プロジェクトの望ましさを表す評価基準である。なお、純現在価値NPVが正、費用便益比が1以上、内部収益率が社会的割引率以上である場合、当該の土木プロジェクトは費用を上回る便益を社会にもたらすと判断できる。

✓ 費用や便益は、当該プロジェクトがある場合（with）とない場合（without）との間の比較を通じて設定するのが基本である。また、便益算定にあたっては、まず、当該プロジェクトの効果の種別を網羅的に整理した上で、個々の効果の便益を、重複がないように留意しながら算定し、それらを足しあわせて求める。

✓ 費用便益分析による定量的結果を実際のプランニングにおける各種の判断に援用する際には、定量化しづらい項目が考慮されていない点、公平性が考慮されていない点、便益算定の一根拠となる予測値に不確実性が含まれている点等を勘案し、質的判断も交えた総合的判断を下していくことが必要である。

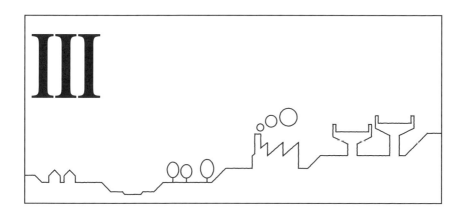

社会的計画論

　第Ⅲ部では、土木計画を支援する為の社会的計画論を論ずる。まず、土木計画の策定という行為は社会的な意思決定であるという認識の下「社会的意思決定」について概説する（第7章）。その上で、土木施設を巡る様々な"社会的ジレンマ"を解消する為には一人一人の意識を見据えた心理学的な理解と処方箋が必要であるとの認識に基づいた「態度変容型計画論」を述べる（第8章）。さらに、土木計画が対象とする「社会」とは一体如何なる存在であるのかについての社会学的理解を踏まえた「社会学的計画論」を述べる（第9章）。一方、これらの社会科学的な諸知見を踏まえた上で土木計画を策定するに際し、避けて通れないのが最終的な政治的・行政的な計画策定プロセスである。この認識に基づき、第10章では「行政プロセス論」を論ずる。そして最後に、土木計画のプランニングの全ての段階・局面において常に求められる「良い社会とは何か」を考える、社会哲学的目的論を述べ（第11章）、本書を終える。

第7章 社会的意思決定論

第 **7** 章

社会的意思決定論

土木計画の「決め方」の論理

土木計画は、第2章図2・14 に示したように、最終的に「計画策定」を行う
ものである。これはすなわち、将来の土木施設の整備や運用のあり方を、「決め
る」という行為である。一般に、社会科学では「決める」という行為は「意思
決定」と呼ばれており、とりわけ社会的な事柄を決める行為は、「社会的意思決
定」（social decision making；佐伯、1980）と呼ばれている。

社会的意思決定については、社会科学の様々な領域、すなわち、政治学、心
理学、経済学、社会学、あるいは、それらを横断面に統合する認知科学等の様々
な研究領域で様々な議論が重ねられてきた。そうした議論を踏まえると、第1
部で論じた最適化や費用便益分析の考え方は、複数考えられる社会的意思決定
方式の中の「一部」にしか過ぎないものである。本章では、そうした社会科学
上の様々な社会的意思決定に関わる種々の議論を踏まえつつ、土木計画におけ
る種々の社会的意思決定の方式、すなわち「決め方」として如何なるものがあ
るのか、そしてそれぞれにはどのような一般的性質があり得るのかについて述
べることとしたい。こうしたそれぞれの「決め方」に関わる一般的知見は、プ
ランニングにおいてどのように計画策定を行うかを考える上で、重要な基礎知
識となり得るものである。

1 社会的意思決定の多様性

（1）社会的意思決定とは何か

土木計画の策定行為を「社会的」な意思決定であると見なすことができるの

は、次の2つの理由による（藤井、2004）。1つは、その決定の影響が、社会的に多岐にわたるという理由である。例えば、高速道路の建設や新しい税制や教育システムの導入といった公共事業を実施すれば、様々な人々の暮らしぶりに影響が及ぶこととなる。すなわち、決定の帰結が社会的であるという意味において、社会的な意思決定と定義される。なお、この点を強調する場合、すなわち、特定の決定の影響が多数の人々に影響を及ぼす場合、その決定は「政治的決定」（political decision）と呼ばれることもある。

一方、社会的なる言葉のもう1つの意味は、その「決定のプロセス」が社会的である、という場合である。社会とは遊離したどこかの一個人が身勝手に決めるのではなく、何らかの社会的なプロセスを経て決定が下されるという場合、その決定は社会的決定と見なされる。

こうした理由から、公共的な計画決定はいずれも、決定を行う「以前」のプロセスの観点からも、「以後」の影響の観点からも社会的な意味合いを持つ「社会的意思決定」であると見なすことができる。それ故、私的な決定、例えば、どのネクタイを買うかとか、昼食に何を食べようかというような、その決定が影響する範囲も、その決定を下すまでのプロセスも当の個人の範囲に限定されている私的意思決定（personal decision making）とは、基本的に区別されるべきものである。

（2）意思決定基準による分類－帰結主義と非帰結主義

さて、社会的意思決定をとりあつかう認知科学や心理学、あるいは、公共経済学等の分野においては、意思決定の「基準」に着目し、以下のように2つに分類されることがしばしばなされてきた（Parfit, 1984）。

- 帰結主義　（consequentialism）
- 非帰結主義　（non consequentialism）

a）帰結主義／非帰結主義とは何か

ここに、帰結主義とは、「意思決定がもたらす帰結」に基づいて意思を決定する考え方であり、非帰結主義とは、「意思決定がもたらす帰結」に必ずしも基づかないで意思を決定する考え方である。例えば、道路計画を考えるにあたって、経路Aと経路Bがあるとき、それぞれの経路を建設したときにもたらされる費

用（cost）と便益（benefit）とを経路 A と経路 B のそれぞれについて予測し、それに基づいていずれの経路を建設すべきかを決定する、という考え方が帰結主義である。すなわち、第 6 章で述べた費用便益分析の考え方は帰結主義の典型的な意思決定方法である。なお、費用便益分析に限らず、需要予測分析や最適化数理、PERT 等を含めた第 II 部で述べた数理的計画論はいずれも、「意思決定の帰結」を定量的に表現し、それを比較することを通じて意思決定を行おうとするものである。それ故、数理的計画論、ひいては、それのみに基づいて土木計画を策定しようとする技術的プランニングは、いずれも「帰結主義」に基づく計画論である。

　一方で、非帰結主義は、「ルール」（あるいは規範）に基づいて意思を決定する、という方式である。例えば、「私はたばこを吸わないポリシーなのだ」という人にとっては、たばこを吸う吸わないという意思決定は、費用や便益の問題ではなく、ルールとして決められたものである。道路建設について言うなら、特定のルール（例えば、日本国内の任意の地点から高速道路には一定の時間以内、例えば、1時間以内には乗れる、というルール等）に基づいて道路建設を進めていく方式である。その他、道路計画を立てる際に「歴史的文化的な遺産は保存する」「環境基準を満たすように計画を立てる」等は、非帰結主義的な意思決定ルールである。同様に、「刑法に触れるような計画推進をしない」「国際法に触れるような計画決定はしない」というようないわば「あたり前」の決め事も、非帰結主義的な意思決定ルールである。あるいは、一定の意思決定を踏襲することを規定するルールも考えられる。例えば、「多数決で決められた選択肢を採用する」というルールも、一種の非帰結主義的な意思決定ルールである。

b）帰結主義と非帰結主義の特徴

　さて、帰結主義と非帰結主義には様々な相違点、特徴がある。

　第 1 に、非帰結主義で選択を行った場合、必ずしも費用と便益の観点から得策な選択肢が選ばれるとは限らない一方、帰結主義で選択を行った場合、事前の予測にある程度の妥当性がある限りにおいては、費用と便益の観点から有利な選択が選ばれる見込みは高い。

　第 2 に、非帰結主義は、特定のルールに基づいて選択を行っていく以上、そのルールに一定の合理性がある限りにおいては、少なくともそのルールから逸

脱した選択がなされない、逆に言うなら、特定の制約条件を必ず満たすことができる、という利点がある。ところが帰結主義で行う選択は、そうした制約条件が満たされる保証はない。

　第3に、通常、帰結主義は、選択肢の帰結（費用や便益）を予測し得るのなら、的確に選択肢を1つ選択することができるが、非帰結主義的な決め方では、選択肢が複数選ばれることも、1つも選ばれないことも生じ得る。例えば、上述のように、環境基準というルールを考えたとき、それを満たす経路が複数存在することも、1つもないこともあり得る。

　第4に、帰結主義は、費用や便益を予測することが前提となるが、将来の予測が曖昧な場合や不確実性が多い場合には、必ずしも帰結主義で選択することは容易ではなく、場合によっては、不可能である場合もある。ところが、非帰結主義に基づくなら、容易に選択することが可能となる。

　そして最後に、実務的には次のような大きな相違点も存在する。すなわち、帰結主義を採用し続けていると、意思決定者の「努力」の水準によって帰結が異なったものとなるという側面が軽視される傾向にあるという点である。帰結主義的な意思決定を行った場合、意思決定後に生ずる種々の事態は「確率現象」にしか過ぎず、当該の意思決定者の「努力」によって変わり得るという点が十分に考慮されない、という傾向が強い。ところが、ルールに基づいて意思決定を下す場合には、将来を必ずしも定量的に予測するわけではないので、将来を「確率現象」とは見なさず、意思決定者の「努力」によって変わり得るものであると想定することが容易である。例えば、特定の有害物質を基準値以上に排出しないことを定める環境基準に基づいて「非帰結主義的」に計画決定を行った場合、当該の代替案が実際に実施されたあとにも、当該のルールが守られ続けているか否かを持続的にチェックする「責任」が生じることとなる。そして、そのルールを満たす為に種々の取り組みを為す「努力」が、自ずと必要とされることとなる。このように、特定のルールに基づく非帰結主義的な意思決定は、将来に対して「責任」と「努力」を要請し得るものである。その点において、将来を単なる確率現象として捉え、それ故に将来に対して無責任な態度を取りがちな帰結主義的な意思決定とは大きく異なるのである。このことは、例えば土木施設の整備事業について考えるなら、帰結主義的な意思決定に基づいて整

第7章　社会的意思決定論　161

備した場合には、その意思決定が当該の土木施設の「運用」のあり方とは十分な関連性を持ち難い一方で、非帰結主義的な意思決定に基づいて整備した場合には、その際に採用した種々のルールが直接に、当該の土木施設の運用のあり方に影響を及ぼすことを意味している。この点を踏まえれば、整備と運用を一体的に考えた長期的な視野に立ったプランニングを推進する場合には、非帰結主義的な考え方が重要となる局面は少なくはないことがわかる[*1]。

このように、帰結主義も非帰結主義も、それぞれ長所短所を持つのであり、現実的な計画決定は、将来予測ができるのかできないのか、計画上満たすべき制約条件は何であり、その制約条件が存在するそもそもの根拠（あるいは正当性・正統性）は何なのか、整備とそのあとの運用の連携をどのように図っていくのか、等を十分に踏まえつつ、帰結主義的な側面と非帰結主義的な側面を組み合わせつつ具体的な社会的意思決定を進めていくことが得策なのである。

このことは、現実の土木計画での具体的な社会的意思決定においては、**第Ⅱ部**で述べた数理的計画論「のみ」に準拠することは得策ではないことを含意している。なぜなら、既に指摘したように、数理的計画論は帰結主義の考え方のみに基づく計画論だからである。現実の土木計画の策定においては必ずしも予測可能性が担保されている訳でもなく、また、一旦整備した土木施設は、適切な「運用」を施していくことが常に求められている。それ故、帰結主義的な意思決定の為の数理的計画論は、最終的な意思決定の基準として活用するのではなく、**第2章図2・14**に示したように、意思決定の際に参照する重要な「参考」として活用していくことが得策なのである。

(3)「決め方」による分類－中央決定方式と民主的決定方式

以上、社会的意思決定をその決定基準に基づいて帰結主義的な社会的意思決定と非帰結主義的な社会的意思決定とに分類可能であることを述べたが、社会的意思決定は、その決定プロセスの相違、つまり「決め方」の相違に基づいても分類することができる。以下、その分類の考え方について述べる。

a)中央決定方式と民主的決定方式

図7・1は、社会的意思決定の方式（決め方）を分類したものである。以下、ここに示したそれぞれの「決め方」を概説する。

図7·1　社会的決定方式の分類（藤井、2001より）

　まず、社会的決定方式は唯一、あるいは、一部の意思決定者が下した決定をそのまま社会的決定として採用するという方式（以下、**中央決定方式**）と一人一人の多様な意見、選好を集約して社会的決定を行う方式（以下、**民主的決定方式**）に分類される。

　さらに、中央決定方式には、信頼によるものと権力によるものとに分けられる。信頼による中央決定方式とは、人々が、一部の意思決定者を「信頼」し、その意思決定者が下す意思決定を「自発的」に受け入れる、という方式である。国民の多くが、政府はおおよそまともな選択をするであろうと期待し（＝信頼し）、それ故に、政府が下す決定を、特に大きな不満もなく受け入れるという状態が成立している場合、その決定方式は信頼による中央決定方式である。これに対して、権力による中央決定方式とは、一部の意思決定者が社会的決定を下す権限を持ち、その権限を行使する形で社会的決定を下し、しかる後にその決定を人々に強制する、という決定方式である。

b) **民主的決定方式**

　一方、民主的決定方式は、投票によるものと議論によるものとに分類される。投票による民主的決定方式とは、人々の選好（意見）を与件として、それが変化することを前提としないままに、それを集約することで社会的決定を下す方式である。例えば、我が国の様々なレベルにおいて実施されている選挙は、投票による民主的決定方式であるし、昨今の公共事業で時折見られるようになってきた住民投票もこの方式である。

　一方、議論による民主的決定方式とは、人々の選好（意見）が変化することを前提として、議論を重ねることで選好を集約していく方法である。いわば、

"落としどころ"を模索していく方式が議論による民主的決定方式である。この場合の議論は必ずしも全員が一堂に会する会議だけではなく、一人一人個別に議論を重ねていく"根回し式"も含まれる。全員一致を旨とする様な会議の進め方は、議論による民主的決定方式の代表的な例である。なお、土木計画の例で言うなら、地域の代表を交えた委員会、協議会等を開催する方式が、この方式に分類される。

c) 現実の意思決定方式の複合性

以上、複数の意思決定方式、すなわち「決め方」を述べたが、これらはいずれも、単純化した「要素」であり、現実社会の社会的決定は、これらを組み合わせる形で構成された複合的なものである。例えば、日本は間接民主制を採用している国家であるが、国家の社会的決定はいずれも、上記の4つの要素を全て含むものである。

ここで仮に日本の政府がある公共事業Aを実施したとしよう。その場合、政府には公共事業を行う「権限」があるが故にその権限を行使したのだ、と解釈するなら、その公共事業Aの決定は「権力による中央決定方式」と言うことができる。ただし、仮に現在の国民の政府に対する信頼が低下しているとしても、国民の政府に対する信頼が皆無であるということもまた、考えがたい。それ故、国民が、政府を信頼し、政府の決定をある種自発的に受け入れようとする姿勢を持つ、という点に着目するなら、それは、「信頼による中央決定方式」という側面がある。

一方、政府は議会の決定と独立ではあり得ない。政府における行政は、議会が承認した様々な法律に基づいて執行されるものである。そして、議会においては文字通り「議論」が展開されている。すなわち、議会の決定は「議論」を経て下されるものである。それ故、政府の決定は「議論」に基づくものなのであり、その公共事業Aの社会的決定のプロセスには、「議論による民主的決定方式」が含まれている。

さらに、議会で議論をする人々は、国民全員の投票によって選出され、国民の代表として議論することを「信任」された代議士である。この点を踏まえるなら、具体的な1つの社会的決定方式である公共事業Aの社会的決定ですら、「投票による民主的決定方式」の側面が含まれていることとなる。

このように、現実の社会の公共事業の社会的決定方式は、4つの「決め方」を要素とする複合的な決定方式なのである。そして、決定プロセスを種々の決定要素の順列組み合わせとして表現すれば、社会的決定プロセスの種類は、極めて膨大な種類が考えられることとなる。それ故、如何なる決め方を為すべきか、という問いに答えを出すことは容易ではない。

ただし、この問いを考えるにあたって、基本要素としての4つの「決め方」がそれぞれどのような特徴を持つのかの理解は、有益な知見である。それぞれの長所、短所がつかめるのなら、社会的決定として、個々の「決め方」をどのように組み合わせるべきかを考える手がかりとなり得る。

ついてはこの認識に基づき、以下、それぞれの「決め方」の特徴について論ずることとしよう。

d) 各意思決定方式の特徴

それぞれの「決め方」についての研究は、厚生経済学や社会心理学を中心としてなされている。ここでは、それらの研究の中で明らかにされている知見をとりまとめることとしたい。まず、「決定の質」という観点について着目した社会心理学研究より、以下の知見が明らかにされている（藤井、2001、2004）。

①決定の質（つまり、社会的厚生の水準）の観点から、民主的決定方式が、社会内の最も優秀な個人1人の決定を下回ることが多い（亀田、1997）。

ただし、この傾向は判断に高い専門性が必要とされない場合には成立しないが、高い専門性が必要とされる難解で複雑な問題の場合には顕著にその傾向が現れる。社会の中の優秀な個人を選抜し、彼/彼女に社会的決定を任せるという官僚体制がいずれの社会でも何らかの形で行われ、それが一定の成功を修めているのは、この為である（この点については第10章で改めて論ずる）。

民主的決定方式の中でも、投票選好集約に基づく方式には次のような問題点が挙げられる。

②常に単一の決定をもたらす、投票選好集約による民主的決定方式はあり得ない（佐伯、1980；Sen, 1970）。

このことは、投票さえすれば適切に社会的決定が可能である、という民主主

義についての素朴な期待を裏切る事実であると言えよう。例えば多数決の原理を採用するにしても、投票方式、集約方式を操作することで、任意に結果を操作できる可能性を排除することは難しい。

一方、議論集約方式の民主的決定方式を採用したとしても、次のような傾向があることが知られている。

　　③議論のあとの意見分布は、議論の前の意見分布における多数派がより多
　　　数派となった分布になる傾向が強い（亀田、1997）。

このような現象は、社会心理学では一般に「極化」と言われており、議論を重ねたあとで得られる結論が、議論をせずに投票選好集約で決定した結果と変わらない可能性が強いことを意味している。換言するなら、結果としては、議論を重ねても重ねなくても、最初から多数決をとるのとそう変わらない、ということを意味している。このことは、"話せば分かる"という素朴な議論に対する期待を裏切るものであろう。

こうしてみると、民主的決定方式は、
　　　　1）それが難しい問題であるなら決定の質の観点からは優秀な個人の意思
　　　　　決定を上回るものではなく、
　　　　2）投票をしても適切な唯一の答えが得られるのではなく、かつ、
　　　　3）議論をしようがしまいが、あまり関係がない、
という点から、中央決定方式を優越するものではないということが分かる。日本を含めた近代国家の大半において、社会的決定の全てを、完全な民主的決定方式（すなわち、直接民主主義の考え方）を採用していないのは、民主的決定方式には、こうした自明な問題点があるからである。

ただし、中央決定方式で下された意思決定よりも、民主的決定方式を採用した方が、人々がその意思決定を「公正」であると認識し、その決定を「受容」する傾向が増進することも知られている。さらに、専門的知識がそれほど必要とされない問題であるなら、中央決定方式よりも民主的決定方式の方がより良質な意思決定を下すことができることも知られている（藤井、2001）。特に、長期的、広域的なる判断ではなく、短期的、あるいは、狭域的な小さなスケールの判断の場合には、そのスケールに対応した居住地の人々の判断を重視する

ことで合理的な判断となり得ることも考えられる。

　以上を踏まえ、民主主義への過信も、中央決定方式への過信も慎みつつ、専門的な知識が必要とされる局面や、長期的広域的で多様な影響を及ぼす難しい問題においては中央決定方式を採用する一方で、非専門的な領域の問題や、短期的、局所的な問題においては民主的決定方式を加味しつつ、意思決定を下していくことが望ましいのである。

2 現実の土木計画における社会的意思決定

(1) 社会的意思決定の8分類

　以上、意思決定の「基準」に着目した分類（非帰結主義 vs 帰結主義）、ならびに、意思決定の「方式」に着目した4つの分類についてそれぞれ述べた。ここで、より詳しく現実の社会的意思決定の問題を考える為に、この両者の分類を加味して、より詳細に社会的意思決定を分類することとしたい。双方の分類を考慮すると、表7·1に示したように、2×4の合計8つのタイプの「決め方」（すなわち、社会的意思決定）が考えられることとなる。以下、これら8つのタイプを2つずつまとめて説明する。

表7·1　意思決定の基準と方式の双方を考慮した「決め方」（社会的決定方式）の分類

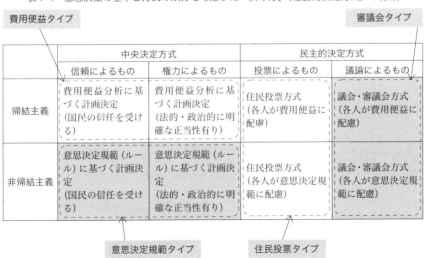

第7章　社会的意思決定論　　167

a) 費用便益タイプ

　まず、政府が専門家等の援助を受けつつ費用便益分析を行い、それに基づいて計画決定をするタイプが代表的なものとして挙げられる。この方式は、既に第Ⅰ部で詳細に論じた通りである。なお、政府が国民の信頼を受け、取り立てて強制しなくともこの計画決定が社会に自然と受け入れられるとき、その社会的意思決定は「信頼による中央決定」の側面が強く、逆に、国民の信頼が不在のままに、法的・政治的な正当性に基づいて決定する傾向が強い場合は、「権力による中央決定」の側面が強くなる。ただし、既に述べたように、現実的には、その両者の側面を同時に持つものである。

　費用便益タイプの方式は、将来予測が確実に可能であり、しかも、重要な選択基準に関わる要因が定量化可能である場合には適切な選択を行うことができるが、将来の不確実性が高い場合、あるいは、重要な選択要因の定量化が困難な場合には、必ずしも良質な選択を行うことができるとは限らない点に注意が必要である。

　なお、費用便益を基準とした意思決定をする場合、数理的な分析に基づいて意思決定を下す場合と、必ずしも数理的な分析を加えずに定性的な分析に基づいて意思決定を下す場合の双方が考えられる。数理的分析を行う方が単純な議論をすることが可能となるが、数値が"一人歩き"する危険性がある点に注意が必要である。また、定量化可能な項目（例えば、時間損失等）は分析に反映できるが、定量化が難しい項目（例えば、景観や地域コミュニティの凝集性への影響、等）については、それを費用便益分析に反映できないが故に、軽視されがちになるという点にも注意が必要である。逆に、定性的な分析に基づいて意思決定を下す場合、数値が一人歩きする危険性や、定量化しやすい論点を偏重してしまう危険性を回避することができる、という長所がある。ただし、"定性的"な分析の説得力を保証する為には、次章以降に述べる社会心理学や社会学的な議論を踏まえた議論を展開することが不可欠である。ただし、「分かり易さ」の点から考えれば、定量的な数値が存在している方が、それが"一人歩き"していく危険性が存在する反面、定性的議論よりも分かり易いということもできる。

　このように、"定量的"に行う費用便益分析にも、"定性的"に行う費用便益分析にも、それぞれ長所と短所が存在しているということができる。それ故、

168　　Ⅲ　社会的計画論

費用便益分析を行う際に肝要となるのは、可能な範囲で定量的な分析を行う一方で、その定量分析では取り扱っていなかった諸点にはどういったものがあるのかを明確化すると共に、それらの諸点についてはどのような方向の費用や便益が存在しているのかを可能な限り論理的に記述しておき、可能な限り"豊富"な判断材料を用意し、そして、当該の計画目的を念頭に置きつつ、「総合的に判断」するという姿勢である。

　なお、先にも 7.2（1）b) で指摘したように、「土木施設の整備」について費用便益タイプの意思決定を行う場合、とりわけ定量的な予測を行う場合には、将来を「確率事象」と見なすが故に、土木施設の「運用」に対する配慮が不十分なままで意思決定を下してしまう危険性がある。それ故、費用便益分析を参照する場合には、その点を十分に留意し、以下に述べる意思決定規範タイプの要素を、最終的な社会的意思決定に反映させるような配慮が必要である。

b) 意思決定規範タイプ

　「一定の環境基準を満たす」「重要文化財に指定された施設は保存する」「特定の人口規模を満たせば高速道路を整備する」「全ての地点から一定の時間以内で高速道路に乗れるように高速道路を整備する」等の意思決定規範（ルール）に準拠して計画を立てていく方式である。こうした意思決定規範が法的に正当性を持つものである場合には「権力」による意思決定の側面が強い一方、国民の信頼を得た政府が例えば社会的な慣習（あるいは、「慣習法」；藤井、2007a）に沿った規範で意思決定を行う場合には「信頼」による意思決定の側面が強いと言うことができる。この場合も無論、現実の意思決定は両者の側面を併せ持つ。

　この方式で選択をする場合、場合によっては、この意思決定方式だけで、1 つの計画に絞ることができるケースも考えられるが、複数の計画が許容され得ることも、全ての基準を満たす計画が存在しないという場合もあり得る。また、いずれの基準を採用するのか、あるいは、複数の基準が異なる選択肢を指し示す場合にいずれの基準を重視するのかの判断によって、選択結果が異なることとなる。それ故、費用便益タイプの意思決定方式よりも、意思決定を下す組織の相違によって選択が大きく異なる可能性が高い。ただし、健全な政治的・行政的議論が保証され、重視すべき意思決定の基準を選定することができるなら、すなわち、意思決定規範の「正当性」が確保されている状況下では、文化的、

歴史的、伝統的、時代背景的な様々な状況を加味しつつ適切な意思決定規範に基づいて適切な計画決定を下すことが期待できる。

c) 住民投票タイプ

その計画に関与する人々の意見（選好）の表明を依頼し、それに基づいて、社会的意思決定を行うタイプ。表明された意見や選好に基づいてどのように1つの計画・選択肢を選択するかについては、様々な方式があり得る。最も得票数が多かったものに決定する方式、得票数が多かった選択肢を複数残し、その中から「決選投票」を行う方式、2つずつ投票していくトーナメント方式等、様々なものが考えられる。「住民投票」がその代表的な例である。一般に、どの方式を採用するかで、選ばれる選択肢が大きく異なることがあることが知られている。なお、人々がどのような基準に基づいて意見・選好を決定しているかによって、帰結主義的な住民投票となるか、非帰結主義的な住民投票となるかが分けられるが、通常は、一人一人、基準は異なる。

この方式では、全員が意思決定のプロセスに参加することができるという点において、社会的意思決定のプロセスを"公正"と見なし、そこで下された決定を"納得"して"受容"する可能性が、中央決定方式よりも高い。

ただし、人々の納得や受容という問題と、意思決定の質の問題とが必ずしも関連している訳ではない点に最大の注意が必要である。しかも、投票以前に、十分に議論がなされるという保証はなく、変動しやすい曖昧な"世論の動き"によって意思決定が左右されてしまう点にも注意が必要である。これらの留意点に加えて、多くの土木計画のプロジェクト期間は長期広域に影響が及ぶが、その影響を被る人々全員を投票に参加させることが難しい点も重大な注意点である。もし、少しでも影響が及ぶ公共計画の全てに我々が参加しなければならないとしたら、毎日数十から数百の投票をせざるを得なくなる。そうなれば、それら一つ一つについて十分に検討すること等あり得ない。あるいは、例えば、自分が生まれる前に下された公共計画に、我々は投票することはできない。したがって、通常、影響を被る人々の中の、ごく一部の人々、例えば、「現在」その「周辺」に「たまたま」居住している住民等だけがその決定に参加することとなる。その一部の人たちが、何らかの政治的プロセス（例えば選挙）で"選定"されたり、あるいは、法的な根拠の下で意思決定を任命された人々（例えば行政

170　　Ⅲ　社会的計画論

機関）である場合には、意思決定を下す為の一定の"正当性"を持っていると見なすことができるのかもしれないが、たまたま特定の場所に"居住していた"ということが、そうした正当性をもたらすと考える根拠は薄弱である。

これらの問題全てを踏まえたとしても、その計画の微細な部分、例えば、計画の大枠ではなく、河川の右側と左側といずれに道路を建設する方が望ましいか、といったような、計画決定の影響が"狭い地域"に限られる場合においては、住民投票も一定の妥当性を持ち得る場合があることも考えられる。その地域の人々全員に、その地域にこれから住むであろう将来の人々全員の"代表者"として検討することを期待し、投票を要請することで、その地域の事情を加味することが可能となる。

d) 審議会タイプ

その計画に関与する組織や人々の代表者を取り入れた人々の間で「議論」を行い、1つの結論を導き出そうとするタイプ。住民や国民全員が参加する議論をすることは、現実的に不可能であることから、上述のように"代表者"を選定せざるを得ないが、その代表者を人々が本当に"代表者"と見なしているか否かによって、人々の、その審議会に対する意識（態度）は大きく異なったものとなる。なお、議論の争点が帰結主義的な側面と非帰結主義的な側面のいずれにおかれているかによって、帰結主義的な審議会と非帰結主義的な審議会に分類される。

(2) 現実の土木計画における基本的留意事項

以上に論じたように、土木計画の社会的意思決定は、その基準と「決め方」に応じて様々に分類できるが、以上に分類した個々の決定方式はいずれも現実の意思決定の「要素」にしか過ぎないものである。繰り返し指摘したように、現実社会の土木計画の社会的決定は、これらを組み合わせる形で構成された複合的なものであり、純粋に住民投票だけで決められるものでも、純粋に1人の独裁者が権力をふるって強引に決定するものでもない。「意思決定のプロセス」全般を考えたとき、民主的な方式も中央的な方式も、帰結主義的な考え方も非帰結主義な考え方も、信頼も権力も、投票も議論も、いずれもが様々な段階で部分的に取り入れられて、最終的な土木計画が決定されているのが実態である。

表7・2　それぞれの社会的決定方式の特徴の概要と採用基準の概略

帰結主義と 非帰結主義	・概して、評価項目が明確であるような計画目的であり、かつ、予測可能性が高い場合は、帰結主義が得策。 ・概して、最低限遵守すべき制約条件が明確であり、意思決定の規範の「正当性」が担保される場合においては非帰結主義が得策。 ・概して、選択肢を絞り込む際には非帰結主義、最終的な選択においては帰結主義が得策。
中央決定と 民主的決定	・概して、長期的、広域的な判断を伴う場合、中央決定方式が得策。 ・概して、短期的、狭域的な判断が必要な場合は民主的決定を加味することが得策。 ・いずれにしても、現行の政治制度の枠組みを踏襲した決定方式を採用するという態度が不可欠。
民主的決定 採用時の 議論と投票	・概して、民主的決定への参画者が少なく、時間資源が豊富な場合、議論が得策。 ・概して、民主的決定への参画者が多く、時間資源が乏しい場合、（現実的に）投票を採用せざるを得ない。ただし、公衆の選好・意識を問う方法には、投票以外にも意識調査やワークショップなどの方法もある。
信頼と権力	・いずれの社会的意思決定においても、「公衆からの信頼」と、政治機構に由来する「権力」（ないしは権威）が付与されていることが不可欠である。

　意思決定プロセスの種類は、以上に論じた様々な意思決定方式の順列・組み合わせで規定されるものである以上、そのヴァリエーションは膨大な数に上る。ただし、より健全な意思決定を加えるなら、以上に論じたそれぞれの意思決定要素の"長所と短所"をそれぞれ踏まえなければならない。その点について最後にとりまとめることとしたい（表7・2）。

a）帰結主義と非帰結主義

　物理的に実施可能な選択肢は膨大な数に上る。それらの一つ一つを帰結主義に基づいて費用と便益を計算していくことは、著しく非効率的である。通常は、意思決定の初期の段階は非帰結主義的な考え方で、重要な意思決定規範を加味しつつ、いくつかの選択肢に絞った上で、それぞれの一つ一つの費用と便益を考慮して最終的な判定に持ち込むことが現実的である。すなわち、相対的には、意思決定プロセスの前半の方では非帰結主義を、後半の方では帰結主義を採用することが、概して望ましい。

　また、将来予測の可能性が高く、また、便益や費用の評価の視点（あるいは、それを導く関数）が明確な場合には、帰結主義的な意思決定の有用性が高まるが、将来予測の可能性が低く、また、評価の視点が明らかではない場合は、最低限の規範を遵守するように意思決定を下す非帰結主義の有用性が高まる。さらに、当該の意思決定と、それ以後の意思決定との連携を十分に図る必要性が

172　Ⅲ　社会的計画論

高い場合には、異なる時点の複数の意思決定がいずれも共通して守らなければ
ならない「ルール」（例えば、環境基準や景観基準、文化財保護ルール等）を設定する
ような非帰結主義的要素を導入することが得策である。

b) 中央決定と民主的決定

　中央決定の長所は、長期広域な視野で総合的判断が下せることであり、その
短所は、地域や時代に個別の詳細な事情を十分に加味できない点にある。民主
的決定の長所短所は、そのちょうど逆になっている。については、より長期広域
の計画については中央決定方式を、より短期狭域の計画について民主的決定方
式を採用することの有効性が高い。ただし、いずれの社会的決定を行うにあた
っても、その決定の「法的正当性」、「社会慣習的正当性」あるいは「伝統的正
統性」が担保されることが不可欠であることは、政治学的な常識といって差し
支えない（ウェーバー、1919）。その意味において、民主的決定の採用は、そ
うした正当性の範囲内で実施することが基本的なスタンスとなる。また、本来
的には、「議会」が民主主義の理念に基づいて運営されているものである以上、
議会以外の民主的決定を採用することで、「議会」を軽視することがあっては本
末転倒となりかねない点には、注意が必要である（ミル、1861）。

　それらを十分に踏まえた上で、例えば、国土交通省の「公共事業の構想段階
における住民参加のガイドライン」（屋井・前川、2004 参照）等に準拠しつつ、
1) 事業者による複数案の公表、2) 事業者による意見徴集、3) 手続き円滑化
の為の組織の設置、4) 必要な情報提供、等を進めていくことで、民主的決定
方式の要素を中央決定方式に適切に導入していくことが望ましい。一般に、こ
うした融合に基づいて公共事業を進めていく考え方は、パブリック・インボル
ブメント（PI）と呼ばれる（藤井他、2008）。ただし、政治的な決定方式は、日
本の国家体制そのものとも関連するものであり、パブリック・インボルブメン
トを如何に進めていくべきかについては、様々な政治学的な議論が必要となっ
ている。そのあたりの詳細については、第 10 章にて詳しく論ずる。

c) 議論と投票

　民主的決定を為すにあたり、その基本的な方式には議論と投票の双方がある。
参画者数が一定数以下で、時間的制約が緩い場合には「議論」は現実的である
が、参画者数が多数および時間的制約が厳しい場合には「議論」の考え方は

非現実的であり、したがって「投票」の考え方に頼らざるを得ない。具体的には、純粋な住民投票を直接実施する代わりに住民を対象とした「意識調査」を行い、その結果を踏まえて中央決定を為すという方式が考えられるし、また、決定権が委ねられた組織に地域の代表者を数名含めるという形で、議論による民主的決定方式を部分的に採用する方法も考えられる（屋井・前川、2004 参照）。

d）信頼と権力

中央意思決定の「正当性」は、国民や住民の行政・政府に対する「信頼」と、国家的社会的な伝統やその表出たる法制度に準拠する「権力」の双方から演繹される。中央決定方式を執り行う以上、如何なる局面においても、その両者の正当性の確保は最重要課題である。ここに、一方だけを重視するようなことがあると、中央決定方式の安定性が揺らぐことは避けられない（藤井、2004）。

なお、民主的決定に関しても、同様の議論が成立する。例えば、「議会」で下される決定は民主的決定と言えるはずだが、その「信頼」が低下すれば、その決定に国民は不満を抱くこととなる。その意味でも、複数の人間に影響を及ぼすことが宿命付けられている社会的意思決定には、中央決定方式や民主的決定方式に関わらず、「信頼」と「権力」（権限）が付与されなければならない。

以上、本章では社会的意思決定に関する基本的な諸概念、ならびに、種々の意思決定方式を採用する際の様々な留意事項を述べた。本章で述べた種々の留意事項は、いずれをとっても"より良い土木計画"を総合的な観点から考える上で忘れてはならないものといって差し支えない。無論、それら一つ一つの留意事項に適切に配慮することは必ずしも容易ではなく、かつ、それら全てを総合的に適切に配慮することは極めて困難なことである。しかしながら、その困難さを十二分に認識することこそが、"より良い土木計画"を考える為の最初にして最大の留意事項であると言うことができるであろう。

注
1 運用における Plan-Do-See の「マネジメント・サイクル」においては、ルールが重視されるものであり、その意味において、基本的には非帰結主義的な考え方が重視されることとなる。しかし、多様なルールの中から「帰結主義的」なルールを採用するケースも考えられる。すなわち、「常に費用便益比が最適となる見込みが最も高いルールを常に採用していく」という戦略を採用するという考え方であり、この場合のマネジメント・サイクルは帰結主義的なものであると言うことができ

る。ただし、この場合においても、将来を、自らの努力によって変わり得るものであるとは捉えずに確率事象として捉えている以上は、意思決定とそのあとの運用との間の一体性が低減する危険性は常に存在することとなる。

第7章の POINT

✓ 土木計画の策定行為は「社会的意思決定」である。

✓ 決定の基準の相違によって社会的意思決定を分類すれば、「帰結主義」と「非帰結主義」の2つに分類できる。ここに、選択によってもたらされる帰結を基準とするのが「帰結主義」であり、帰結ではなく特定のルールに基づいて決定を行うのが「非帰結主義」である。

✓ 決定方式、すなわち「決め方」の相違によって社会的意思決定を分類すれば、特定あるいは一群の個人や組織が決定を行う「中央決定方式」と、一人一人の多様な意見を集約して決定を図る「民主的決定方式」に分類ができる。中央決定方式はさらに「権力」によるものと「信頼」によるものに分類され、民主的決定方式は「投票」によるものと「議論」によるものに分類される。

✓ 既往の社会的意思決定についての理論的研究より、民主的決定方式には様々な欠陥（決定の質の低下、唯一の結果を導く投票決定方式の不在、議論による極化の問題）が指摘されている。

✓ 決定の基準による分類と「決め方」による分類の双方を考慮すると、土木計画の決定方式は、「費用便益タイプ」「意思決定規範タイプ」「住民投票タイプ」「審議会タイプ」に4分類できる。ただし、これらの分類はいずれも現実の意思決定を構成する「要素」であり、実質の計画決定プロセスは、これらの要素が組み合わされた形で構成されている。

✓ 土木計画において適切な計画策定を目指す場合には、それぞれの「決め方」の特徴を踏まえつつ、それらを適材適所に組み合わせていくことが必要である（表7·2参照）。

第7章　社会的意思決定論　　175

第8章 態度変容型計画論

公共心理学に基づく土木施設の社会的運用

　土木施設の社会的運用は、整備した土木施設をより適切に社会的に活用し、それを通じて社会的な利益の増進を目指す土木における主要な営為の1つである。それには、表8・1に示したように、「一人一人の個人」に働きかけ、各人が当該の土木施設を適切に活用する方向へと行動を変えること（行動変容）を促すものと、「社会の制度」そのものに働きかけ、当該の土木施設が適切に活用されるような方向へと、社会制度を変えることを促すものの、2種類がある。ここでは、これらの2種類の社会的運用の位置づけを、社会的ジレンマ研究や公共心理学の立場から論ずる。

表8・1　2種類の「土木施設の社会的運用」の特徴

方法論の分類	働きかける対象	方法
心理的方略	個人の態度と行動	コミュニケーションや事実情報の提供を通じて人々の意識（態度）の変容と、適切に土木施設を活用する行動（協力行動）への変容を期待する。
構造的方略	社会の制度	様々な政治的な判断や意思決定プロセスを経て、当該の土木施設を適切に活用する方向への、各種の社会制度の改変を目指す。

1　土木施設の利用をめぐる社会的ジレンマ

(1)　土木施設の社会的運用

　「土木」は、より良い社会に向けた、土木施設の整備と、その技術的運用と社会的運用を意味する営為であり、土木計画とは、その整備と運用のあり方を考え、企てるものである。第Ⅱ部では、社会を数理社会モデルで表現し、その数

理的分析を通じて、より望ましい土木施設の整備と運用を考える為の、数理的計画論を論じた。しかし、数理的計画論では「土木施設の社会的運用」を考えることは必ずしも容易ではない。なぜなら、土木施設の整備やその技術的運用において考慮されるべき対象は、土木施設を中心とした限られた範囲の現象に過ぎず、それ故、近似的に現象を表現する数理分析でもある程度対応可能である一方で、社会的運用においては数理的に表現することが著しく困難な「社会」、そしてそれを構成する「組織と人間」そのものを対象としている為である[*1]。

　ここで「土木施設の社会的運用」とは、既存の土木施設を社会が適切に利用している状態を目指した社会的な取り組みを意味するものである。本書冒頭の1.1（1）にて論じたように、例えば、治水事業として「ダム」や「堤防」を整備した場合を例に考えてみよう。こうした土木施設は洪水対策として整備されるものだが、如何なる状況であっても洪水を完璧に防ぐことが可能なものを整備する為には莫大な投資が必要となり、現実的な予算の制約の中でそうした「完璧」な洪水対策を土木施設の整備のみを通じて達成することは不可能である。土木事業として洪水対策を推進する為には、そうした土木施設の整備とその技術的な運用と管理のみでなく、「水害の折りに、一人一人がどのように対処すべきかを各自が十分に理解している」という社会状況を志す努力を重ねることも重要である。こうした社会状況を目指す為には、例えば、定期的な防災訓練を行ったり、様々なコミュニケーションによって防災意識の向上と防災対策の具体的な知識の周知・浸透を目指したり、種々の情報やメッセージを学校の教育課程の中で教示していく等の対策が重要となる。こうした努力を続けていくことが、「社会的運用」という言葉で意味されるものの内実である。

　他の例でいうならば、道路の混雑を緩和する為には、バイパスの建設や道路容量の拡張、あるいは、情報提供システムを導入するといった土木施設の整備と技術的な運用が考えられる一方で、道路を利用する人々の行動が変わり、道路を利用する人々が減少するような社会状況を目指す、という対策も考えられる。ここで、道路を利用するかどうかという現象は、ミクロな視点で言うなら一人一人の行動の集積であり、マクロな視点で言うなら「当該の道路を社会がどのように活用しているのか」を意味するものである。それ故、上記の防災の例と同様、渋滞対策においても、人々の意識やライフスタイルに直接働きかけ、

既存の土木施設についての社会的な利用状態が、より望ましい方向へと変化していくことを促すことが土木事業の一環として考えられる。これが、土木施設としての道路構造物の「社会的運用」の一例である。

逆に、一定数以上の人々が利用することを想定して整備される道路システムや鉄道・運輸システム、各種の公共施設等を供用したところ、当初見込んだ利用が確保されない、という場合も考えられる。言うまでもなく、当初予定した需要に対処することを通じて社会的な便益が生ずることを予期してそれらの公共施設を整備したのである以上は、その需要が確保できなければ、計画時に想定した社会的便益が発現しないという事態だといえる。こうした場合、「土木施設の整備と運用を通じて、より良い社会を目指す」為に行われる土木事業においては、現状の利用状況を、当初想定した利用状況へと近づける、社会的な働きかけが重要となる。これもまた、土木施設の社会的運用の一例である。

その他、電力施設や水利用施設については、電力や水の過度な利用を控えてもらうように社会に働きかけることで過剰な需要によって電力施設や水利用施設の機能不全に陥る危機を回避することができるようになり、整備されている電力施設や水利用施設の潜在的な能力を最大限に発揮することができるようになることが期待できる。同様に、廃棄物システムについても、各家庭のゴミの排出量の削減と適切な分別廃棄行為をすることで既存の廃棄物システムの能力を最大限に引き出すことが可能となる。あるいは、都市部における街路整備について言うなら、その町並み景観の質的向上の為には、その街路に関わる居住者や商店主等が、景観を改善する為の各種の行動（例えば、掃除や適切な看板の設置、統一感ある建築物のデザイン等）を実施するように働きかけることが重要となる。なお、表8・2には、以上に述べた社会的運用事例の概要を示す。

このように、如何なる土木施設であっても、それが「社会」を支える社会基盤である以上は、その社会的有用性、あるいは、社会的機能は、人々の行動やライフスタイルに、直接、間接に影響を受けざるを得ないのである。それ故、整備した土木施設の社会的機能を最大限に引き出すような方向に、一人一人の意識や行動が変容することを促すような社会的な働きかけを行うことが、「土木施設の整備と運用を通じて、より良い社会を目指す土木事業」の中の重要な要素として導入されなければならないのである。

表8·2　土木施設の社会的運用の事例

土木施設	社会的運用の内容例
交通・運輸施設	（過剰利用の場合には）混雑対策のための利用抑制のための社会的働きかけ、（過小利用の場合には）利用促進のための社会的働きかけ　等
水利用施設	過剰利用の危険性に対処するための節水の社会的働きかけ　等
電力施設	過剰利用の危険性に対処するための節電の社会的働きかけ　等
防災施設	災害発生時の個人的対処（自助・共助）の必要性の理解と具体的対処法についての知識普及のための社会的働きかけ　等
街路施設	まちなみ景観の質的向上のための、居住者・商店主・歩行者の景観改善行動（掃除、看板・建築物改善行為等）を促す社会的働きかけ　等

(2) 土木施設をめぐる社会的ジレンマ

　以上に述べたように、「社会的運用」は、一般公衆の各種の土木施設の利用行動が、より社会的に望ましい方向に変わるように期待すべく、一般公衆に働きかける対策である。ここで言うまでもなく、もしも、特に働きかけをせずとも、一般公衆が適切に当該の土木施設を利用しているのなら、こうした社会的運用は不要である。しかし残念ながら多くの場合、社会的運用が不在のままでは、人々が当該の土木施設を「適切」に利用するという事態は容易には訪れない。なぜなら、種々の人々が相互に関連しあう社会には、「社会的ジレンマ」（Dawes, 1980; 藤井、2003）と呼ばれる構造が、常に横たわっているからである。

　ここに、社会的ジレンマとは、次のような社会状況である。

社会的ジレンマ

> 　長期的には公共的な利益を低下させてしまうものの短期的な私的利益の増進に寄与する行為（非協力行動）か、短期的な私的利益は低下してしまうものの長期的には公共的な利益の増進に寄与する行為（協力行動）のいずれかを選択しなければならない社会状況（藤井、2003、p.12）。

　この社会的ジレンマを説明するにあたり、ここではまず図8·1をご覧頂きたい。この図の縦軸は時間軸、横軸は社会的距離を意味している。この図に示すように、上記の定義における非協力行動は、この図における原点付近の領域の

第8章　態度変容型計画論　　179

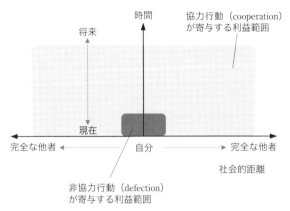

図 8·1　協力行動と非協力行動で配慮される利益範囲（藤井、2003 より）

利益の増進に寄与する行為である。すなわち、短期的で、しかも、自分一人の利益に寄与する行動が非協力行動である。その一方で、協力行動は自分一人だけでなく、個人的な関与の度合いの小さい他者の、そして短期的な利益だけではなく長期的な利益の増進に寄与する行動である。

　この社会的ジレンマ状況が深刻な社会問題を引き起こすのは、概して人々は、短期的かつ私的な利益を、長期的かつ公共的な利益よりも優先して行動してしまう傾向性を持つからである。そして、そうした「利己的」なる傾向性に基づいて皆が「非協力行動」を行えば、社会的な利益水準が著しく低下してしまう。ここで社会的な利益とは、各人の利益の集積に他ならないのであるから、社会的な利益水準の低下は一人一人の私的な利益の低下を意味している。それ故、社会的ジレンマにおいては、人々が私的な利益を追求すればする程、かえって各人の利益の水準が低下してしまうのである。いわば社会的ジレンマとは、人々が「甘い汁」を求めれば求めるほど、かえって自らに損害が生じてしまうような、「罠」が埋め込まれているような社会状況なのである。

　事実、日常会話や新聞等の平時の言説において「社会問題」と呼称されるほとんどの社会現象の根底に社会的ジレンマの構造が潜んでいることが知られている（藤井、2003、1 章参照）。例えば、経済現象で言うなら、ある企業において全員が私益を優先して他人にばれないように手を抜くようになれば、当該企業の業績は大きく悪化し、最終的には倒産へと繋がる。環境問題で言うなら、

資源・エネルギーを利用したいだけ利用すれば、資源の枯渇は急激に訪れると共に、CO_2 も大量に排出されることとなり、地球温暖化問題が悪化してしまう。交通の問題で言うなら、万人が私益を優先して路上駐車したり、過度に自動車を利用すれば、結局は道路は混雑し、一人一人が円滑に自動車で移動することができなくなってしまう。地域問題で言うなら、商店街で各店主が私益を優先して赤や黄色の派手な看板を付ければ，結局は一つ一つの派手な看板は目立たなくなってしまうと共に、景観が破壊され、当該の商店街の魅力は大きく低下し、最終的には商店街の売り上げは低下してしまう。そして、土木施設の建設について言うなら、万人が私益を優先して、道路やゴミ処理場等の公共施設が自宅近くに建設されることに反対すれば、結局はどこにも公共施設が建設できなくなり、万人がゴミを廃棄できない状況が訪れる。このように、路上駐車問題、道路混雑問題、環境問題、景観問題、合意形成問題等、土木計画に関連する多くの、あるいは大半の問題において、一人一人が私益を追求すれば、公益が低下し、巡りめぐって一人一人の私益がかえって低下してしまう、という社会的ジレンマが潜んでいるのである。

　この社会的ジレンマの概念を用いるなら、土木における土木施設の社会的運用において求められているのは、社会的に望ましくない土木施設利用行動（非協力行動）から、社会的に望ましい土木施設利用行動（協力行動）への行動の変容（すなわち行動変容（behavior modification））が、一般公衆の一人一人において生ずることである、と言うことができる。表8・2に示した各々の土木施設の社会的運用については、例えば、交通・運輸施設の混雑解消や水利用施設や電力施設の過剰利用の抑制の為に求められているのは、当該施設を「過度」（あるいは、「過小」）に利用する行動から「適度」に利用する行動に向けての一人一人の「行動変容」であるし、街路施設に関わる街路景観の質的向上において求められているものも景観に配慮しない行動から景観に配慮する行動に向けての一人一人の「行動変容」である。また、防災施設に関わる防災行政において求められているものも、災害について一切配慮しない行動から常日頃から災害時の対策を怠らない行動への「行動変容」である。そしてこれらの「行動変容」を達成しようとしているのが、土木施設の社会的運用なのである。そうした社会的運用を通じて、それらの行動変容が多くの人々において現実に生ずれば、

当該の社会的ジレンマは解消し、当該の土木施設の潜在的な機能が最大限に発揮されることとなるのである。

2 社会的ジレンマの処方箋

土木施設の社会的方略を考える上で、土木施設をめぐる社会的ジレンマを如何にして解消し得るのか、という「処方箋」についての一般的知識は非常に有用なものとなる。ここでは、社会的ジレンマの処方箋のあり方を概説する。

(1) 構造的方略と心理的方略

土木施設の社会的運用においては、その土木施設をめぐる社会的ジレンマが存在している以上、社会的に望ましい方向への土木施設の利用行動に向けた「行動変容」が求められるのであるが、そうした行動変容を、なぜ、「公共事業」、「土木事業」[*2] として進めていく必要があるかについて、述べることとしよう。

ここでは、この問題を考えるにあたり、まず、一般的な社会的ジレンマ研究で明らかにされている、その解消方略について述べる。そしてそれに引き続いて、「土木施設の社会的運用」に関わる社会的ジレンマの解消方略について、さらに述べていくこととする。

一般に、社会的ジレンマ研究では、人々の行動を規定する要因には、外的な環境的要因と内的な心理的要因の二種類があることに着目し、ジレンマに対処する為の方略を次の2つの種類に区別することがしばしばなされてきた (Dawes, 1980; 藤井、2003 参照)。

- **構造的方略**（structural strategy）　法的規制により非協力行動を禁止する、非協力行動の個人利益を軽減させる、協力行動の個人利益を増大させる等の方略により、社会的ジレンマを創出している社会構造そのものを変革する。
- **心理的方略**（psychological strategy）あるいは**行動的方略**（behavioral strategy）個人の行動を規定している、信念 (belief)、態度 (attitude)、責任感 (ascribed responsibility)、信頼 (trust)、道徳心 (moral obligation)、良心 (conscience) 等の個人的な心理的要因に直接働きかけることで、社会構造を変革しないままに、自発的な協力行動を誘発する。

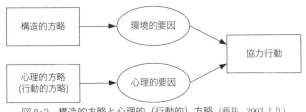
図 8·2　構造的方略と心理的（行動的）方略（藤井、2003 より）

　すなわち、人々の行動を規定する要因のうち、環境的な要因を変えることで協力行動を誘発するのが構造的方略であり、人々の内的な心理的要因に働きかけることで自発的な協力行動の誘発を期待するのが心理的方略(あるいは、行動的方略) である。

　ここで、図 8·2 をご覧いただきたい。この図に示したように、人々の行動は、環境的な要因と心理的な要因の両者によって規定されている。環境的要因とは、どのような土木施設が整備されているのか、それがどのように運用されているのか、そして、それをめぐってどのような法的な規制がかけられているのか、といった、文字通り一人一人の「人間の環境」を意味するものである。一方で、心理的要因とは、その環境の中で、人々がどのような心理状態にあるのかを意味するものである。例えば、鉄道が整備されたとしても、人がそれを使おうと思わなければ、その鉄道は使われない。一方で、鉄道を使いたいと人がいくら願ったとしても、そこに鉄道がなければ、鉄道を利用できない。鉄道利用という行動は、鉄道を整備するという環境と、それを使おうとする人々の心理との2 つの要素が重なったときにはじめて、現実化するのである。

　それ故、人々の「協力行動」を促そうとする取り組みにおいても、環境的要因に働きかける方略である「構造的方略」と、人々の心理的要因に働きかける「心理的方略」の両者が考えられることとなる。

(2) 心理的方略と態度変容型計画論

　ここではまず心理的方略について述べる。心理的方略とは、上述のように、環境要因には手を加えず、人々の心理的側面に働きかけることを通じて行動変容を促す方略である。あとに詳しく述べる構造的方略が、主としてアメやムチを用いて、行動変容を「誘導する」という特徴を持っている一方で、心理的方

略は意識に働きかけ、実際に意識の変容を導き、それを通じて「自発的な行動変容」（Voluntary Behavior Change）を期待する方法である点に特徴がある。

　この点から、心理的方略を実施することを念頭においた土木計画論は、しばしば「態度変容型計画論」と呼ばれている。ここに、「態度」（attitude）という用語は、社会心理学において、人間の内面、あるいは、判断や行動に関する心的傾向を意味する言葉であるが[*3]、心理的方略は、まさに「態度」に働きかけ、その変容（すなわち、態度変容;attitude modification）を促す方法論である。その一方で、多くの土木計画が、人々の意識やライフスタイルを計画策定の「与件」と考え、それらに適合する様な土木施設の整備や運用を図ろうと考えていることから、「態度追従型計画論」と呼ばれる（藤井、2001）。

　具体的には、心理的方略に基づく土木施策とは、図8・3に示したような各種の方法（藤井、2003 参照）を、組み合わせた行政施策を展開する。これらの各種の心理的方略は、これまでの社会心理学研究の中で理論的にその有効性が示され、かつ、実証的にも、様々な土木施策の中で実務的な有効性が示されてきた方略がとりまとめられている。なお、こうした態度変容型の計画論、あるいは、実務的な心理的方略を支える心理学は、公共的な目的の為の心理学という趣旨から「公共心理学」（Public Psychology）と呼ばれている。

　以下、図8・3に示したそれぞれの内容を、その公共心理学的な議論と共に、簡潔に述べる（詳しくは、藤井、2003 参照）。

事実情報提供法　心理的方略の中でも最もシンプルな方法。協力行動の肯定的な側面や、非協力行動の否定的な側面についての「事実情報」を提供することを通じて、協力行動への行動変容を期待する。一般に人々は、普段行っている行動にどのような「否定的な側面」があるのかを十分に把握しておらず、普段行っていない行動にどのような「肯定的な側面」があるのかを認知しているとは限らない。なぜなら、人々の心理には、自分（だけ）は合理的なのだと考えてしまう「自己正当化バイアス」が生ずる危険性が常に存在している為である。それ故、上記のような「事実情報」を提供すれば、そうした自己正当化バイアスによって生ずる「誤認」が矯正され、協力行動への行動変容が促進される。例えば、習慣的な自動車利用者に自動車利用に伴う環境問題や健康問題等の情報を提示したり、まちなみ景観を乱す看板を出している店主にその看板に対して

184　Ⅲ　社会的計画論

心理的方略
- 事実情報提供法
    客観的な情報の提供を通じて、協力行動への変容を期待する

- 経験誘発法
    協力行動の経験を誘発することを通じて持続的な協力行動への変容を期待する
    「一時的構造変化」が、その一例としてあげられる

- コミュニケーション法
    客観的な情報提供以上のコミュニケーションを通じて協力行動への変容を期待する
    以下の4つの方法の組み合わせがある

    ― 依頼法　協力行動を依頼する

    ― アドヴァイス法　協力行動の行い方をアドヴァイスする

    ― フィードバック法　人々の行動を測定し、その情報をフィードバックする
        その際に目標設定をする（目標設定法）ことでより効果の増進が期待できる

    ― 行動プラン法　協力行動の行動プランの策定と記述を依頼する

図8・3　心理的方略の各種方法の分類

人々がどれだけ不快に感じているのかについての心理データを提示したりすることで、協力的な行動が誘発される可能性が向上する。

経験誘発法　上記のような自己正当化バイアスを矯正する上で、最も効果的な方法は、実際に「協力行動を行うという経験」を持ってもらうことである。これが経験誘発法である。ただしこの方法は、誤認を矯正する効果を持つばかりではなく、「具体的に協力行動をどうすればいいのか」についての知識を得ることができることも重要なメリットである。しばしば人々は、一度経験しない限り、具体的にどうすれば良いか分からないので、その行動を実施することを忌避するが、一度の経験はそうした忌避感を大幅に軽減する。また、そうした経験を誘発する方法として、「一時的」に協力行動の魅力を高めたり、非協力行動を「一時的」に禁止したりする方法が考えられる。例えば、公共交通を一時的に無料にしたり、高速道路を一時的に通行止めにしたり等の方法がそれにあたる。こうした一時的な変化（一時的構造変化方略）によって、一時的な協力行動を誘発することを通じて、「持続的」な行動変容が生ずることが、複数の心理実験で確認されている。なお無論、一時的でなくても、永続的に構造変化を実施するだけでも、そうした効果が見られるものと期待できる。例えば、極めて利便性の高い公共交通（例えば、都心部の LRT）を（起爆剤的に）導入するこ

第8章　態度変容型計画論　　185

とで、公共交通に対する態度の変容をもたらし、それによって、協力行動をより強く促していくという方法も、それが態度に影響をもたらすという点において、心理的方略の1つである経験誘発法としての側面を持つ。

コミュニケーション法　心理的方略の中でも最も典型的な方法で、実務的にも最も良く採用されている方法である。事実情報を提供するだけではなく各種の「メッセージ」を伝えることで動機付けを行ったり、双方向のやりとりを通じて詳細なアドヴァイスを提供したり等の方法を展開することを通じて、態度の変容と、協力行動への行動変容を促す方法である。具体的には、依頼法、アドヴァイス法、目標設定法、フィードバック法、行動プラン法等のコミュニケーション方法を適宜組み合わせて実施する。ここに依頼法とは、最もシンプルな方法で、「協力行動を呼びかける」というものである。こうした呼びかけだけでも、人々の注意がその協力行動に向けられることを通じて、協力行動が実施される可能性が向上する。アドヴァイス法は、協力行動を実施する際に必要となる各種の具体的な情報をアドヴァイスとして提供するものである。こうした具体的情報が不在では、いくら行動を変えようという動機があっても、行動変容が生じない為、アドヴァイス法はコミュニケーション法において重要な役割を担う。さらに、行動プラン法とは、そうしたアドヴァイス情報を提供した上で「具体的に協力行動をとるとすればどうするのか」を考え、それを記述することを「要請」する方法である。この方法は、行政施策としてコミュニケーション施策を展開する上で、極めて効果的な方法であることが知られている。最後に、フィードバック法とは、人々の行動を測定し、その情報をフィードバックするものである。これは、例えば、ダイエットを目指す人が体重計を購入し、自らの体重を把握するという行為に対応する。体重計を常日頃から使用するだけでも、ダイエットをしようとする動機が活性化されることは知られている。また、目標設定法とは、フィードバック法と共に併用される方法で、提供したフィードバック情報についての「数値目標」をたててもらう方法であり、これもまた、行動変容において効果的であることが知られている。

（3）心理的方略に基づく社会的運用

　心理的方略に基づく実務施策は、以上に述べたような各種の個別的な方法を

組み合わせて実施するものである。具体的には、こうした心理的方略に基づく
土木施策の展開によって、例えば、豪州の南パース市で、全世帯を対象に環境
に優しい交通行動を呼びかける個別的なコミュニケーションを図ったところ、
地域全体の自動車の利用率が約8％低下したことが報告されている（土木学会、
2005）。そのコミュニケーションは、「大規模」かつ「個別的」である点に大き
な特徴があり、 一軒一軒コミュニケーションを図りながら、自動車利用から他
の手段に転換するならどのようなアドヴァイス情報が適当かを検討しつつ、複
数回のやりとりを通じて、「個別的にカスタマイズ」した情報を個別的に提供し
ていく、という方法論を採用している。こうした取り組みは、我が国において
も様々な地域にて展開されており、おおよそ1〜3割程度の自動車利用が減少
することが知られている（土木学会、2005）。なお、こうした心理的方略に基
づいた、交通施策は、モビリティ・マネジメント（cf. 藤井・谷口、2008）と呼
ばれる交通のマネジメントの展開の中でしばしば採用されている。

　交通以外の行政施策の中でも、災害リスクについて、人々の災害に対する意
識を喚起する心理的方略に基づく方法は、「リスク・コミュニケーション」と呼
ばれている（藤井、2007b）。リスク・コミュニケーションが目指しているのは、
常日頃から地震や洪水が生ずるかも知れないと考える「態度」の形成であり、
また、その態度に基づいて、具体的に、災害時の為の食料の備蓄や地震保険の
加入、家屋内の家具の転倒防止等の「対策行動」の実施を促すことである。

　その他、しばしば行われている心理的方略に基づく行政施策として、駅前の
放置駐輪対策がある。放置駐輪をしようとしている人々に対して、具体的な駐
輪場情報を記載したチラシを活用したface−to−faceのコミュニケーションを
図ったところ、数割〜半分程度放置駐輪が減少することが報告されている（萩
原他、2007）。また、景観計画や、あとに述べる公共事業の受容問題等において
も、公共心理学の考え方を採用した心理的方略のアプローチが採用されている。

（4）構造的方略

　社会的ジレンマ研究においては、行動変容を導く方略は構造的方略と心理的
方略とに分類されることが一般的であるが、土木計画を論ずる上では、構造的
方略を図8・4のようにさらに分類することが得策である。これは、構造的方略

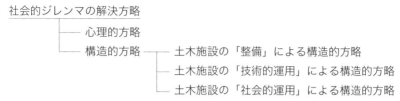

図 8・4 「土木」における社会的ジレンマの解消方略の分類

が「環境」に働きかける方略である一方、「土木」という営為において「環境」に働きかける方途には、土木施設の整備と技術的運用と社会的運用の3つが考えられるからである。

　土木計画においてはこのように構造的方略を3つに分類することができるが、社会的運用と、整備と技術的運用の間には、大きな相違が存在している点には留意が必要である。土木施設と技術的運用が働きかける環境は、道や河川といった「物理的環境」である一方で、社会的運用によって働きかけられる環境は、制度や法律といった「社会的環境」だからである。言うまでもなく、物理的環境を改変する試みと、社会的環境を改変する試みとでは、その方法論は大きく異なる。以下、この点を具体例を挙げながら、述べることとしよう。

　まず具体的な一例として、既存の交通システムのより効果的な社会的運用をめぐる社会的ジレンマを考えることとしよう。なお、当該の交通システムをより効果的に活用する上では、過度な自動車利用は渋滞や環境問題を引き起こし、過小なる公共交通利用は公共交通事業収益悪化と、それに伴う中長期的な公共交通の利便性の悪化をもたらす為、「自動車利用から公共交通利用への行動変容（モーダルシフト）」がしばしば必要とされている。さて、こうしたモーダルシフトを達成し、この社会的ジレンマを解消する為の「構造的方略」として考えられるのは、例えば、次のような諸施策である。

・新しい、より利便性の高い公共交通を整備する
・鉄道の複線化、複々線化を施し、公共交通速度を向上させる
・公共交通の運行頻度を上げる
・公共交通の利用料金を下げる
・道路容量の削減
・自動車利用者から料金を徴収する（ロードプライシング）

・特定地域への自動車利用者の流入禁止

・特定地域での公共交通利用促進報償制度（公共交通利用通勤者への行政からの補助金等）

・高速道路利用料金・駐車料金の値上げ　等

これらはいずれも人々の環境的要因に働きかけるという点では共通しているが、いくつかの側面で、これらを分類することができる。

まず、先に述べたように、土木施設の整備、技術的運用、社会的運用のいずれであるか、という点で分類可能である。

もう1つの分類の考え方は、しばしば社会的ジレンマ研究の中で採用されてきた分類方法であるが、公共交通をより「魅力的」にすることを通じて公共交通への利用転換を図ろうとするものであるか、自動車利用の「魅力をより下げる・あるいは禁止する」ことを通じて公共交通への利用転換を図ろうとするものであるか、という分類である。一般に、前者は魅力によって協力行動に引きつけることを通じて行動変容を促す施策であることから「プル施策」（pull measures）と呼ばれ、後者は、非協力行動から「押し出す」ことによって行動変容を促す施策であることから「プッシュ施策」（push measures）と呼ばれている（Vlek & Michon, 1992）。いわば、アメとムチで行動を制御する場合のアメに対応するのが Pull 施策、ムチに対応するのが Push 施策である。

以上の分類に従えば、先に例示した交通に関わる社会的ジレンマの解消に向けた構造的方略の諸施策は、表 8・3 のように分類されることとなる。

以上に述べた、社会的ジレンマの「構造的方略」の中でも、とりわけ、土木

表 8・3　交通に関わる社会的ジレンマにおける「構造的方略」の諸施策の分類

		「土木」の内容に基づく分類		
		土木施設の整備 （対象＝土木施設そのもの）	土木施設の技術的運用 （対象＝土木施設そのもの）	土木施設の社会的運用 （対象＝土木施設を囲む社会）
行動変容の「方向」に基づく分類	Push 施策	・道路容量の削減	・高速道路料金/駐車場料金の値上げ ・ロードプライシング	・特定地域内での自動車利用禁止
	Pull 施策	・公共交通施設の整備 ・既存公共交通施設の改善	・公共交通の運行頻度改善 ・利用料金の値下げ	・特定地域内での公共交通利用促進報償制度

＊道路容量の削減と公共交通施設の整備の双方を同時に実施する土木事業として、例えば、道路空間に新しい公共交通（LRT 等）を整備する方策等が考えられる

施設の整備と技術的運用に関わるものについては、第Ⅱ部で論じた数理的計画論が大いに援用できる。例えば、道路容量を削減したり料金を値上げしたり、あるいは、公共交通をハード的、ソフト的に便利にすることで、交通需要はどの程度変化するのかということを考えた上で合理的な計画を策定する為には、第Ⅱ部で論じたような需要予測や費用便益分析等の手法が役立つ。

　しかし、土木施設の社会的運用については、必ずしも数理的計画論だけでは、合理的な運用計画を立案できない。例えば、上記の例では、特定地域内の自動車利用を禁止すれば特定地域内の自動車利用者が存在しなくなることは容易に予想できるが、この施策を導入しようと考える土木計画者にとって最も重要な要素は、「人々がその施策を受け入れるかどうか」という点である。特定地域の公共交通利用促進の報償制度についても、同じようなことが言える。もし、地域内の全ての法人が、その制度を活用すればどの程度の通勤者が公共交通に転換するかについては、数理的計画論である程度予測することができる。しかし問題は、どの程度の法人が、その制度の趣旨を理解し、共感し、実際にそれを活用するのか、という点にある。そしてそれ以前に、そうした報償制度を導入する為の財源を、どこから確保するのか、その財源確保について、社会的な合意は得られるのか、という点にある。

　このように、構造的方略における社会的運用においては、運用対象が「社会制度」そのものである点から、その運用を実際に「実施」する為には様々な社会的な要素を考慮していく必要がある。そしてその際に考慮すべき要素は、土木施設の整備と技術的運用よりも概して多い傾向にある。すなわち、「政治的意思決定の側面」「合意形成の問題」「地域社会の活性化の問題」等、いわゆるオペレーションズ・リサーチ（OR）に代表される第Ⅱ部で述べた数理的計画論では取り扱うことが著しく困難な要素にも配慮しなければならなくなる。なお、これらの諸点については、次章以降、それぞれ論じていくこととしたい。

3　土木施設の社会的運用

　以上、本章では、土木施設の社会的運用について論じた。その概要は、次のようなものである。まず、土木施設の社会的運用において求められているのは、

「人々の土木施設の適切な利用」であることを指摘した。しかし、人々の利己的な動機に基づく利用行動は、社会的に望ましい利用行動とは乖離していること、そしてそれ故に、人々が利己的な動機のみに基づいて土木施設を利用すると、社会的な利益や便益は著しく低下してしまうという「社会的ジレンマ」が存在していることを指摘した。それ故、土木施設を適切に社会的に運用していく為には、この社会的ジレンマを乗り越えることが必要なのであった。

そして、その為の方途として、人々の意識、あるいは、態度の変容を期待し、自主的に行動変容が生ずることを期待する「心理的方略」が存在すること、ならびに、その具体的な内容を論じた。さらに、人々の行動に影響を及ぼす環境を改変することを通じて社会的ジレンマの解消を目指す「構造的方略」が存在することを指摘した。そして、構造的方略を展開する上でも、既存の土木施設をさらに改変したり技術的な運用方法を改善することが重要である一方で、その土木施設の社会的な活用をめぐる「制度や法律」の改変という「社会的運用」が存在することを述べた。

以上の議論から、土木施設の社会的運用には、

・「個人の意識」に働きかける心理的方略に基づく社会的運用
・「社会の制度」という社会的環境に働きかける構造的方略に基づく社会的運用

の2種類が考えられることが分かる。本章冒頭で示した表8・1は、この結論を踏まえて記述したものである（ついては、改めて表8・1を参照されたい）。

さて、以上に論じた社会的運用論は、「土木事業」の幅を的確に認識する上で重要な意義を持つものであることをここで指摘しておきたい。もしも、土木計画のプランニングにおいて、その計画者が「社会的運用の方途」について一切知識を持っていなかった場合を考えてみよう。言うまでもなく、彼が社会的運用についての知識を持っていようがいまいが、土木施設の社会的利用をめぐって社会的ジレンマ問題が現実に生じてしまう。そうなった場合、彼にでき得ることは、土木施設の「さらなる整備」と「さらなる技術的運用改善」に限られてしまうこととなる。もちろん、それらの方途を駆使することは無意味ではない。極めて重要である。しかし、それ「だけ」では、当該の社会的ジレンマを回避することはできない。かくして、当該の社会的ジレンマの問題を少しでも

緩和し、そして、着実に解消する方向へと繋げていく為にも、個人の意識やライフスタイルを対象とした「心理的方略」や、社会的な制度に働きかける様な種類の「構造的方略」をあわせて実施していくことが、必要不可欠なのである。

　いずれにしても、本章で紹介した各種の社会的運用の方途を把握しておくことは、土木計画を策定する上で、実施すべき様々な「土木施策の代替案」の中に列挙することを可能とするのであり、それを通じて、計画目的をより効率的に達成することへと繋がるものと期待されるのである。例えば比喩として「数理的最適化」を援用するなら、最適化を目指す上で、実行可能解の領域が狭いよりも、広い方がより望ましい最適解を探索することができるのである。さらに土木計画者を将棋を打つ人に例えるなら、「一手一手」を考える為の「手駒」を様々に蓄えておくことは、より良い結果を実現する上で、極めて重要な要素である。その為にも、土木計画においては、本章で述べた各種の社会的な運用に関わる「方略」を、土木施設の整備と技術的運用に加えて、知識として把握しておくことが不可欠なのである。

注

1　このことは、社会を数理モデルで表現することが一切不可能であることを意味しているのではない。社会を簡略的にモデル化することは可能であるし、それが一定の意味を持ち得る場合もある。事実、本章で述べている社会的ジレンマ構造は、数理的なゲーム理論に基づいて定義されるものである。しかし、ここで主張しているのは社会そのものを対象とした運用を考える場合に、数理モデル「だけ」で対応することは不可能であろうことである。

2　1.1（4）で定義したように、土木事業とは、土木という営為において遂行される事業を言うのであり、社会の漸次的改善において実施される土木施設の整備と運用そのものを言う。したがって、土木施設の社会的運用を行う事業もまた、土木事業の1つである。なお、公共事業とは、これも1.1（4）で定義したように、公共の為になされる事業全般を指す言葉である。それ故、当然ながら、本書で定義する土木事業、ひいては、土木施設の社会的運用も公共事業に含まれる。

3　より厳密には、例えば、Allport（1935）によれば、「態度とは、関連する全ての対象や状況に対する個人の反応に対して直接的かつ力動的な影響を及ぼす、経験に基づいて組織化された、精神的および神経的準備状態のことである」と定義されている。

第 8 章の POINT

✓ 土木施設を人々が適切に利用するか否かという問題は「社会的ジレンマ」である。

✓ 「社会的ジレンマ」とは、人々の利己的な動機に基づく「非協力行動」か社会的に望ましい「協力行動」かのいずれかを選択しなければならない社会状況を言う。万人が「利己的」に土木施設を利用すれば、当該の土木施設は社会的に適切に活用されないが故に、それは社会的ジレンマ問題となっている。

✓ 土木施設の社会的運用において求められているのは、そうした、土木施設の利用を巡る社会的ジレンマを解消することであり、具体的には、一人一人が当該の土木施設を適切に利用するという協力行動への「行動変容」を促すことである（具体例は表 8・2 参照）。

✓ 協力行動に向けた行動変容を促す方法には、環境の改変を通じて行動変容を促す「構造的方略」と、人々の意識や態度に働きかけることを通じて行動変容を促す「心理的方略」とがある。

✓ それ故、土木施設の社会的運用としては、「個人の意識」に働きかける心理的方略に基づくものと、「社会の制度」という社会的環境に働きかける構造的方略に基づくものの 2 つが考えられる。

✓ 心理的方略を重要な土木施策として位置づける計画論は「態度変容型計画論」と言われ、人々の態度（意識）を単なる与件として扱う「態度追従型計画論」とは差別化される。

✓ 社会的ジレンマ解消の為の心理的方略には、行動変容を促し得る事実情報を提供する「事実情報提供法」、協力行動を経験する機会を提供する「経験誘発法」、コミュニケーションを活用する「コミュニケーション法」等の方法論がある。

✓ 社会的ジレンマ解消の為の構造的方略には、非協力行動の魅力の低下や規制を行う push 施策と協力行動の魅力向上を行う pull 施策に分類できる。また別の分類基準としては、土木施設の「整備」「技術的運用」「社会的運用」のいずれを行うのかという基準も考えられる。

第9章
社会学的計画論
社会についての質的理解に基づく計画論

　土木計画の包括的なプランニングにおいては、第2章図2・14に示したように、当該の土木事業が及ぼす影響についての計量的な予測だけでなく「社会現象の社会科学的な質的理解」に基づく「質的な予測」を社会学等のアプローチに基づいて検討し、その上で「総合的判断」を行うことが重要である。さらに、社会現象に関する質的な理解は、図2・14に示されているように「社会的制約についての質的議論」にて求められている重要な情報を提供する。本章では、包括的プランニングにおいて以上のような役割を担う「社会学的な現象理解」に基づく計画論を述べる。

1　社会有機体説からの示唆

（1）社会についての「生物学的」な理解

　繰り返し指摘しているように、土木は、土木施設の整備と運営を通じて、社会をより良いものに改善していく営為である。そのとき、「社会」を一体どのようなものとして捉えるのかによって、自ずと、「土木」のあり方は異なったものとなる。

　本書第Ⅱ部では、数理的計画論を論じたが、その前提にあったのは、「数理社会モデル」を構築し、その数理分析を通じてより合理的な計画を策定しようという考え方であった。こうした数理的アプローチは「経済学」における典型的なアプローチであるが、社会科学の中には、まったく異なったアプローチで社会を把握してきた学問領域がある。それが、「社会学」（sociology）である。

194　Ⅲ　社会的計画論

社会学と経済学の相違は、経済学が対象を数理的にモデル化するという「物理学的」な方法論を基本としてきた一方で、社会学は社会を「生命」「生物」というイメージで捉える「生物学的」な方法論を基本としている点に求められる。

　こうした相違は、それぞれの学問領域において、人間をどのような存在として捉えるかに色濃く反映されている。経済学では、人間は合理的であり個人的な利益（あるいは効用）を追求する存在であると仮定され、その行動を数理的な最適化のモデル（いわゆる、効用モデル）によって記述することが一般的である。その一方で、社会学では、人間を「愛情」や「信仰」や「理想」を持って生きる存在として捉えようとする。その意味において、社会学的な人間理解は、前章で述べた社会心理学的な人間理解に近い[*1]。

　こうした社会についての社会学的理解について、最も典型的な学説が「**社会有機体説**」(theory of social organism、しばしば**オーガニズム**とも言われる）である。この学説を、一言で言うなら、「社会は生き物である」と考えるものであり、19世紀のコント（Comte, 1798-1857）、ならびにスペンサー（Spencer, 1820-1903）によって提案された社会学の最も古典的な学説である[*2]。なお、コントは、社会学という言葉を始めて提唱した19世紀初頭のフランスの哲学者であり、スペンサーもまた同じく19世紀のイギリスの哲学者であった。彼ら社会学黎明期の社会学者がいずれも哲学者であったことからも明らかな様に、社会学は19世紀に哲学から分離したものである。

　さて、この社会有機体説は、先にも述べたように、社会を生き物、すなわち、「有機体」と見なす学説である[*3]。

　ここに、有機体とは「形態的にも機能的にも分化した諸部分からなり、そして部分相互のあいだ、および部分と全体とのあいだに密接な関連があって、全体として1つのまとまった統一体をなしている」ものを指す（哲学事典、1981）。この定義に従えば、社会は、生命個体と同様に有機体と見なすことができる。すなわち、社会という「全体」の中に、個人や組織といった「部分」が内包されており、かつ、部分相互の間、および、部分と全体との間に密接な連関が存在し、全体として1つのまとまった「社会」をなしているからである。いわば、個人と組織と社会の関係は、細胞と各器官（内臓や腕等）と生命個体との関係と同質なのである。

さらに、スペンサーは、生物学についてとりまとめた彼の著書『生物学原理』の中で「内的関係と外的関係との持続的な調整」を「生命」と定義しているが、彼はこの定義における「持続的な調整」が生物だけでなく「社会」においても存在していることを指摘している。この生命の定義が意味しているのは、環境に合わせて個体の内部の有り様を持続的に調整していくという状態が「生きている」のであり、この調整が終わることが「死ぬ」ことなのだ、ということである。言い換えるなら、環境がどのように変わろうとも変化しない「石ころ」のような存在は、それが生命個体であれ社会であれ「死んで」いるのであり、環境に合わせて「内部を調整」し続けている状態こそが「生きて」いる状態なのである。そして、生命個体も社会も、そうした調整を行い得る存在なのであり、そしてそれが停止することによって社会は「死ぬ」こともあるのである。

　なお、この社会有機体説の考え方は、古くは古典哲学における基本的な考え方である一方、近代では、都市計画にも重要な影響を及ぼしている。まず、プラトンは、彼の主著の1つである対話篇『国家』において、「人間」と「国家」を同一のものとして見なした上で、様々な議論を展開しているが、この着想は、社会学で言うところの社会有機体説に等しい。なお、この場合の有機体説は、その対象が「国家」であることから、国家有機体説とも言われている。また、上述のように社会学は哲学から19世紀に分離して成立した学問であることから、2500年前のプラトンの思想が西洋哲学の中に脈々と受け継がれ、コントやスペンサーに引き継がれたと言うこともできる。

　一方、「近代都市計画の父」とも言われるパトリック・ゲデス（1915）もまた、社会有機体説に基づく都市計画論を展開している。彼は、元来生物学者であり、スペンサーと同様の視座から、都市を有機体と見なした都市計画を考えたのであった。こうした視座は、都市に限らず、地域社会や地域コミュニティ等の種々の次元の計画を取り扱う土木計画においても極めて重要であろう。以下、土木計画が対象とする社会あるいは都市や地域、あるいはコミュニティ等を「有機体」と見なす視座とは、一体如何なるものなのかについて、順に考えていくこととしよう。

（2）社会有機体説の含意

「社会が生き物」である社会有機体説に基づけば、次のようないくつかの含意が導かれる。

まず第1に、個々の細胞や各器官が、その生命体が存在しなければ意味を成さない、あるいは、まったく異なった意味を持つように、個人や各機関は、社会が存在しなければ意味を成さない、あるいは、まったく異なった意味を持つようになる。すなわち、「個人」や「組織」は完全に独立した存在なのではなく、社会における他者や他組織との諸関係、ならびに、社会全体の有り様によって全く異なった存在となる。

第2に、生物が「自然環境」に影響を受けつつ、成長、あるいは、進化したりするように、社会もまた、自然に成長したり、進化したりする。スペンサーは、この考え方を一般に「社会進化論」と呼称している[*4]。

第3に、生物を人工的に設計して作り出したり、既に行きている生物の振る舞いを完全に制御したりすることができないように、社会もまた、人工的に設計して作り出したり、その動きを完全に制御したりすることはできない。

第4に、先に述べたように生命体の振る舞いや有り様を完全に制御することは不可能であるが、その振る舞いや有り様に「影響」を及ぼすことは可能である。同様にして、社会のあり方を完全に制御したり設計したりすることはできないが、「影響」を及ぼすことは可能である。

第5に、生物は健康になったり病気になったり、あるいは、最終的に死ぬことがあるように、社会もまた、健康（健全）になったり病気（不健全）になったり、そして、「死ぬ」ことがあり得る。

なお、以上に述べた第1から第5の特徴を、表9・1に記載する。

表9・1　社会有機体説から演繹される「社会」の諸性質

部分不可分性	社会を構成する個人や組織を社会から切り離しても意味を成さない
自律性・自生性	社会は、自然に成長したり進化したりする
設計制御不能性	社会を人工的に設計したり制御したりすることはできない
限定的影響性	社会に対して人為的になし得ることは、影響を及ぼすことにしか過ぎない
モータリティ性	社会は、健全になったり不健全になったり、死滅したりする

＊各項目の名称は、本表において便宜的に命名したものである

第9章　社会学的計画論　197

（3）社会有機体説の"土木計画"への示唆

　以上、社会を生き物と見なした場合に、社会についてどのような含意が得られるかについて述べたが、これらは、「漸次的な社会の改善」を目指す土木を考える土木計画に、次のような重大な3つの含意を持っている。

a) 社会設計を回避する態度

　まず第1に重要な含意は、土木計画が目指すべきものは、「社会を設計」したり「制御」したりする方途を探ることではない、という点である。なぜなら、社会が生き物であるとするなら、生き物の活動を完全に設計したり制御したりすることが不可能であるように、社会を設計したり、制御したりすることもまた不可能だからである。生き物に対して可能な働きかけは、あくまでも「影響を与える」という範囲に留まるものであり、同様にして土木計画においてなし得ることは「社会に、影響を与える」という範囲に留まるものである。だからこそ、土木計画において目指すべきものもまた、「社会に、影響を与えよう」という範囲に留めるべきなのである。言うならば、社会の「設計」や「制御」を目指すことは「傲慢」な態度として、土木計画者は退けなければならないのである。

　これは、学校、あるいは両親でさえ、子供の振る舞いを完全に「制御」したり、その子供の性格を「設計」したりすることができないことと同様である。学校や両親が子供に対してなし得ることは、あくまでも「教育」という形で、「自立的な成長に肯定的な影響を及ぼす」ということにしか過ぎないのである。

　例えば、どれだけ大きなスケールの道路や空港や都市を造ったところで、それを「使いこなす」のは一人一人の人間であり、そのまとまりとしての「社会」なのであるから、それらは断じて社会そのものを設計したり制御したりすることではない。同様に、先の章で述べた個人や社会の制度を対象とした「社会的運用」をどれだけ精緻に展開しようとも、一人一人の人間に「自由なる意志」が存在する以上、社会そのものを設計したことにはならない。したがって、土木における土木施設の整備と運用を通じてなし得ることは、自立的なる社会のあり様に「影響を及ぼす」こと以上でも以下でもない。それにも関わらず、無理矢理にでも社会を設計したり制御しようとする行為は、さながら空を飛ぶ鳥を無理矢理狭い檻に閉じこめたり、海水魚を淡水に無理矢理泳がせたりするよ

うなものである。そうした鳥や淡水魚は徐々に「生命力」を奪い取られていくように、無理矢理に社会を制御したり設計しようとすれば、当該社会の「生命力」は著しく減退することとなろう。こうした議論は、大規模な土木計画に携わる計画者がしばしば陥る、「社会を設計しているのだ、制御しているのだ」という傲慢なる態度を戒め、その誤謬を正す上で極めて重要な論点である。

b) 土木計画の目的の考え方

一方、社会有機体説が土木計画に含意する第2の重要な論点は、土木計画が目指すべき方向は、生き物としての社会が「健全な状態で持続性を担保する（長生きする）ことである」という点にある。ここに「健康」も「健全」も「心身に病気や悪いこと、異常がないこと」を意味する言葉であるが（『広辞苑』）、このことは、健康や健全という概念が、心身の状態について、ある「1つ」の理想状態を暗黙裏に想定していることを意味している。なお、その理想状態とは如何なるものなのかについては、**第11章**ならびに **2.1(5) b)** を参照されたい。

なお、この論点、ならびに、社会が自律的な有機体であるという点を改めて加味するなら、土木計画が為すべきことは、社会が"健全"なる方向に、自立的に変化していくプロセスを"支援"することにしか過ぎない、という点が示唆されることとなる。

c) プランニング組織の活力の必要性

以上はプランニングの「対象」である社会を有機体として見なすことについて述べたが、プランニングを行う「主体」の側も「有機体」であるという点からも重要な示唆が得られる。まず、プランニングとは、個々の土木計画（プラン）を生み出す源になる意志的な計画策定行為である。それは、図式的に示すなら、**第2章**にて論じたように現実の自然と社会の状況に働きかけようとする、持続的な「精神あるいは意志の流れ」として表現できる（図2・1参照）。そして、こうした精神あるいは意志の流れは、具体的にはそのプランニングに直接に携わる個々の行政組織や種々の計画決定や検討に携わる種々の組織に宿るものである。

ここで、例えば図2・1や図2・11からも暗示されるように、プランニングを実際的に意味のあるものとするには、具体的なプランを生み出す精神あるいは意志の「力」とでもいうべきものが不可欠である。ここでこの力を仮に「計画

意志力」とでも呼ぶとするなら、この計画意志力の源は何かという点を考えたとき、プランニングの主体である種々の組織もまた「有機体」であると考えれば、その答えを得ることは容易いこととなる。すなわち、プランニング主体の組織が、有機体として携えている「生命力」がより強い程に、その主体の計画意志力は増進するのであり、より具体的なプランを様々に生み出していくことが可能となるのである。

　例えば、ある地域のプランニングを持続的に検討する組織の構成員の各々が、組織内の他者がどういう役割を担っているのかを十分に把握しつつ、自らの役割の意味を十分に理解し、かつ、責任を持ってその役割に従事している、という場合を考えよう。そして、それぞれの構成員は、常に当該地域のあるべき姿とは何かを考え、その姿に近づける為には、いま、ここで何が必要とされているのかを考え、しかも、それらについてことある毎に議論しているという場合を考えてみよう。一方で、また別の組織として、それぞれの構成員の役割分担が明確でなく、しかも、とりたててプランニングの目標についてもほとんど何も考えておらず、言われた仕事を、ペナルティがない範囲で（つまり他者から責められない範囲で適当に）こなしているというだけの人々で構成された組織を考えてみよう。この両者の組織を比較したとき、いずれの組織の活力が、すなわち、有機体としての組織の生命力が強烈であるかは、改めて論ずるまでもない。そしてまた、いずれの組織に、より強い「計画意志力」が宿るかもまた、改めて論ずるまでもないであろう。

　こうした比喩が暗示するのは、よりよいプランニングを推進する上で何よりも重要なのは、プランニング組織（あるいは、マネジメント組織）の「活力」であるという事実である。これが、社会有機体説からの、土木計画に対する第3の示唆である。

　なお、プランニング組織（あるいは、マネジメント組織）は必ずしも行政組織とは限らない。例えば地域計画においては、当該地域の行政組織だけでなく、当該地域のコミュニティ（共同体）そのものがプランニング組織となる。例えば、町内会の活動等では、定期的に会合が催され、当該地域における大小様々な問題が議論される。そして、そうした問題の中に街路の整備や運用のことが取り上げられたならば、それは1つの土木計画上のプランニングである。この

とき、その町内会の活動が活発であるなら、よりよい街路を求める動きが具現化していくこともある一方で、その町内会のなかにいわゆる「しらけムード」がただよっているのなら、どれほど街路に問題があろうとも、その改善に向けたプランニングが推進されるとは考えがたい。

こうしたコミュニティが主体的に行うプランニングを考えるなら、プランニングの主体と対象との間の境界が曖昧なものとなると言うことができる。すなわち、こうしたプランニングにおいては、ある1つのコミュニティや地域、都市といったある有機体が、自らの状況改善を目指して、自らが自らに対して様々な取り組みを行う、という持続的な活動として、土木計画上の持続的なプランニングを捉えることができよう。そしてそもそも如何なる行政機関も、当該社会に属する組織である以上、行政機関が行政を執行することを通じて社会的改善を目指すという行為は、社会有機体説の視点から考えるなら、有機体としての社会が、社会自身の状況改善の為に、自らに属する行政機関を活用しながら自らに働きかけているのだ、という構図で、行政執行行為を捉え直すこともできるのである。

以上のように捉えるなら、プランニングを持続的に展開する社会は、自らの健康を増進すべく食事や運動等について様々な予定や計画を立てつつ節度ある生活を志す1人の人間の姿と、大いに重なり合うものなのである。これこそ、近年しばしば言われる、(ひらがなで表記されるところの)"まちづくり"の本質的描写と言うことができるであろう。

2 土木事業による諸影響の質的予測

(1) 土木事業の社会学的諸影響

土木計画において、「予測」が重要な役割を担うという点は、これまでに本書でも何度も指摘した通りである。ただし、第Ⅱ部で論じたような定量的な予測は必ずしもできないこと、ならびに、定量的な予測ができたとしても、定量的な予測値はいつでも不確実性を伴うことから、包括的なプランニングにおいて適切な判断を行う為には、計量的数値を参考としながら、多様な要素を「質的」「定性的」に予測することも極めて重要である（2.2（3）参照）。

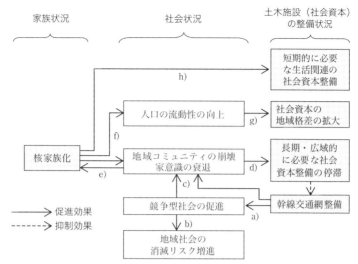

図9・1 幹線交通網整備が社会および家族、ならびに社会資本整備（土木施設整備）に及ぼす社会学的影響過程

　そうした定性的予測を行うにあたって、社会学的な分析は、重要な役割を担う。
　例えば、図9・1は、既往研究（藤井、2008）において、「家族社会学」と呼ばれる領域の諸研究を引用しつつ指摘された、地方部における「幹線交通網整備」が及ぼす「社会学的影響」を記載したものである。既に第2章表2・3に、幹線交通網整備の諸影響を列挙したが、この図9・1は、それらを踏まえつつ、各種の社会学的要素間の相互作用をとりまとめたものである。以下、社会学的考察の一例として、図9・1に示した各因果関係を概略的に説明する。

a) 幹線交通網整備→競争型社会の促進

　ここに言う「競争型社会」というのは、地域内の商工業者間、あるいは、地域内外の商業者間の競争優越している社会という意味である。幹線交通網整備が進められれば、当該地域と他地域との間の交流が促進され、そうした競争がより活性化、あるいは激化する。

b) 競争型社会の促進→地域社会消滅のリスク増進

　競争社会において勝ち残る強者は、概して大資本が経営する商工業者であり、敗退する弱者は概して当該地域の中小零細の商工業者である。かくして、競争型社会においては、当該地域独自の商工業が弱体化していくこととなる。この

ことは、社会有機体説に基づいて当該地域の地域社会を1つの「生き物」と見なすのなら、商工業というその生き物の「主要器官」が衰退することを意味している。これは、当該の地域社会が「病気」を煩った状態に対応する。それ故、競争型社会では、地方部における地域社会は、概してその活力を低下させ、過疎化が急激に進行し、最終的には「消滅」（死滅）する可能性（リスク）が生ずることとなる。

c) 競争型社会の促進および幹線交通網整備→地域コミュニティの崩壊・家意識の希薄化

競争型社会の中で大資本の商工業が立地したおかげで、地域社会そのものの消滅を逃れることができた地域を考えよう。その場合でも、競争型社会の為に、その地域の地元商工業は衰退していることから、当該地域の地産地消経済（その土地で産出したものをその土地で消費する経済）は崩壊している傾向が強い。そしてそれに伴い、その地域の経済によって支えられてきた当該地域固有の「風土」も希薄化していくこととなる。こうして、経済的にも風土的にも地域の固有性がなくなり、地域の共同体（すなわち、地域コミュニティ）の活力は衰えていくことになる。なお、社会有機体説に従えば、全体と部分は不可分であることから、地域コミュニティの衰退は、当該コミュニティを構成する個々の「家」の考え方の希薄化を意味するものであり、各人の「家」に対する帰属感や、「家」内部の各種の規範に従おうとする「家意識」が希薄化することとなる。

d) 地域コミュニティの崩壊・家意識の崩壊→長期・広域的に必要な社会資本整備の停滞

地域コミュニティの崩壊、家意識の崩壊は、「地域愛着」の希薄化をもたらす。そして、地域愛着の希薄化は、当該地域に対する様々な非協力的な振る舞いを助長し、地域の利益よりも個人の利益を優先する傾向が助長されることとなる。それ故、当該地域において求められている各種の公共事業の推進が妨げられることとなる。

e) 家意識の崩壊→核家族化

「大家族」を支えてきた家意識が崩壊すれば、核家族化が一気に進行する。

f) 核家族化→人口の流動性の向上

核家族化の進行は、子供が親元を離れ、別の居住地を選択することを意味す

る。このことは直接的に人口の流動性の向上（すなわち、異なる居住地を選択する可能性の向上）を意味する。

g) 人口の流動性の向上→社会資本の地域格差の拡大

　人口の流動性が高まると、都市部への人口集中と地方部の過疎化がより加速的に進行することとなる。その結果、地方部の社会資本を整備する財源と世論も停滞する一方、都市部の社会資本を整備する財源と世論が確保されることとなる。これを背景に、人口の流動性の向上は、社会資本の「地域格差」の拡大をもたらす。

h) 核家族化→短期的に必要な生活関連の社会資本整備

　核家族化が進行し、世帯数が増大すると、住宅地の需要が増加し、それに伴い、生活道路や上下水道等の生活関連の社会資本整備についての需要が増大する。

(2) 土木事業の「不確実な質的諸影響」を踏まえた計画判断

　以上に述べた様な社会学的諸影響は、その多くは定量的にモデル化し、予測することが必ずしも容易なものではない。無論、一般的な費用便益分析は、上述の社会学的な分析では考慮していない各種の経済的影響を定量的に考慮するものである。ただし、定量的にモデル評価される社会学的な諸影響は一部に留まり、それ以外の核家族化の進行や家意識の衰退、地域愛着の希薄化、コミュニティの崩壊等の諸現象は、モデル化されることは一般的ではない[*5]。無論、それらの変数が土木計画上、意味をもたないのなら、あえてそれらをモデル化する必要はないとも言えるが、例えば地域コミュニティの衰退や核家族化の進行は、「より良い社会」を目指す土木計画において無視すべき問題とは考え難い。そして、例えば、地域愛着に対する影響を加味しなければ、幹線交通網整備が（何の手だても講じなければ）長期的広域的な社会資本整備を遅延させる間接的影響を持つことが顧みられることはないであろう。

　これらの諸点を踏まえるなら、包括的なプランニングにおいて求められる態度は、何もかもを数理社会モデルに導入し、それでもって計画評価を行うことを試みるというものではない。包括的プランニングにおいて求められているのは、当該の数理モデルの限界を十分に理解した上で、当該のモデルでは定量表現が必ずしも容易でない上記のような「質的」な諸影響を、数理モデルの算定

204　Ⅲ　社会的計画論

結果に重ね合わせて総合的に考察し、総合的な判断を行おうとする態度に他ならないのである。

さて、そうした総合的な考察に基づく具体的な方途には、少なくとも次の2種類の対応が考えられる。

a)「アセスメント的」対策：整備についての「制約条件」としての対応

特定の土木事業を行う際に、その土木事業によって生ずる諸影響の内、費用便益的な分析では考慮できない諸影響として、どのようなものがあるのかを、事前に定量的・定性的に「査定」(あるいは、アセスメント) する。そして、それらの諸影響が、社会に対して重大な否定的影響となり得る可能性が見て取れた場合、その事業を取りやめる、あるいは、事業の具体的な内容を再度見直すという判断を行う。こういう判断は、アセスメント的対策(あるいは、査定的対策)と言える。

この考え方は、実際に「環境への影響」を加味した土木事業の諸計画を考える上で、実施することが (我が国の) 法制度上義務づけられている「環境アセスメント」(あるいは、環境影響評価) の考え方である。環境アセスメントでは、事前に当該の土木事業が環境にどのような影響を及ぼすかについて事業者自らが調査し、予測を行い、評価し、その結果を公表するという制度である。そして、その過程において環境に対する悪影響が顕著であるという判断が下された場合は、事業実施の「許可」が取り下げられたり、「内容の見直し」が求められることとなる。

この環境アセスメントの制度は、2008年現在においては、基本的に、

①環境の自然的構成要素（大気質、騒音、振動、地下水、土壌、等）

②生物の多様性と自然環境体系（植物、動物、生態系）

③人と自然との豊かな触れ合い（景観、触れ合い活動の場）

④環境への負荷（廃棄物、地球温暖化ガス、等）

という4項目を検討対象としている。これらの諸項目について、可能な限り定量的評価がなされ、景観等の定量的評価が難しい場合には、定性的に評価され、「許認可」や「事業内容の見直し」の必要性の有無等が総合的に判断されることとなる。

なお、以上に示したように、現時点での環境アセスメント制度は、主として

「自然環境」を対象としたアセスメント制度であり、前項で述べたような、（風土や歴史や伝統や文化等を含む）「社会環境」に対する側面は、基本的には考慮されていない。これは、これまでの計画論において、本章で論じている「社会学的計画論」が十分に議論されてこなかったことに直接的理由が求められる。そして、こうした社会学的な議論が不在であったのは、物理学と親和性の高い経済学の枠組みに基づいて社会を理解する傾きが強かったことに本質的な理由が求められるであろう[*6]。

b)「マネジメント・サイクル」による対策

上記の「アセスメント的対策」は、それぞれの評価項目についての「予測の不確実性」が一定以下の場合においては、効果的な方法である。しかし、事業を実施したあとの実際の状態が、事前のアセスメントの折りに想定した予測と一致している保証はない。とりわけ、新しいタイプの事業や、新しい社会状況の中では、そうした予測の不確実性が極めて大きなものとなる。

こうした場合、その不確実性に対処する方法において重要となるのは、定期的に調査と評価を繰り返す、「マネジメント・サイクル」の考え方である。これは既に 2.1（2）において指摘したように、如何なる「プランニング」においても必要とされる考え方であり、土木事業についての計画（Plan）を行い、それを実施し（Do）、そして、評価（See）を行う、そして、次にどのような取り組みが必要であるかを検討した上で、再び次にどのような土木事業を行うのかを考える、というサイクルを意味するものである。そして、第 2 章の図 2·9 に示したように、そのマネジメントサイクルの進め方を規定する「運用計画」を立案し、より高次のマネジメント・サイクルを想定する。

なぜこのようなサイクルが「常に」求められているのかと言えば、これもまた、2.1（2）にて論じたように、我々は完全に将来を見通す能力を持っていないのであり、将来の全ての事象に対応し得る完璧な「プラン」を策定することが不可能だからである。

さて、このマネジメント・サイクルを最もシステマティックに活用している実務事例としてあげられるのが、「社会資本のアセット・マネジメント」と呼ばれるアプローチである。アセット・マネジメント（asset management）とは「資産運用」を意味する、金融業界で実際に適用されているものであり、個人や

法人の資産を最適に運用*7し、その価値を最大化する一連の取り組みを意味する。この考え方が、社会資本、土木施設の「管理」にも実務的に適用されるに至っている。具体的には、既存の道路やダム等の各種の社会基盤、土木施設を「社会的な資産」と認識し、その「損傷」や「劣化」等を将来にわたり予測することにより、最も費用対効果の高い維持管理を行うものである。その際の具体的な管理方策は、階層的なマネジメント・サイクルを想定するものとなっており、逐次的に調査を行い、予測、ならびに計画を逐次的に刷新しつつ、それぞれの時点における「最適」な対策を行っていくのである。

このアセット・マネジメントに基づく管理実務が予測対象としているのは、橋梁や道路といった劣化や損傷という「物理現象」であり、それ故、実際の実務では、第Ⅱ部で紹介したような考え方と同様、数理的最適化の考え方が採用されることがしばしばである。しかし、本章で論じたような「質的な社会現象」を対象とする場合には、そうした数理的最適化が適用できないことは繰り返し指摘した通りである。しかしながら、このアセット・マネジメントの考え方の最大の特徴は、「逐次的に調査、評価を行い（See）、状況改善の為の対策を臨機応変に検討し（Plan）、実施（Do）していく」という点に求められる。こうした対策を施せば、現状と予測が乖離した場合に、迅速にそれに対処することが可能となるのが、最大のメリットである。

それ故、社会学的影響を加味したプランニングを行う場合には、その長期的プランの中に、「社会学的諸影響を逐次調査する（＝モニタリングする）、マネジメント・サイクルについての運用計画」の要素を導入しておくことが得策なのである。

（3）質的評価指標に基づく総合的判断について

本章では、社会学的分析方法を中心とした、社会についての質的で、しかも不確実な側面に配慮した計画論について述べた。その概要は、数理的計画論から提供される「計量的な評価尺度」を、社会学等から導かれる「定性的な分析」とあわせて、「総合的に判断」した上で、各種の計画策定を進めていく、というものであった。そして、具体的な技術論として、環境アセスメントに代表されるような方法で、社会学的な質的な分析内容を踏まえて、それが「許容」し得

るものなのか否か、という視点で判断していくという方法があることを指摘した。これはいわば、計画策定において、社会学的影響を一定以下とすることを「制約条件」と見なす考え方であり、第2章の図2・14の包括的プランニングにおける、左上のボックス「社会的制約についての質的議論」に関わるアプローチである。一方で、不確実性が色濃く想定される場合には、逐次モニタリングすることを前提とした「マネジメント・サイクル」を適切に回していくことが得策となることを指摘した。

　ところで、マネジメント・サイクルの「Plan」においても、アセスメントにおける制約条件の基準の判断にしても、もしも評価尺度が「計量的」なものであるのなら、第II部で述べたような数理的な最適化手法を用いれば、「人間による判断」や「組織による判断」が介入する余地が存在しない為、プランニングは極めて簡単、単純なものとなる。計画者はただ正確に予測をして正確に最適化を行いさえすれば、あとは全て「コンピュータのアルゴリズム」に任せることで、最適なプランニングができることとなる。しかし、繰り返し指摘しているように、そうした考え方はいわば非現実的な完全な机上の空論なのであり、判断の基礎情報にはどうしても「質的」な要素が混入する。それ故、人間や組織による質的判断がどうしても必要とされるのである。

　その点について、土木計画者はどのように考えればいいのだろうか。

　それについては、本書においては「第7章　社会的意思決定論」ならびに、「第10章　行政プロセス論」において改めて論ずるが、ここでは、再び、スペンサーの社会有機体説に立ち戻って考えてみることとしよう。

　既に指摘したように、スペンサーは「生命」を、「内的関係と外的関係との持続的な調整」と定義している。この定義は、例えば、一個の生き物が、環境（外的関係）に変化が起こればそれに対して内的な諸関係（例えば、細胞間の関係や循環器系や神経系等）を「調整」することに成功すれば、その生き物は「生きて」いることを意味し、その調整が不調に終われば「不健康」となり、その調整に著しく失敗すれば「死ぬ」こととなる、ということを意味している。生物がこうした調整を行うとき、その生物は、第II部で論じたような「数理的最適計算」を実際に行っているのだろうか。

　言うまでもなく、そのような計算を行っているとは考え難い。あくまでも生

208　　III　社会的計画論

物は、「量的な状況判断」に基づく最適化ではなく「質的な状況判断」に基づいてそれぞれの「調整」を図っているのである。そして、その調整に失敗すれば、不健康となったり死滅したり、成功すれば健全さを保つことができるのである。

　ひるがえって、社会もまた1つの生き物であるとするなら、土木計画において求められているのは、上記のような生物にとっての「質的な状況判断能力」に他ならない。さらに言えば、スペンサーの定義に従うなら「持続的調整」そのものが生命なのであるから、「持続的調整能力」をして「生命力」と解釈することができる。すなわち、「社会」が、それを取り囲む外的関係（すなわち、環境系）の変化に対する適切な内的関係の「持続的調整能力」（すなわち、当該社会の"生命力"）を向上させることが、「健全なる有機体」を維持する上で求められているのである。

　それを生命力と呼ぶにせよ、持続的調整能力と呼ぶにせよ、いずれにしても、そうした「力」が、土木計画において求められているのである。その能力は、個々の生物が数理的最適化計算をして生き続けているのではないように、単なる「計算力」ではない何らかの力としか言い様のないものであろう[8]。

　ここで、2.1（7）で指摘した「計画者」と「棋士」の類似性に着目するなら、計画者に求められているのは、現在の局面を大局的なところから眺めることができる「大局観」であり、長期的将来にむけて必ず勝利しようと考える（すなわち、善き社会を実現しようと考える）強靭な「意志」であった。スペンサーの議論から演繹し得る「生命力」とは、少なくともこれらの条件に支えられて浮かび上がるものと考えられるのである。

注

1　なお、ここに記述しているのは、あくまでも伝統的、かつ、平均的な社会学と経済学の相違であり、実質的には様々な形で例外は存在している。例えば、経済学でも文化を導入した分析を行うものもあるし、社会学でも数理社会学に代表されるように数理的な効用最大化モデル等を用いた分析を行うものもある。

2　こうしたスペンサーの見解は、20世紀に入ってから、20世紀の代表的社会学者であるパーソンズによる「スペンサーは死んだ」なる言葉以降、様々なところで否定されてきた。しかしながら、近年では再び、社会学の中でもスペンサーの考え方を見直す動きが見られている（挟本、1997; 2000）。なお、有機体説は社会学以外の社会哲学・社会思想においても、プラトンの基本哲学とも通底することもあり、大きな影響力を持っている。

3　しばしば、社会有機体説は、社会と生命個体とが「類似」しているという考え方に基づいて社会に

ついて議論を行うものであると認識される場合があるが、少なくともスペンサーは、社会と生命個体が類似していると考えていたのではなく、「同質である」と主張している（cf. 挾本、1997; 2000）。

4 ダーウィンは、スペンサーと同時代の人物であるが、彼の「種の起源」は、スペンサーが進化について論じた「発達仮説」という論文の 7 年「後」に出版されたものである。すなわち、スペンサーは、ダーウィンの思想を社会に適用したのではないのである。事実、進化（evolution）という用語、あるいは、適者生存（survival of the fittest）という用語そのものは、ダーウィンではなくスペンサーによって作られた造語である。なお、スペンサーの社会進化説では、進化の過程によって、量的には拡大し、質的には複雑化すると考える点に特徴がある。ただし、社会そのものも、生物と同様に、いつかは死に絶えるものと考えられている。

5 ただし、これらの社会学的影響を想定した上で、数理モデルを構築することは不可能ではない。例えば、家意識の程度を表す変数を定義し、その変数の関数として家族人数を表現すれば、家意識の衰退に基づく核家族化をモデル化することができるし、地域愛着を変数表現し、その関数として買い物目的地選択を表現すれば、地域愛着の衰退に伴う地元商業の収益減退を表現することができ、しかも、一定収益以下となれば、地元の商店主が転居あるいは職業を変えるようになるという構造をモデル内に組み込めば、地元商業の消滅過程を数理的に表現することができるだろう。しかし、そうしたモデルを組んだところで、それが「予測」に耐えられるような代物になるとは思えない。第 1 に、こうした複雑なモデルには非常に多くのパラメータが含まれることとなるのであり、その組み合わせが少しでも変わることで、予測しようとする変数（例えば人口）の「予測値」は大きく変化することとなる一方、各パラメータを同定するに足る十分なデータを取得することは著しく困難だからである。おそらく、こうした数理モデルが社会学的に活用できる局面があるとするなら、如何なるパラメータの組み合わせであっても変わることのない、社会的動態の「ごく一般的な性質」を「質的」に把握することを目指す場合に限られるであろう。

6 「土木計画学」は少なくとも 21 世紀初頭の現在においては今後、「土木計画の実務」におけるこうした不均衡を是正する為に、生物学や心理学等の経済学以外の社会科学と親和性の高い「社会学」の視点から社会を捉える努力を蓄積していくことが重要であろう。

7 具体的には、「資産ポートフォリオの最適配置」を行うものである。

8 だからこそニーチェは「力への意志」こそが生命の本質であることを看破し得たのである。

第 9 章の POINT

✓ 伝統的な社会学では、社会を（経済学のように 1 つの物理的な機械的なシステムと見なすのではなく）、1 つの "有機体" と見なす。この理論的立場は「社会有機体説」と呼ばれており、都市計画や哲学等の分野でも一般に良く見られる立場である。

✓ 社会有機体説は、土木計画を行うにあたっての、次のようないくつかの命題を示唆する。

    1）土木計画によって社会を人工的に設計したり制御したりすることは不可能である。

    2）土木計画が目指すべきことは、対象とする地域、都市、社会がより

"健全" な方向へと自律的に変化していく過程を支援することである。

3) 自律した地域、都市、社会に対する "支援" を行う上で重要なのが、プランニングを推進する地域や都市や社会といった組織そのものの有機体としての "活力" の増進である。

✓ 社会学的な分析を踏まえれば、土木における各種の取り組みが社会に及ぼす様々な質的影響（核家族化、家意識の衰退、地域コミュニティの崩壊、地産地消の衰退、等）を把握することが可能となる。

✓ このような社会学的な影響は概して不確実であり、定量化しづらく、したがってこれらを定量的な費用便益分析の中で考慮することは容易でない。しかし、例えば次のような形で、これらの質的かつ不確実な社会学的な影響をプランニングの中で加味していくことが可能である。

1) 否定的な社会学的影響に関しては、それらが一定水準以下となるように、（環境への影響についてのアセスメントと同様に）「社会への影響についてのアセスメント」を行うというアプローチを採用する。

2) 定期的な計画の立案とチェックを繰り返す「マネジメント・サイクル」を多層的に適用することで、不確実性に対処していく。

第10章 行政プロセス論

公衆関与を加味した土木計画の政治学

　道路や空港、港湾、ダム等、土木において取り扱われる事業はそのスケールが極めて大きい。それ故、それらの事業は多くの場合、どこかの民間の個人や組織が、私的な目的の為に遂行するものではなく、公共的な目的の為に、国や都道府県、あるいは市区町村等の「行政府」が実施するものである。

　しかし、「行政府」とは、政治学的には一体如何なる存在なのであり、そして「行政府が公共事業を行う」、ということは、一体如何なる「政治学的」な意味を持つのであろうか。

　この問いは、公共的な土木事業を考える土木計画者にとって、重要な意味を持つ。なぜなら、本書に論じてきた様々な土木計画は、最終的に上述のように「行政府の公共事業」として遂行されるものなのであり、その最後の段階においてどのような判断が下されるのかについて土木計画者が「無知」であったならば、現実的な計画策定が不能となる危険性が危惧されるからである。言うならば、理論的には望ましくとも、政治的には実施不能な事業を莫大なコストをかけて評価、分析しても、当該の土木計画の策定の実務に貢献することはできないからである[*1]。

　一方、近年では、行政施策を展開する上で、住民の意向や世論が、影響を及ぼすようになってきている。そして、土木行政の実際の取り組みの中でも、「パブリック・インボルブメント」（Public Involvement、以下、"PI" と略称）という名称の、公衆からの行政への関与（すなわち、公衆関与）を増進する行政手法がしばしば採用されるに至っている。しかしながら、既に第7章に指摘したように、住民の意見に基づいて意思決定を行う民主的決定方式には、多様な問

212　　Ⅲ　社会的計画論

題点や限界が存在していることから、住民との関わりにおいては、慎重を期す必要が存在している可能性が考えられる。それ故、住民と、どのように関わることが、政治学的に正当なのか、という点について、とりわけ PI を採用する土木計画者は十分に理解しておく必要がある。

　本章では以上の背景のもと、土木計画の策定に関わる「政治学」について論ずることとする。

1 行政権について

（1）行政とは何か

　土木計画のプランニング過程の最終段階において「計画策定」が行われる（第 2 章図 2・14 参照）。ただし、もしもどこかの私的組織が、「趣味」か何かで計画策定をしたところで、何らかの事業が行われることとはならない。言うまでもなく、その計画策定が、**行政**（あるいは、**行政府**、または**政府**）と何らかの結びつきがあってはじめて、そのプランに記載された諸事業が、現実に遂行されることとなる。

　では、なぜ、「行政」は、それ以外のプライヴェートな組織と異なるのであろうか。この自明とも思える問いかけの根底に、政治とは何か、という本質的な問いの答えが横たわっている。

　その問いに対する最も直接的な答えは、行政が日本国内の他の組織が所持し得ない「**行政権**」（あるいは、**行政執行権**）を所持している組織だからである、というものである。

　ここに、「行政権」とは、国政レベルにおいては、日本国が採用している「三権分立」において保証される司法権、立法権と並ぶ 1 つの「国家権力」を意味する。ここに、法を定立する権力が「立法権」、法を適用する権力が「司法権」である一方で、法を執行する権力が「行政権」である。日本国においては、立法権が国会に、司法権が裁判所に、そして、行政権が行政府（内閣あるいは政府）に属する。なお、行政権という権限は司法権、立法権に比べると曖昧な概念であり、公法学上は、国家の権能のうち立法と司法を除いた残余の権能を指すとする見解（いわゆる、**控除説**）が支配的である。なお、以上は国家権力の

第 10 章　行政プロセス論　　213

構造であるが、地方公共団体も司法権は持たないものの、一定の自治権を持っており、その範囲における行政権を所持している。

このように、行政府は「行政権」を持つ。このことはすなわち、行政府は、独自の判断で様々な「行政」を執行する権利を有しているということを意味している。そして、上述のように、司法権と立法権を除く「ありとあらゆる国家権力」が行政権なのである。その中には、国民から金銭を取り立てる権限（国税の徴収権）や、不適切な振る舞いを行った国民の生命を剥奪する権利（死刑執行権）も含まれている。土木計画に関連するものとしては、土地収用法にて定められている「強制収用権」がある。これは、行政が、公共事業の実施等に必要な土地の所有権を、正当な補償をした上で取得することができる権限のことである。

このように、本来的に、行政権は極めて強大である。ただし、先述のように三権分立を基調とする日本国においては、行政権は立法権を持つ国会、司法権を持つ裁判所から抑止されており、行政府の自由を制限する仕組みが設けられている。例えば「内閣」について言えば、国会は行政府の長たる内閣総理大臣を指名する権限を持つと共に、内閣不信任決議を採択する権限を持ち、また、裁判所は行政事件の裁判権を有している。同様に、地方自治体の行政権も、国家権力としての行政権、司法権に拘束されていると共に、地方議会は行政機関に対する検閲、検査権を持つ。そして何より、（実質的には行政立法が主要な役割を担ってはいるものの）行政府が執行する「法」そのものは議会でつくられるのであり、かつ、行政権執行に必要な予算の決定権を、国会も地方議会も持っている。

このように、現行の日本国の政治制度においては、行政権は様々な形で国会や地方議会、裁判所から制限を受けている。ただし、繰り返しとなるが、行政権は、死刑執行権や強制収容権等が含まれる、大きな権限であることは否定し難いところである[*2]。

なお、改めて指摘するまでもないが、行政権の強大さは行政府全体としての強大さを意味しているのであって、個々の行政に働く人々、すなわち、行政官一人一人の権力の強大さを意味しているのでは必ずしもないことに留意されたい。とりわけ、近年では、行政府の最高の権力を掌握している内閣総理大臣においても、「世論」の動向に一喜一憂する状態が続いているし、強制収容権にし

214　　Ⅲ　社会的計画論

ても住民の反対が強い為に容易には執行できないという現実がある。このように、現在では一般公衆の影響の為、強大な行政権を執行することが困難となる状況に陥りつつある。この点については、後ほど改めて述べることとしたい。

(2) 行政権の由来

このように、その権限を執行できるかどうかという点については留保が必要であるが、本来的には、行政権は極めて強大なものなのである。ところで、こうした強大なる権限は、何に由来するものなのであろうか。

この点については、2つの権力の源泉がある。

1つは「国民」であり、もう1つは「天皇」である。

まず、日本国憲法の前文には、次のような一文がある。

「そもそも国政は、国政は国民の厳粛な信託によるものであつて、その権威は国民に由来し、その権力は国民の代表者がこれを行使し、その福利は国民がこれを享受する。」

この前文は、国政の権威の由来は国民にあることを意味している。事実、行政府の最高位にある内閣総理大臣を「指名」するのは、国民の選挙で選ばれた議員から構成される「国会」である。このことは、国民が、行政府の最高位にある内閣総理大臣を「間接的」に指名しているということができる。

ただし、内閣総理大臣を「任命」するのは、日本国の天皇である。それ故、上記憲法の前文で「権威は国民に由来」すると明記されてはいるものの、実質的に「権威」を付与しているのは、日本国の「象徴」である天皇であると解釈できる。なお、憲法に記載されている一部の文言が、実態と乖離した単なる「美辞麗句」に過ぎないと考える説は、しばしば「政治的美称説」と言われているが、「権威は国民に由来する」という憲法の記述もまた、政治的美称説にて解釈することができる。

なお、憲法には国会が「国権の最高権威」であると明記されているが、これもまた実態と乖離しており、一般に、政治的美称説はこの点を指摘するものである。ここに、国会が国権の最高権威でないのにはいくつかの理由があるが、その最も主要な理由が衆議院は、衆議院の外側にある権限によって「解散」させられることがあり得る、というものである。なお、衆議院の解散権は、一般

第 10 章　行政プロセス論　　215

には「内閣」に帰属すると言われているものの、憲法第七条に明記されている通り、実際に衆議院の「解散」を命ずるのは天皇である。

このように、行政府の長である内閣総理大臣を任命するのも、衆議院を解散するのも天皇の国事行為であるが、それ以外にも、立法府である国会の「召集」や、司法権の最高位にある最高裁判所の長たる裁判官の「任命」もまた、天皇の国事行為として行われる。

ただし言うまでもなく、現行の日本国憲法では天皇の国事行為はいずれも、内閣の助言と承認や指名、あるいは国会の指名に基づくものであるから、天皇自身の判断が反映されるものではない。しかし、司法と行政の長を任命し、立法の国会を召集するのが天皇であるということは、日本国における国家権力の「権威」（dignity）は、実質的には天皇に由来しているのだということを直接的に意味している。この点が、現在の日本における「象徴天皇制」の重要な意義となっている[*3]。

さらに付言するなら、天皇の実質的な権限を付与する源となる「権威」の大きさについては、その国事行為がいずれも形式的なものとなった今日でも、なお実質的に持続していると考えることができる。なぜならもしも全ての権限の由来が「日本国民」だけにあるとするなら、国民的な人気があるだけのタレントや歌手に強大な権限を付与することが可能となってしまうが、少なくとも国政においてはそういう事態は生じていないからである。単なる「人気者」になくて「行政官」にあるもの、それは日本国の権威・象徴としての天皇がその任命に直接間接に関与しているという点である、と考えることが可能である。このことは、行政権の根源的な源泉の１つに、日本国の象徴としての天皇が存在していることを含意するものである[*4]。

なお、都道府県をはじめとする地方自治体においては、その地方行政官の任命には天皇の関与はない。これは、日本国憲法の条文の中で、居住地域についての一定の地方自治権が認められていることに起因している。国政においては、上述のような「国民的人気のあるタレント」が行政府の長である内閣総理大臣に就任した事例は、少なくとも 2008 年現在においては存在しないが、地方自治においては、これまで頻繁に、「人気のあるタレント」が地方行政の長である知事に住民の選挙によって選出されてきたことは周知の事実である。ただし言う

216　　Ⅲ　社会的計画論

までもなく、地方自治権は当該地域外においては執行できないのであり、如何に地域内での権限が強くとも、地域的に大きく制限された権限である点は否めない。

2 行政権に対する公衆関与

このように、行政権の「由来」は、国民と天皇に求められる。ただし、この事実は「国民、あるいは天皇が行政的な判断を直接行う権限を有している」ということを意味しているのでは決してない。

しかし、土木行政は医療や教育、国防や防犯といった様々な行政の中でも、とりわけ「地域性」を加味することが重要な行政であり、「国民」がその行政判断に何らかの形で関与することに一定の必要性が存在している可能性も考えられる。なぜなら、道路がその典型であるように、土木は当該地域の環境の構造そのものを編纂する営為だからである。こうした地域的な取り組みにおいて、当該の住民の何らかの関与が一定の意義を持つであろうことは想像に難くはない。ついては以下では、土木行政に対して、一般の公衆はどのように関わることが「政治学的」に正当であるかについて述べることとしたい（藤井他、2008参照）。

(1) 議会制民主制における「公衆関与」

現在の日本の政治制度において公衆関与を考える上で重要となる事実は、現在の日本の政治制度が**議会制民主制**（あるいは、**間接民主制**）を基調としたものであるという事実である。ここに、議会制民主制とは、図10・1に示したように、公衆が直接的に政治的決定を執り行うのではなく、公衆が代議士を選出し、その代議士同士が議会にて議論することを通じて政治的決定が下される、という制度である。地方行政においては、公衆は首長（都道府県の知事、市長）を選出することが可能であるものの、基本的に間接的な政治的決定を下すという点では、国政と同様である。すなわち、直接民主制ならず議会制民主制を採用している日本においては、公衆が行政に「直接」関与することは、保証されていないのである。

第10章　行政プロセス論　217

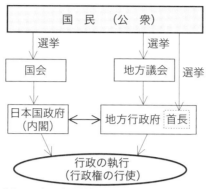

図10・1 現在の日本の政治制度における公衆・国民と行政との関係

このことを別の言い方で表現するとするなら、**公衆の行政に対する関与は間接的なものに「制限」されている**と言うことができる。

ここで重要なのは、行政への公衆関与が「制限」されている国家は、世界的に見て例外的なものでは決してない、という点である。むしろ2008年現在において直接民主制を国家レベルで導入している国家はスイス一国に限られており、それ以外の民主国家はいずれも議会制民主制を採用している。そしてその唯一の例外であるスイスですら、完全な直接民主制ではなく、議会制民主制を基調とする政治制度に直接民主制を取り入れた政治制度を採用している。なお、直接民主制の考え方は、例えば、日本においては各自治体におけるリコール制度が、米国においてはイニシアティブ（住民発案）やレファレンダム（国民投票）の制度がそれぞれ存在しているが、これらはいずれも、地方行政権に限定的に適用されているものであり、かつ、その権限も、議会の権限に比して概して限定的なものとなっているのが実情である[*5]。

ではなぜ、日本を含めた世界中の各国において、行政への公衆関与を制限する「間接民主制」が採用され、「直接民主制」が採用されていないのであろうか。

土木行政における適切な公衆関与のあり方を考える上では、この点の理解は極めて重要である。なぜなら、直接民主制を回避すべき何らかの「理由」があったのなら、その理由を把握せずに漫然と「公衆関与」あるいは「PI」を土木行政において高めてしまえば、大きな社会的損失が生じかねないからである。以下では、既往の政治学上の議論を参照しつつ、行政への公衆関与の長所のみ

ならず、短所を述べ、行政への公衆関与が一定程度求められつつも、一定水準
以下に制限されてきた経緯を明らかにすることとしたい。

(2) 直接民主制の長所・有用性

ここではまず、直接民主制には如何なる「長所」が存在するかを簡潔に述べ
る（なお、表10・1には．以下に述べる長所・短所の議論をとりまとめる）。

a) 公衆に対する教育的効果

近代の政治哲学に決定的な影響を与えた J.S ミルは、彼の代表的著書『代議
制統治論』の中で、もしそれが実現可能であるのならば直接民主制が考えられ
得る政治制度の中で最も理想的なものである、ということを主張している。無
論、彼は、あとに詳しく述べるように、直接民主制が現実的に如何に「不可能」
な制度であるかを事細かに論述しているのだが、それにも関わらず、直接民主
制が最も望ましい政治制度であると主張した最大の根拠は、民主制には公衆に
対する大きな教育効果があるからだ、というものであった。

ここに言う教育効果とは、人々の関心が私的利益ではなく、公的利益に向か
うことを意味するものであり、公共心（藤井、2003）の活性化を意味している。
すなわち、人々は、民主制を採用し、公的問題に対する一定の責任を背負うこ
とで、自身の関心が私的な問題から公的な問題へと移行する可能性を得ること
ができるのである。なお、人民・公民、大衆・公衆という用語を援用するなら、
公的問題に関心を示さない人民（people）は、民主制において公的な活動に関
与することを通じてはじめて公的問題に関心を示す公民（civics）になるのであ
り、そうすることではじめて私利私欲以外に関心を示さぬ大衆（mass）が公共
的問題に判断を示し得る公衆（public）へと接近することができる、と表現する
こともできよう（オルテガ、1930 参照）。

表 10・1　直接民主制の長所と短所

	長所	短所
本質的	①公衆の教育効果 ②行政の合理性の向上	①多数者の専制 ②行政の合理性の低下
補足的	③合意形成の促進 ④行政権の濫用の抑止	③直接民主制の長所未現出 ④行政執行コスト増加 ⑤行政執行者の能力低下

第 10 章　行政プロセス論　　219

さて、道路や河川、公園等の公共的な施設を取り扱う土木行政においては、その整備や維持・運用において一人一人の協力的で公共的な傾向が重要であることは論を俟たない。この点については既に第8章の「8.1 土木施設の利用をめぐる社会的ジレンマ」において詳しく指摘した通りである。それ故、道路や河川等の土木行政に公衆が関与する機会を設けることを通じて、道路・河川の整備や維持について公共的な態度への態度変容が生じ、より協力的な行動に向けた行動変容が生ずる傾向を促進することが可能となるものと期待されるのである。それ故、ここで述べている「教育効果」は、とりわけ土木行政においては重視されるべき論点であるということができる。

b) 行政の合理性の向上

行政は「社会善」（ミル、1861）の為に執行されるものであり、定義上、善き行政とは社会善の観点から望ましい帰結をもたらすものである。例えばミル（1861）は、善き統治形態とは、社会における"善の総体を増大"（p.45）させるものであると論じているし、プラトンの哲人統治説（哲学者が統治することこそが理想の統治であるとする説。あとに詳述）の論拠は、哲人が「善」を完全に把握し、それを実施できるという点に求められていた。そして、本書で論じてきた「土木」もまた、社会善の増進を、土木施設の整備と運用を通じて目指すものである。

民主制の長所の1つは、まさにこうした観点からの"行政の合理性"を向上させる「可能性」が存在するという点に求められる。そうした可能性の中でもとりわけ尤もらしいものは、行政権の執行者が所持しない"ローカル・ナレッジ"（地域知・Local Knowledge、Greetz, 1983）を、当該地域の公衆が所持している場合に、そうした公衆が直接的に行政に関与することで行政の質が向上する、という可能性である。ここに、ローカル・ナレッジとは、当該地域に固有の知識を言うものであり、例えば和辻（1935）の言を借りれば、当該地域の人々や自然との継続的関わり合いの中から析出する、当該地域に固有な「地域風土」に関わる知識に他ならない。第三者には特に価値あるとは思えない街道や河川敷であっても、それには様々な歴史的、文化的、宗教的意義が存在しているかもしれない。そうした地域固有の意義は、その地の庶民のみが知り得る、ローカル・ナレッジなのである。それ故、そうした庶民のローカル・ナレッジを土木行政に円滑に反映をしていくことこそ、直接民主制の最も直接的で、重要な

意義である。

c) 副次的な長所（その1：合意形成促進効果）

　政治学的には、以上の2点が、直接民主制の主要な長所であり、ひいては、土木行政への公衆関与の程度を向上せしめる主要な政治学的理由ということができる。しかし、直接民主制には、以上の主要な2点以外にも、以下のようないくつかの副次的な有効性が存在する。

　その1つは、既に本書第7章でも指摘したように心理学から示唆されるものであり、行政プロセスに人々が直接関与することでその行政行為を「手続き的公正」の観点から肯定的に評価することとなる、という効果である（Lind & Tyler, 1988）。ここに手続き的公正とは、人々が抱く「公正感」の一種であり、意思決定の手続き／プロセスそのものに関するものである。すなわち、直接民主制による各種の社会的意思決定は、間接民主制下における政府の各種決定よりも「手続き的に公正」と見なされ、その結果として、行政施策に対する「合意形成」がより円滑に促進されていくことが予期される次第である。

　しかし、既に指摘したように行政の目的が「社会善」の増進である以上は、「合意形成」そのものを目的とした政治制度の改変は必ずしも正当化し得るとは言い難い。さらには、「行政権」というものが政治学的な定義上、「対内主権」に属する一権限である以上は、そもそも「合意形成」を目指す必要性は存在しないと解釈することもできる。なぜなら、対内主権とは、自らの領土において、如何なる反対の意思を表示する個人・団体に対しても、最終的には、物理的実力を用いて、自己の意思を貫徹することができる「統治権」を意味するものだからである。それ故、「合意形成」の為に政治制度に改変を加えるべしという論理は、政治学的には本末転倒の論理と言うこともできる。

　ただし、行政執行者が行政権を十全に執行することができず、合意形成を図ることを前提としてしか行政権を執行できないという判断が下された場合においては（その判断の是非はさておき）、合意形成を図ることは社会善（社会的厚生）の増進にとって必要な手続きとなる。なぜなら、その場合に限っては、合意形成が図れない限りは、社会善増進の為の行政権を執行できず、結果として社会善の改善がもたらされないからである。それ故、この場合においては、「合意形成」を前提とした行政が求められるざるを得ないのである[*6]。

d）副次的な長所（その２：行政権の濫用の抑止／行政腐敗防止効果）

　直接民主制のもう１つの補助的長所として、行政執行者の権力の濫用の抑止効果が挙げられる。繰り返しとなるが、行政権は強大な権力であるが故に、社会善の増進とは取り立てて関係のない方向に「濫用」されれば、当該の国家は大きな社会的損失を被ることとなる。こうした危険性を避ける為に、近代国家では行政権を「抑止」する何らかの方途が採用されてきている。例えば、ロックやモンテスキューらが主張した「権力分立」は、国家権力を複数に分割することで、権力の濫用や腐敗を抑止することを目的としたものであった。そしてもしも直接的な公衆関与が存在すれば、行政は司法と議会からの抑制に次ぐ第３番目の直接的抑止力が行政権に課せられることとなる。

　ただし、行政権に対する抑止効果も、合意形成促進効果と同様、間接民主制を基調とする政治制度に直接民主制的要素を導入することについての副次的効果に止まるものである。なぜなら、上述のように、法治国家である現在の日本では、司法と議会によって行政権は抑止されるということが法的に規定されている一方で、公衆が行政権を直接的に抑止することを正当化する法的根拠は基本的に存在していないからである。

（3）直接民主制の短所・危険性

　このように、直接民主制には主要なものから副次的なものまで、複数の「長所」が存在している。現代日本ではこうした諸点のうちいくつかは、特に政治学的に副次的効果であると整理した「合意形成」の効果や行政の「腐敗防止」の効果等は、比較的世論においても認知されており、それ故、直接民主制が優れた政治制度であるという認識が一定程度社会的に広まっているように思われる。そして、そうした風潮故に、公共事業においても、PI や住民参画等を進めることが「正しい流れ」「善き流れ」であるという認識が、近年、行政の間にも行政に関連する学識経験者や専門家や公衆の間にも広まりつつあるとも考えられる。

　しかし、住民参加を進める等により、直接民主制の考え方を現行制度に導入していくことには、重大な危険性が複数潜んでいる。そして、そうした危険性が存在するが故に、直接民主制を導入する国家は世界中どこにもない、というのが実情なのである。ついてはここでは、直接民主制にはどのような潜在的な

「危険性」が潜んでいるのかをとりまとめることとしよう。

a)「多数者の専制」の危険性

　政治学における歴史の中で、公衆の行政への関与が「制限」されてきた最も本質的な理由は、「多数者の専制」（the tyranny of the majority；ミル、1861）という政治学上最も忌避すべき状況を回避する為、というものである。むしろ、「多数者の専制」を回避し、それを通じて社会から混沌を排し、社会秩序（social order）を如何にすればもたらし得るのかを考える必要性があったからこそ、人類は「政治哲学」や「政治学」を所持するに至ったといっても過言ではない。

　ここに言う「多数者の専制」とは、「何が正しいのか」という正邪の論理に基づいて政治が行われるのではなく、多数者の「欲望」に基づいて政治が行われてしまう状況を言うものであり、「**衆愚政治**」とも言われる政治状況に対応する。

　この状況が政治哲学史上はじめて体系的に論じられたのは、プラトンの対話篇『国家』においてであった。彼は、国家にはどのような政治体制があるのかを論じ、最も望ましいものから最も悪しきものまで無数に考えられる政治体制の中から代表的なものを５つ取り出し、それらの特徴を論じている。それぞれの特徴は表 10・2 に示した通りであるが、１つの重要な特徴は、現代社会においては「善きもの」と見なされる傾向が強い「民主制」が最悪の政治制度と見なされている僭主独裁制に次ぐ"悪しき政治制度"として論ぜられている点である。彼がこのように論じたのは、政治学で言うところの社会善が増進する可能性が、それ以外の政治体制よりも小さいが故である。なぜなら、民主制国家では、自由と平等が尊ばれており、善きものと悪しきものとが「平等」に扱われ、如何なる欲望を抱くことも「自由」に許されるからである。

　さらにプラトンは、この民主制は「僭主独裁制」へとさらに堕落する可能性があることを指摘している。なぜなら、民主制における最大の権力は、最大勢力を誇る「大衆」であり、かつ、その大衆は、概して誰か１人の指導者を希求する傾向を持つからである。かくして、大衆は１人の指導者を選定し、そして、その指導者は大衆の絶大な支援を背景に、絶大なる権力を掌握し得るのである。この状況が、「僭主独裁制」である[7]。

　このプラトンの議論を踏襲し、近代の政治学を展開したのが、アレクシス・ド・トクヴィルであった。彼は、19 世紀中盤のアメリカを訪れ、その経験を通

表 10・2　プラトンの対話篇『国家』における政治体制の 5 分類

①優秀者支配制：真善美を完全に把握する者（哲学者）による独裁政治　（国家例：理想的な善き王制国家、人格例：理性的な人格）	↑ 最善の 政治体制
②名誉支配制：政治体制としては優秀者支配制であるが、優秀者の政治的実力が優秀者支配制におけるそれよりは劣る体制。換言するなら、政治における「真善美」に対する志向性が減退した状況。その減退した所に入り込むのが「富や権力」に対する志向性である。　（国家例：崩壊寸前の王制国家、人格例：理性が弱まり欲望への志向性も存在する人格）	時間と共に進行（堕落）していく方向
③寡頭制：名誉支配制における権力者の「富や権力」に対する志向性がさらに肥大し、一群の富める者達が支配する政治体制。ただし、民主制よりは政治における「真善美」に対する志向性が存在している。　（国家例：貴族制国家、人格例：理性と欲望が拮抗する人格）	
④民主制：一般の民衆による直接的な支配。自由と平等がすみずみまで行き渡る。それ故、全ての価値が「平等」であり、全ての欲望が「自由」に許される。すなわち、真善美に対する志向性は消滅し、人間の欲望が政治的決定の基本と位置づけられている。(国家例：民主主義国家、人格例：理性があらかた消滅し、一切の抑圧を拒絶すると共に欲望にほぼ支配された人格)	
⑤僭主独裁制：公共の問題に真実の関心を示さない（人口の大部分を占める）民衆は、誰か一人の指導者を希求し、その結果、指導者が民主的に選定される。そして、当該の指導者が圧倒的な民衆の支持を受けつつ、少数者を抑圧する。いわゆる「多数者の専制」の状況。(国家例：民主的に選定された指導者が一切の論理を無視して政治を行う状況、人格例：欲望にのみ支配された人物)	↓ 最悪の 政治体制

じて民主主義には恐るべき危険が潜んでいることを看破した。その危険性こそ「多数者の専制」であり、その危険性について彼は次のように論じている。

　　「多数者がある問題について一旦形成されると、多数者の前進はとても阻止できないし、少くともそれを遅らせることのできる障害も、全くないといってよいのである」

　すなわち、こうしたアメリカの民主政治体制において最大の権力者は行政執行者や特定の貴族階級というよりはむしろ、“多数者”たる大衆であることをトクヴィルは看破したのであった。

　そして、その大衆の意見は、真善美を見据えた理性的な判断に基づくものであるというよりはむしろ、マスコミの論調やそこから醸し出される風潮や気分に決定的な影響を受けることを同時に報告している。このことは、すなわち、マスコミこそが民主国家において何ものよりも強力な権力装置たる「第一権力」であることを暗示するものである。この「多数者の専制」は、プラトンの政治哲学で言うところの、民主制の中ではじめて現れる“僭主独裁制”に対応する、考えられ得る「最悪」の政治制度なのである。

224　Ⅲ　社会的計画論

b）行政の合理性の低下の危険性

さて、直接民主制に伴うもう1つの重大な危険性は、「行政の質の低下」である。

この点については、例えばミル（1861）は、次のように論じている。少々長文となるが、行政の質の低下について明確に論じた議論であるので、改めて掲載することとしたい。

> 「民衆的合議体は、行政を行ない、行政の任に当たる人びとに細かく指示するには、いっそう不適当なのである。干渉は、誠実な意図をもつものであっても、ほとんどつねに有害である。公共行政の各部門は、熟練を要する業務であって、それぞれ特有の原理と伝統的な規則を有し、それらの多くは、かつてその業務にたずさわった人びとでなければ、何か効果的なやりかたで知ることさえできないものであり、また、それらのいずれも、その部門に実際に通暁していない人びとによっては、正しく評価できそうもないものなのである。わたくしは、公共業務の処理は、それを創始した人だけが理解できるような、難解で謎めいたものだ、といっているのではない。その原理は、対処すべき条件や真の姿を心中に持っている良識人ならば誰でも、すべて理解できるが、これをもつためにはその状況と条件を知らなければならないし、その知識は、直感によっては生じないのである。公共業務のどの部門にも（すべての私的職業におけると同じように）、きわめて多くの規則があり、その問題に未熟な人は、その規則の理由を知らないか、あるいは、それらが存在するのではないかと考えることさえない。なぜなら、それらの規則は、かれがけっして想像したこともないような危険に対処し不便に配慮しておくために、企図されているのだからである。……（中略）……ある公共部門によってなされる諸行為に左右される利害や、それを遂行するある特定の様式から生じがちな諸効果は、比較考慮するためにある種の知識と特別に訓練された判断力とを要するが、この二つは、それをおしえこまれなかった人びとの中には、まれにしかみられないものであって、そのことは法律を専門的に研究しなかった人びとが、法律を改正する能力をまれにしかもたないのとほとんどおなじである（pp.124-126）。」

すなわち、ミルは、行政には特殊な「知識」「知恵」が必要なのであって、その為には、一般の人々は言うに及ばず、代議士ですら、適切な行政判断を下すことは困難であろうことを主張しているのである。そうであるからこそ、公衆

の代表である代議士ですら、行政に干渉することは最小限に留めるべきである
と主張しているのである。

なお、こうしたミルの主張の妥当性については、集団意思決定に関する心理
学においても行動科学的な裏付けを持つ主張として議論されているところであ
る。この点については、7.1（3）d）を参照されたい。

c）その他の副次的危険性（その１：直接民主制の長所が現出しない危険性）

直接民主制の長所にもいくつかの副次的な長所が存在していたように、短所
についても、いくつかの副次的なものを挙げることができる。これら危険性は、
仮にその危険性が発現するとしても、それだけをもってして、直接民主制への
移行を回避するべき決定的根拠とはならないものであるが故に、「補足的・副次
的な危険性」に分類されるものである。以下、具体的にそれらについて述べる。

第一の補足的な危険性は、前項にて述べた直接民主制への移行がもたらし得
るメリットが生じない、という危険性である。もし、議会制民主制の政治制度
の中にあえて直接民主制的要素を導入したとしても、とりたててメリットが発
現しないのなら、直接民主制的要素の行政プロセスに伴う行政上のコストが増
加するだけだということとなる。

なお、行政権の抑止効果や合意形成促進効果は、かなりの確度で生じること
が予期される。公衆に行政権を付与すれば、国家権力たる行政府の権力は抑止
されることはほぼ間違いないし、公衆自身が行政権を行使すればその行政の内
容を公衆自身が是認する傾向が向上することもまず間違いない。しかし、既に
前項で述べたように、それら２効果はいずれも直接民主制を実施することの補
足的、副次的なものに過ぎない。それ故、それら２効果が存在するということ
が、政治制度に直接民主制を導入することを正当化する本質的論拠とはなり得
ない。

d）その他の副次的危険性（その２：行政執行コストの増加）

さて、直接民主制の第２番目の副次的危険性は、行政執行コストの増加であ
る。この点については、「代議制統治論」におけるミル（1861）の次の言葉を
参照してみよう。

> 「単一の小都市を越えた共同社会において、公共の業務のうちの若干のきわめて
> 小さな部分にしか、すべての人が自分で参加することはできない。（p.98）」

言うまでもなく、行政管轄区域が広大になれば、執行すべき公共業務も膨大な量に及ぶこととなる。一方で、公衆が直接的に関与し得る公共業務量の上限は限られている。それ故、ミルの言う様に、業務量が小さな地域においては直接民主制を採用することが不可能ではない一方で、一定規模以上の地域や国になれば、直接民主制を採用することは不可能となるのである。それにも関わらず直接民主制を維持しようとすれば、行政執行コストは（おそらくは、指数関数的に）増大することとなる。

e）その他の副次的危険性（その３：行政執行者の能力低下）

　直接民主制の本質的長所の１つが公衆における教育効果であったが、これは、公衆における責任の増大によってもたらされるものであった。この効果とちょうど対称的に生ずる効果が、行政執行者の能力低下の危険性である。直接民主制においては、行政執行者の権限と裁量は相対的に低下しているのであり、その分だけ、行政執行者の能力の低下が危惧される次第である。

　なお、この問題は、以上に述べた補足的危険性の中でも、最も深刻なものである。ただし、議会制民主制の中に直接民主制的要素を導入していくことで、行政執行者の権限が縮小していくのなら、必然的に、求められる能力も必ずしも高いものである必要性がなくなる為、この危険性も「補足的」なものとして位置づけることができる。

3　パブリック・インボルブメント（PI）

　このように、行政における公衆関与を高める行政プロセスは、いくつかのメリットが生ずる一方で、甚大なるデメリットが生ずる危険性が存在しているのであり、そうした事情から、近代国家においては直接民主制ではなく、間接民主制が採用されてきたのである。ただし、上述のように、とりわけ土木行政においては、地域固有の各種の知識、すなわち、ローカル・ナレッジを土木事業に反映することが、よりよい土木事業を成す上で重要な役割を担う可能性がある。

　こうした認識に基づいて、近年、土木行政においてしばしば採用されるようになったのが、本章冒頭で紹介した「パブリック・インボルブメント」（PI）である。

第 10 章　行政プロセス論　　227

(1) PI 設計の基本 3 原則

　ただしここまでの議論を踏まえれば改めて指摘するまでもないことであるが、PI を行う上では、前節で述べたような、各種のデメリットを最小化する努力を細心の注意で施しておくことが必要である。そして、そうしたリスクを冒してまで PI を実施する以上は、それに伴うメリットも最大化するような方法論を採用することが必要である。すなわち、どのような形で PI を実施するかを考える上での基本的な考え方は、「潜在的なデメリットが生ずる危険性とその総量を最小化し、潜在的なメリットが生ずる可能性とその総量を最大化するような形で設計された PI こそが、あるべき PI である」というものである。

　この基本原則を踏まえたとき、PI を設計する際には、少なくとも、以下の 3 つの原理を踏まえることが必要であることが指摘されている（藤井他、2008）（表 10・3 もあわせて参照）。

（第 1 原則）　行政権確保の原則
（第 2 原則）　公衆関与／大衆回避の原則
（第 3 原則）　公衆性促進／大衆性抑制の原則

　まず、この第 1 原則である行政権確保の原則とは、PI を実施する上でも、「権限」そのものは、公衆に付与せずに、行政府がそれを一定程度以上、確保することが必要である、という原則である。この原則によって、「多数者の専制」が生ずる危険性を最小化することができる。

　第 2 原則の「公衆関与／大衆回避の原則」とは、PI において行政への関与を

表 10・3　PI 設計における 3 原則

	原則名	内容
第 1 原則	行政権確保の原則	行政府は、行政権を公衆には付与しない。 （具体的には、最終決定権、ならびに、事業プロセス決定権を行政が所持する）
第 2 原則	公衆関与／大衆回避の原則	自らの利益以外の公的問題にも関心を払い、公的な利益の増進のために費用／コストの負担を厭わない人々「公衆」の行政への関与を許容する一方、公共の問題に配慮せず、自らの利益以外には関心を払わない「大衆」の行政への関与を回避する。
第 3 原則	公衆性促進／大衆性抑制の原則	行政への関与を促す局面においては、万人の内面に「公衆性」が存在することを前提として、それがより活性化するようなコミュニケーション等の対策を行う。PI を実施する際にこの原則を保障することで、第 2 原則が存在しているにもかかわらず、基本的には万人の行政への関与が可能となる。

228　Ⅲ　社会的計画論

許容するのは「公衆」に限られており、「大衆」からの関与は許容しない、というものである。ここに「大衆」とは、公共の問題に配慮せず、自らの利益以外には関心を払わない人々を意味するものであり、その単数形は「人民」（people）である。彼らは、公共的問題の背後にある複雑な問題構造には関心を払わず、煽動的なマスコミの報道にも大いに影響を受ける存在であり、「多数者の専制」に加担する（トクヴィル、1835）。一方で、公衆とは、自らの利益以外の公的問題にも関心を払い、公的な利益の増進の為に費用／コストの負担を厭わない人々であり、その単数形は「公民」（civics）である。こうした公民／公衆は、多数者の専制に荷担しない。この原則を確保することで、行政の質が低下するリスクを最小化できるとともに、行政の質が向上する可能性が最大化されることとなる。

　さて、以上においては大衆と公衆、人民と公民が異なる種族であるかのような形で述べたが、現実的には、完全な大衆人（人民）も完全な公民も存在するとは考えがたい。無論、どちらかと言えば大衆人に近い個人、どちらかといえば公衆人に近い個人、は存在するであろうが、それを区別することは困難であろう。それ故、第2原則を保障するだけでは、PIに参加する人々は、（かなり信用のおける）ごく一部の人々に限られてしまうであろう。この問題に対処する上で重要となるのが、誰しもが、その内面に「大衆性」と「公衆性」の両側面を持つであろう、という点である。この点に着目するのが、第3原則、「公衆性促進／大衆性抑制の原則」である。これは、PIにおいては、各人が内面に所持している公衆性を促進する一方で、大衆性を抑制するようなコミュニケーションや行政プロセスを採用することが必要である、という原則である。この第3原則と第2原則の双方をPI設計の際の必要条件と考えることで、一定数以上の公衆の関与を保障し、豊富なローカル・ナレッジの取得と十分な公衆教育効果を担保しつつも、多数者の専制を回避する方途を見いだすことができるのである。

（2）PIの定義

　以上は、基本原則を述べたものであるが、これらの原則を踏まえると、次のような定義が演繹されることが指摘されている（藤井他、2008）。
　このように定義されるPIは、先に述べた原則をいずれも保障するものとなっ

PI の定義

　パブリック・インボルブメント（PI）とは、各決定事項の最終決定権を行政府が保持することを前提とし、かつ、事業の質の向上を目途として、人々の公衆性を促進するコミュニケーションを図りつつ公衆からの直接的関与を要素として含めることを前提として、行政府が個々のプロジェクトごとに事業実施手続きを事前に決定し、その決定に基づいて事業実施を行う行政手法を意味する。

ている。以下、こうして定義される PI の特徴を述べる。

　第1に、この定義の重要な点は、「各決定事項の最終決定権を行政府が保持する」という点である。これは、検討過程でどのようなプロセスを経たとしても、最終的に「決める」のは行政であることを意味している。

　第2に、「行政府が個々のプロジェクトごとに事業実施手続きを事前に決定し」という部分も、行政権を公衆に譲渡することに対して制限を加える為に設けられている論点である。もしも、事業実施手続きを「決める」権限を公衆に付与してしまえば、「最終決定は、公衆側で行う」という事態を回避することが困難となるからである。

　なお、以上の2点はいずれも、第1原則である「行政権確保の原則」を踏襲したものである。

　第3に、PI は「人々の公衆性を促進するコミュニケーションを図りつつ公衆からの直接的関与を要素として含めることを前提」とすることが明記されているが、これは、第2原則と第3原則を踏まえた記述である。すなわち、PI は、公衆性と大衆性を区別なく、どのような人々、あるいは、意見においても行政に対する直接関与を保証するものなのではなく、あくまでも、「公衆性」の発露としての意見を収集することが目的なのであり、その為にも人々の公衆性を促進する方途を、PI のプロセスにおいては常に実施し続けていく必要があるのである。そうした努力不在のままでは、（第2原則故に）万人の直接的関与を要素として含めることを正当化することができなくなる一方で、そうした努力があってはじめて万人の直接的関与が正当化され得ることとなるのである。なお、そうした「人々の公衆性を促進するコミュニケーション」の取り組みは、文字通り「態度変容」の取り組みである。それ故、公衆性を促進するコミュニケー

ションを含めた方法（すなわち、「心理的方略」）を検討する際には、**第8章**で論じた「態度変容型計画論」における各種心理学的議論が有益なものとなると考えられる。

　最後に、「公衆からの直接的関与を要素として含める」ことの目的として「事業の質の向上を目途として」という点が明記されているところも、この定義の重要な部分である。既に論じた様に、PIを推進することで「合意形成促進効果」が存在することがしばしば指摘されており、実際の実務においてPIを実施する主目的が「合意形成促進」であると認識されることは少なくない。繰り返し論ずるように、それは誤謬なのであり、あくまでもPIの目的は、「事業の質の向上」なのである。この目的が重要となるのは、次の理由による。

　もしも、「合意形成促進」を主目的とするのなら、第2原則「公衆関与／大衆回避の原則」を徹底することがどうしてもできなくなる。なぜなら、「合意形成促進」を優先するのなら、「合意点」の善し悪しはさておき、とにかく合意できればよい、という発想に強く影響を受けざるを得ないからである。言うまでもなく、大衆を「排除」する第2原則の存在は、場合によっては合意形成をさらに困難なものとさせてしまうことにもなりかねないのである。かくして、合意形成促進を優先させるなら、大衆の関与を拒否することができなくなり、最終的に、事業の質は低下し、多数者の専制が生ずるリスクも最大化されるに至る。

　こうした事態が現実に生じてしまうことを回避する為にも、PIの目的が「事業の質の向上」であるという点を明記しておくことが重要な意味を持つのである。

　なお、以上の議論は、上記に述べた「正当なるPI」を推進することは、合意形成促進に何ら影響を及ぼさない、ということを意味しているのではないことを、指摘しておきたい。なぜならもしも上記のPIが成功し、人々の公衆性の高揚が見られることがあるとするなら、当該の事業の推進に正当なる根拠が存在する限りにおいては、誰しもがその事業を受け入れる傾向が向上するからである。そして言うまでもなく、行政への公衆関与によって、人々の行政に対する「手続き的公正感」は高揚し、それを通じて合意形成が促進される効果が生ずるとも考えられる。すなわち、正当なるPIを実施することは、その「副作用」と

第10章　行政プロセス論　　231

して、合意形成促進効果を持つのである。しかし、そのことは、合意形成促進効果の為にPIを実施しようと考えるべきである、ということを示唆しているのでは決してない。あくまでも、合意形成促進効果は、副次的効果という認識にとどめ、「行政の質の向上」が、PIを実施する目的なのだという点についての誤解があってはならないのである[*8]。

(3) 個々の局面における具体的なPI設計

さて、以上の定義で述べたように、PIを採用する場合の具体的な行政プロセスは、個々の状況毎に、個別的に検討することが必要である。そうした、具体的なPIの実施方法を検討する際、次のような5つの「公衆関与」のレベルの存在を把握し、それらを適材適所に組み合わせていくことが重要となる（IAP2）。

> レベル1：周知　（inform）
> レベル2：意見収集　（consult）
> レベル3：関与　（involve ）
> レベル4：協働　（collaborate）
>
> PIで許容されるレベル

> レベル5：権限付与　（empower）
>
> PIで許容されないレベル

ここに、レベル1の「周知」は、行政側から事業についての情報を伝えるもので、もっとも参加水準が低い。

レベル2の「意見収集」は、公衆側からの事業についての意見が行政プロセスに反映させることが可能な水準である。ホームページやアンケート等を通じて、公衆の意見を収集し、それを事業の参考とするというケースは、このレベル2の意見収集に該当する。

レベル3の「関与」は、単なる意見収集に止まらず、行政プロセスの種々の側面で、公衆側の意見や判断を、行政決定権者に反映される可能性が担保される、という水準である。最終決定権は行政府に存在しているという点では、レベル2の意見収集と同様であるが、公衆の意見や関心が、行政府の決定に反映される機会がレベル2よりも多く、ローカル・ナレッジが事業に反映される傾向が強いという点において、レベル2とは差別化される。

レベル4の協働は、代替案の複数設定や、その選定の為の基礎分析等の作業を、行政と公衆とが「協働」しつつ進めるものであり、レベル3の「関与」よりもより的確にローカル・ナレッジを事業に反映できる可能性が高い点がその基本的特徴である。ただし、このレベルにおいても、意思決定の最終決定権を保持するのは行政府であり、この点においては、周知や意見収集、関与のレベルと同様である。

　最後のレベル5の「権限付与」は、基本的に行政府の権限を公衆側にゆだねる状況を意味し、政治学的には、直接民主制の状況に対応するものである。

　さて、ここで先に述べたPIの定義を踏まえると、以上に述べたようなレベルのいずれを選択し、それらをどのように組み合わせていくのか、という決定権はPIにおいては公衆側ではなく行政府が所持していることとなる。そして、その際、PIにおいて許容されるのは、その定義に示したように、レベル1からレベル4のいずれかであることとなる。すなわち、PIにおいては、レベル5の公衆への「権限付与」は回避されなければならない。これは、繰り返すまでもなく、公衆への権限付与が行われれば直接民主政が実現することとなり、その結果、「多数者の専制」を回避する手だてが消滅してしまうからである。

　ところで、これらレベル2〜4のPIの具体的な方式には、第7章にて詳しく論じた民主的決定方式である「審議会タイプ」や「住民投票タイプ」が考えられる。例えば、「関与」や「協働」での種々の議論は「審議会タイプ」の決定方式プロセスと同形であるし、その中で人々の意見を収集していくプロセスは「住民投票タイプ」のそれと構造的に同形である。ここで、レベル5の「権限譲与」を行った場合には公衆との議論や彼らの意見がそのまま行政的な決定となる一方、「権限譲与」を行わない場合にはそれらが行政的な決定として採用するか否かを決定する権限が行政府側に残されることとなる。この両者の差異は決定的なものである。権限譲与を行った場合にはその結果を一切の留保無しにそのまま採用しなければならないのであり、これは、先に述べたように多数者の専制を抑止することが不能となることを意味している。だからこそ、PIにおける権限譲与は回避されなければならないのであり、PIプロセスで得られた人々の意見や審議の採否の決定権を行政府側が持たねばならないのである。

　ただし、権限譲与を行わないということはすなわち、行政府側が、公衆の意

見や審議の「一切を無視する」ということを意味しているのでは決してない、という点には重大な留意が必要である。むしろ、何らかの形でPIを実施する以上は、それが仮にレベル1〜4に限定されていたとしても、そこで得られた議論や意見を最終的な行政的決定に反映させるべく十二分に検討することが行政府に求められる自明の態度であることは論を俟たない。

さて、個々のPI実務においては、上述の4つの住民参加の水準のいずれを、どのように組み合わせるかが重要な問題となる。しかし、その組み合わせには、無数の可能性があり、いずれが最善であるかということを、一面的に断ずることはできない。しかしながら、個々の事業毎のPIを行政権の名の下に設計するにあたっては、周知・意見収集・関与・協働のそれぞれの特徴を十分に理解し、その時々の状況を十全に考慮しつつ、「PI設計の基本原則」を踏まえて（すなわちPIの潜在的なデメリットを最小化し潜在的なメリットを最大化することを目途として）、それらを適材適所に配置していくことが重要である。

例えば、人々が「完全」に大衆化しており、かつ、公衆性を促進することがほぼ絶望的であることが予め分かっている場合には、あまりに高次の住民参加（例えば、関与や協働）を一要素として含めつつPIを設計することは、行政コストの増加のみをもたらし、行政の合理性の向上をもたらす見込みが低いことから、周知や意見収集のみを行うことが得策であることが予想される。ただし、これまでの心理学研究やそれに基づく態度変容型計画の実務経験から（第8章参照）、わずかなコミュニケーション上の工夫を凝らすことで、人々の公衆性を促進することが可能であることも明らかにされている。この点を加味するなら、先述のように、「人々が完全に大衆化している」という前提そのものは、必ずしも現時点においては成立していないのだ、ということもできるであろう。したがって、人々の公衆性の増進を図るコミュニケーションを必ず実施するという点を忘れさえしなければ、如何なる場合においても、レベル3の「関与」やレベル4の「協働」をPIのプロセスの中に導入することには、十分な妥当性が考えられるのである。

注

1 無論、そうした理論的な分析を、包括的プランニングを行う計画者が、適切に「記憶」しておき、しかるべきタイミングで、その分析の成果を実際のプランニングの実務に反映させる、ということができるのなら、そうした分析にも大いに意義を認めることができる。

2 日本国憲法において「国権（すなわち、国家権力）の最高機関」と定められているのは、行政府ではなく「国会」である（41条）。ただ、憲法学上の通説では、憲法の権力分立制の採用、衆議院解散権の存在、違憲立法審査権の存在、司法権の独立等から、「国権の最高機関」には法的意味は認められず単に国政の中心的位置を占める機関としての「政治的美称」にすぎないと言われている。これは一般に、「政治的美称説」と言われるものである（本章10.1（2）もあわせて参照のこと）。

3 「象徴」も「権威」も、物理的、あるいは、金銭的な内実を伴わない（形而上の）概念なのであり、両者は大きく重なり合う概念である。何ものをも象徴しないものに、何らかの権威が宿るはずもないのである。

4 政治学における一般的な解釈においては、日本の元首（すなわち、国家を代表する国家機関）あるいは、君主（世襲による国家の統治者）は天皇であるとされる。日本国内の一般の議論の中では、天皇を元首、あるいは、君主と呼称することを前提とした議論は稀であるが、諸外国との正式な外交関係においては、諸外国は天皇を日本の君主・元首と見なしているのが一般的である。ただし、日本の天皇は、いくつかの象徴的国事行為を行うものの、各種の判断を実質的に行う権限を有しておらず、また、憲法が制定されていることから、絶対君主制ではなく「立憲君主制」に分類されるのが一般的である。なお、日本と同様の立憲君主制国家としては、英国、スウェーデン、ノルウェー等が挙げられる。

5 例えば、米国のイニシアティブは、住民が有権者の一定割合以上の署名を集めるという手続きを経て、新たな法案を発案し、その是非を議会あるいは住民投票に諮ることで、その成否を問う手続きを言うものであり、直接民主制の考え方を色濃く反映した制度となっているが、これが認められているのは、国家レベルではなく州レベルであり、しかも全ての州がこれを導入しているわけではない。また、米国におけるリファレンダムは、1)「議会が制定した法律の効力を阻止する」という趣旨で行われるもの（直接リファレンダム）、2) 議会の決定の参考とする為に議会が住民に諮問するという、法的拘束力を持たないもの（間接リファレンダム）、ならびに、3) 憲法上の要求によって実施されるものであって、憲法や憲章の修正や、公債の発行等の限定的事項について適用されるもの（強制的レファレンダム）、の3者に限られている。これらはいずれも、「議会の決定権」の範囲に比べれば限定的なものである。また、英国やドイツでも、米国と類似した制度が導入されているが、その権限の範囲は、米国のそれよりもさらに限定されたものにしか過ぎない。

6 とはいえ、繰り返しとなるが、行政権がそもそも物理的実力を用いることも可能な強大な権限であることを踏まえるのなら、「行政執行者が行政権を十全に執行することができない」という事態そのものが、社会的政治的に不健全な事態なのである。それ故、この状態においてまず第1に求められているのは、その不健全なる事態そのものを如何にして改善するのかということである。しかし、その改善が短期に望めない場合においては、本文に述べたように、合意形成そのものを行政の目的と据えざるを得ないのである。

7 僭主独裁制が生じた典型的な実例としては、ナポレオンやヒトラーが挙げられる。ナポレオンは、フランス革命によって民主主義が達成された瞬間に、大衆が独裁者を希求して強大な権力を掌握した人物であり、ヒトラーも民主的な選挙で選出された独裁者であった。

8 ある心理学研究（藤井、2003参照）によれば、合意を形成しようという「意図」が存在していることそのものが、合意を阻む逆説的効果を持つことが示されている。

第 10 章の POINT

- ✓ 土木計画は通常、「行政府（あるいは行政、または政府）による行政権（あるいは行政執行権）の執行」という形で策定される。

- ✓ ここに行政執行権は、司法権、立法権とならぶ「国家権力」の１つである。これらの三権は相互抑止の関係にあるが、行政権は国家権力から立法権と司法権を取り除いた「その他全ての権力」を意味する強大なものである。

- ✓ 日本を含む大半の近代国家では「間接民主制」が採用されており、行政権への国民の関与が一定水準以下に「抑制」されている。これは、国民の行政権への直接的関与は「多数者の専制」（あるいは衆愚政治）と呼ばれる政治学的に最も忌避されている事態に陥る危険性を持つと共に、行政判断への非専門的な判断の介入によって「行政の合理性」が低下する危険性がある為である。

- ✓ ただし、土木行政の質の向上の為には、当該地域の"ローカル・ナレッジ"（地域知）の反映が不可欠であり、また、国民が当該地域の土木行政に関与することを通じて、土木施設の整備と維持についてより「公共的」な態度と行動を促進することが期待できる。これらより、土木行政においては、何らかの形で公衆関与を促進することには、一定の合理性が考えられる。

- ✓ 以上に述べた長所と短所を踏まえつつ、土木行政における公衆関与を進める行政手法がパブリック・インボルブメント（PI）である。なお、上記の長所短所を踏まえるなら、その設計にあたっては「行政権確保」「公衆関与／大衆回避」「公衆性促進／大衆性抑制」の３つの原則を保持することが必要である。

- ✓ それら３原則を踏まえると、PI は次のように定義される；「各決定事項の最終決定権を行政府が保持することを前提とし、かつ、事業の質の向上を目途として、人々の公衆性を促進するコミュニケーションを図りつつ公衆からの直接的関与を要素として含めることを前提として、行政府が個々のプロジェクトごとに事業実施手続きを事前に決定し、その決定に基づいて事業実施を行う行政手法」。

第11章 マクロ経済論

インフラ事業のストック効果、フロー効果、財政効果

　土木計画を実際に策定し実現するにおいて、各種のインフラ事業（すなわち土木事業）が「経済」や政府の「財政」におよぼす影響を考えることは、重大な意味を持つ。なぜなら道路や鉄道などの各種インフラは多くの場合、「政府」がその事業主体となり、そして、その事業規模は数百億円から場合によっては数千億円、数兆円という規模に達するからであり、それだけ巨額の事業が進められればそれだけで、地域や国家全体の経済状況、すなわち、人々の所得や支出や企業活動等の全てを含んだ「**マクロ経済**」に少なからぬ影響をもたらすからである（マンキュー、2012、2017；福田慎一・照山博司、2016）。この事業実施時に生じる「直接的な政府支出の増加」がマクロ経済へ短期的な効果をもたらす。さらには、そこで作られた道路やインフラが完成すれば、中長期的にも地域の産業活動や社会活動に影響を与え、それらを通してやはりマクロ経済状況に影響が及ぶ。こうしたインフラの拡充がもたらす民間経済における生産能力の増強や消費と投資の増加が、マクロ経済への長期的な効果である。すなわちインフラ事業は、政府支出の拡大による短期的・直接的効果と、事業の結果としてできあがったインフラが機能することによってもたらされる間接的かつ長期的な効果の双方をもたらす。

　したがって、インフラ事業を含む土木計画を検討する場合、その土木計画の推進がマクロ経済、すなわち、当該の地域や国の国民経済にどのような影響を及ぼすのかを認識しておくことが必要なのである。とりわけ、土木計画の主たる推進主体である政府にとってみれば、政府自身が行うインフラ事業によってマクロ経済状況が活性化されれば、自分自身の収入である「税収」それ自体が

増加することになる。この点を踏まえれば、政府がインフラ事業等を含む土木計画を検討し、推進していくにあたっては、多様なインフラ効果の中の一つとして「マクロ経済への影響」や「税収への影響」を考慮しておくべきであることが必要であるということがわかる。本書ではマクロ経済への効果を「経済効果」と呼称し、税収への影響を「財政効果」と呼び、この両者を合理的に考えるための考え方をここで論述する。

1 マクロ経済を議論するための基礎概念

　本章にて様々なインフラ事業の経済的な各種効果を考えるにあたり、それらの効果を取り扱うための基礎的な要素をまず、ここで解説する。

（1）経済活動と経済主体

　まずここで論ずる経済活動とは何を意味するものであり、それを実施している主体は一体誰なのか、について整理する。

経済活動　私達は様々な買い物をしたり、労働を通して所得を得たりしている。「経済活動」とは、こうした貨幣あるいは金銭（すなわちカネ、あるいはキャッシュ。以下文脈に応じてこうした表現を用いる）を巡る様々な活動（後に述べる、生産、消費、投資、分配および流通活動等の活動）の総称である。もちろん、我々は、例えば家族や友人との会話や、近所づきあいなど、貨幣の収受を伴わない様々な活動を行っており、それを経済活動の一種と見なすこともできるが、本章では、何らかの形で貨幣の収受を伴う行為（交換）を経済活動と見なし、これを分析の対象とする。ただし、親が子に小遣いを与える、移民が母国へ送金するといった反対給付を伴わない一方的なカネの流れ（所得移転）は分析の対象外とする。

経済主体　私達の社会では、実に様々な主体が経済活動を行っている。ただし、本章ではそれらの経済主体を**政府**、**家計**、**企業**の三つに分類する。

　政府は中央政府と地方自治体などの地方政府とで構成される。

　家計とは、働いて稼ぐと同時に、その稼ぎを使って様々なモノやサービスを買い、日々生活を営んでいく個々の世帯を意味する。

　企業は、様々なモノやサービスを生産し、それを売って稼ぐ組織の総称であ

る。

　なお、以上の三者は、国内の経済主体であり、**国内部門**を構成している。他方、国際的な交易を考えた場合、国内の企業が作ったものを外国人が買うこと等もある。マクロ経済学ではこうした外国の様々な経済主体の総体を一般に**海外部門**と呼称する。

生産と消費　「生産」とは各企業が様々な商品やサービスを作り出す経済活動を意味し、「消費」とは生産された商品やサービスを購入し、それらを費消する経済活動を意味する（なお、生産する企業は「生産者」、それを消費する個人や世帯は「消費者」と言われる）。

投資　企業等の経済主体が、利益を得ることを目途として工場を新しく作ったり、機械を買ったりする経済活動を言う。より厳密には、生産のために必要な「**資本**」capital を形成する行為である。（なお、生産するための資本の私的所有、およびその資本を活用した経済的な利潤追求行為を基礎とした経済体系は一般に**資本主義** capitalism と呼ばれる。そして資本は「投資によって形成される」ものである以上、資本主義経済を駆動する上で投資は必須の要素と言うこともできる*[1]）。

民間投資と公共投資　投資の中でも企業が行うものを民間投資、政府が行うものを公共投資と言う。なお、民間投資で形成される、工場や生産機械などが**民間資本**、公共投資で作られる道路や空港、鉄道などのインフラは**公的資本**と呼ばれる。

需要と供給　以上の様に主たる経済活動には、生産、消費、投資があるが、この内、個々の主体が生産した量を「供給」（supply）、そして経済全体で生産した総量のことを「**総供給**」（aggregate supply）と呼ぶ。同様に個々の主体の消費および投資を「需要」（demand）、経済全体の需要の総量のことを「**総需要**」（aggregate demand）と呼ぶ（なお、海外とのやりとりを考えた場合、需要は消費と投資に「純輸出」を足し合わせたものが需要となる。ここに純輸出とは、総輸出額から総輸入額を差し引いたものであるが、この場合、国内の需要と投資をあわせたものを**内需**、外国への（純）輸出を**外需**と呼ぶ）。

各経済主体が行う経済活動の種類　表 11・1 に、一般的な「政府統計」の定義において各経済主体が行う経済活動の種類をとりまとめる。表 11・1 に示した様に、企業は生産と投資を行うが消費は行わないと想定される。家計は消費と

第 11 章　マクロ経済論　　239

表 11・1　企業・家計・政府のそれぞれが行う経済活動の種類（および、需要と供給）

		経済活動		
		生産	消費	投資
経済主体	企業	○	×	○
	家計	×	○	○ 住宅投資
	政府	○	○	○
		供給	需要	

注 1：政府の生産とは、警察や学校教育などの行政サービスなどを意味する。
注 2：家計の投資は、住宅投資を意味する。
注 3：需要（ただし内需）は企業投資、家計消費、政府の消費と投資の合計であり、供給は、企業と政府の生産の合計である。なお、企業と家計をあわせて「民間」と呼称すると、需要は民間投資（企業投資）、民間消費（家計消費）と政府支出（政府の消費と投資）の三者の合計と見なすことができる。なお、この需要の総計に純輸出を足し合わせたものが GDP である。

投資を行うが、生産は行わない主体だと想定される（なお、家計が行う投資は「住宅投資」だけである）。そして政府は、いずれの活動も行うものとして想定される。以上を逆に言うなら、生産は企業と政府によって行われ、消費は家計と政府、そして、投資は全主体によってそれぞれ行われるものと想定されている。

（2）経済効果を図る尺度：GDP（国内総生産）

本章はインフラの経済効果を論ずるものだが、ここでは特に、その経済効果をどのように測定するのかについて解説する。

GDP（国内総生産）　経済効果を測定する方法には様々なものがあるが、マクロ経済においては「国内総生産」すなわち、GDP（Gross National Product）が用いられることが一般的である。GDP には、いくつかの定義（3つの定義）があるが、その内の一つの定義が、（通常一年間の）「日本経済の全ての経済主体の『所得』の合計値」である。つまり、私達が属する個々の世帯（家計）や、それぞれの企業、そして経済全体で「どれだけのカネを稼いだのか」の合計値、言い換えるなら国民の「総所得」が GDP である。

したがって、GDP が拡大していくということは、私達国民の所得が上昇し、その意味において「豊か」になっていくことを意味している。一般にはこの GDP が拡大を「経済成長」と呼称し、その拡大の割合を「経済成長率」と呼称

240　Ⅲ　社会的計画論

する。

三面等価の原則　ところで、私達の所得は、誰かの「支払い」によって得られるものである。例えばパン屋さんの所得はパン屋に来るお客さんの支払いによって得られている。だから、（日本における一年間の）「全員の所得の合計値」（つまり GDP）は、（同じく日本における一年間の）「**全員が支払ったオカネの合計値**」、すなわち「**総支出**」に等しい。例えば、日本で支出された金額が 1 兆円しかなかったとすれば、結局は日本国内の各主体の所得の合計は同じく 1 兆円となる。

一方、「所得を得る」ためにはその所得に見合った商品やサービスを「生産」しなければならない。千円でパンを売りそれを通して千円の所得を得るためには、その千円の価値のあるパンを「生産」しておくことが必要だ。だから全ての所得は、その所得に見合った財やサービスの生産があったわけであり、したがって「全員の所得の合計値」＝「総所得」は、「**全員が生産した価値の合計値**」、つまり「**総生産**」とも等しい。

以上を纏めると、図 11・1 に示した様に、「総支出」「総所得」「総生産」の三者は同一なのである。これは一般に「三面等価の原則」と呼ばれており、誰かの所得（総所得）は誰かの支出（総支出）であると共に、誰かが産み出した価値の総量（総生産）だという、定義上自明のことを指摘している。つまりこの支出、所得、生産という三者は、「**国内のオカネの流れ**」という 1 つの現象を（支出・所得・生産という）3 つの側面から解釈（測定）したものにすぎず、したがって、全く同じ値となるのである（なお、この三面は経済学では一般的に、支出面、分配面、生産面、と言われる。「所得」は「分配」されるものだからである）。

GDP 統計　ところで政府では、この GDP を様々な統計的手法を用いて「測定」

図 11・1　GDP における「三面等価の原則」

第 11 章　マクロ経済論　　241

している。一般に、集計期間として一年間が用いられるが、測定の容易さ等から、次の様に定義される「支出面のGDP」が測定されることが多い。

GDP ＝「政府」「民間」「海外」による需要の合計値
　　 ＝「政府」「家計」「企業」「海外」による需要の合計値

ここで、政府による需要は「政府支出」（G）、家計の支出は「民間消費」（C）、企業の支出は（家計住宅投資を含めて）「民間投資」（I）、海外の支出は「総輸出」（NX）と呼ばれることから、GDP（Y）は、

【GDPの定義】　GDP ＝民間消費＋民間投資＋政府支出＋純輸出
（すなわち、Y ＝ C ＋ I ＋ G ＋ NX）

と定義される[*2]。

なお、この定義にそって分類した実際の現在の日本のGDPシェアを図11・2に示す。ご覧の様に、日本の現在のGDPは500兆円強という水準だが、その内の**過半が民間消費**である一方、**政府支出が全体の25%を占める**二番目に大きな項目であることが分かる。そして純輸出は全体の1%を占めているに過ぎず、日本経済は圧倒的な「**内需主導経済**」であることが分かる。したがって現在の日本経済は、輸出の伸びでも成長はするものの、民間消費や民間投資、そして

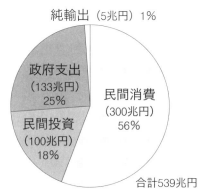

図11・2　現在の日本のGDPの内訳（2016年度名目値、出典：内閣府）

政府支出の拡大が効率的な成長を促す構造にある、ということが分かる。

実質 GDP と名目 GDP　GDP には、実質と名目の二種類がある。この内、名目 GDP は、取引された額面上の金額の総計値である（厳密に言うと、「現在」の消費財および投資財、すなわち最終財の取引量を「現在」の物価水準で測った金額）。例えば、パンが 10 個、現在 1 個 100 円で取引されているなら名目 GDP は 1000 円となる。一方で、実質 GDP とは、（ある基準年から現在までの）「物価」の変動を考慮して調整された GDP の値である。物価が高くなれば、所得が変わらなくても実質的な所得は低くなる（逆に、物価が安ければ、実質的な所得は高くなる）からである。したがって、統計上は一旦、名目 GDP を集計した上で、「物価の変動」を加味し、名目 GDP の値に基づいて、以下の様な式に基づいて調整して実質 GDP を求めることとなる。

　　実質 GDP ＝ 名目 GDP ／ GDP デフレータ

　この「GDP デフレータ」というものが、「物価の水準」に対応するものである。具体的には特定の規準年を想定し、その規準年の（市場全体の）物価と当該年次の物価の「比」を表す数値が GDP デフレータである。したがって、物価が変動していなければ 1.0、上昇していれば 1 より上となり、下落していれば 1 未満となる。

GDP と GRP　GDP は一国の経済の活性度を測る尺度であるが、これを 1 つの地域（都道府県や地域ブロック）毎に想定することもできる。一般にそういう尺度は GRP（Gross Regional Product：地域内総生産）とよばれる。

2　フロー効果、ストック効果、財政効果が生ずるプロセス

(1) インフラ事業の 3 つの経済上の効果：フロー効果、ストック効果、財政効果

　以上の基本的な経済学上の諸概念を用いると、インフラ事業の経済上の効果を的確に把握することが可能となる。

　まず第一に、先にインフラ事業の効果は「経済効果」と「財政効果」の二種類があると述べたが、その内の「財政効果」は「政府の総税収」によって計量的に測定できるのは当然として、「経済効果」についても「GDP」によって計

量的に測定できる。つまりインフラ事業によって、各経済主体の「所得」が増えると同時に、国内での「支出」も、国内での「生産」も増える。

そして、インフラ事業は、GDPを次の2つの効果を通して拡大させる。**ストック効果（施設効果）、フロー効果（事業効果）**である。

ストック効果とは、インフラ事業で作られる道路や堤防などのインフラの「施設」があることでもたらされる経済効果である。一方でフロー効果とは、そのインフラの「事業」を行う際に、民間の企業に政府が「支出」するという「事業」によって生ずる効果である。

したがってこの分類も加味すれば、**インフラ事業がもたらす経済上の効果は、**
1）**ストック効果**（GDPの拡大）
2）**フロー効果**（GDPの拡大）
3）**財政効果**（政府の税収の拡大）

の3つに分類できるのである。

なお、本書六章では、費用便益分析を述べたが、その際に「便益」として実務的に現在考慮されているのは、これらの内の「ストック効果の一部」である。したがって、フロー効果や財政効果が一切考慮されていないのは言うに及ばず、ストック効果についても、実務的にはその大半が考慮されていないのが実態である。

ここで図11・3に、インフラ事業が経済にもたらす各種の効果のプロセスを記載する。政府がインフラ事業を行うと公的資本（インフラ）が形成され、それが企業や家計の経済活動を活性化する（ストック効果）。一方、そのインフラ事業で資金が企業に支出されると、その一部が家計に賃金として支出される。こうして企業と家計の所得が共に増加すれば消費や投資が拡大し、企業も家計

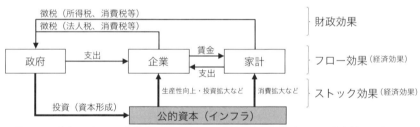

図11・3　政府のインフラ事業がもたらす3つの効果（ストック／フロー／財政）のプロセス

の経済活動がさらに活性化する（フロー効果）。こうしてフロー効果とストック効果の双方を通して企業と家計の所得や消費等が拡大し、その結果として、政府への税収もさらに拡大する（財政効果）。

以上が図11・2に記載したプロセスの概要だが、以下、この図を踏まえつつこれら3つの効果の一つ一つを解説する。

(2) インフラ事業のストック効果

まずストック効果は、インフラ事業によって作られた「インフラ」ないしは「施設」によってもたらされる経済効果であるが、そのインフラ・施設は、経済学では「公的資本」と呼ばれる。

このストック効果には様々なものが挙げられるが、例えば、表11・2のようなものがある。

例えば、高速道路を作った場合を考えてみよう。

その場合、そのエリアにおいて移動時間が短縮され（1.）、輸送能力が増強される（2.）。そうなると、そのエリアに立地している企業は輸送コストが縮減されるため市場でも競争力が増進する（4.）。結果、顧客をさらに拡大することができ、さらに投資を行い（6.）、生産性／供給力を増進させる（7.）。以上に加えて、大地震や大津波等が危惧されるエリアにおいては、高速道路は避難路や救援路の意味を持つことから、各企業において防災力が増進する（3.）。そし

表11・2　インフラ事業のストック効果（施設効果）

1. インフラ影響エリアの**移動時間の短縮**
2. インフラ影響エリアに関わる**各種輸送能力の増強**
3. インフラ影響エリアの**防災・減災力の増進**
4. インフラ影響エリアの**企業の競争力の増進**
5. インフラ影響エリアへの**企業・家計立地促進**
6. インフラ影響エリアへの**企業投資の拡大**
7. インフラ影響エリアへの**企業の生産性／供給力の向上**
8. インフラ影響エリアの**家計の消費拡大**（観光入込客増含む）
9. インフラ影響エリアの**人口、雇用、産業力の拡大**（都市形成効果）
10. インフラ影響エリアの**土地等の資産価値の上昇**
11. 各ストック効果によるインフラ影響エリア内の**需要・供給（GRP）拡大**、および**その他エリアへ**の間接効果を通した**GDP の上昇**

てこうした種々のインフラのストック効果を認識した他企業も、当該の土地に工場や店舗等が立地することになる（5.）。一方、その土地に住む人々は他の土地に行き易くなることから、観光等で出かける機会が増え、消費が拡大する（8.）。さらに、高速道路ができれば他のエリア「から」そのエリアにアクセスしやすくなることから、そのエリアにビジネスや観光で訪れる人が増え、消費が拡大する（8.）。こうして当該エリアにおける企業や家計の立地や消費が拡大すれば、人口も雇用も、そして産業規模そのものも全て拡大していくことになり、都市化が促され、当該地域がさらに発展する（9.）。そうなれば、その土地や資産等の価値が増進し、さらに当該地域への来訪者や投資が拡大していくことになる（10.）。こうして当該エリアの「需要」も「供給」も拡大し、その地域の総生産ＧＲＰが拡大していくこととなる。そしてそうなればその発展は周辺エリアにも波及していき、国民経済全体にプラスの効果をもたらす（11.）。

あるいは、洪水や高潮、津波等に対する防災インフラ投資を行った場合には、次のようなストック効果が生ずることとなる。

まず、防災投資は当該エリアの防災力を向上させるが（3.）、災害リスクに対する認識が高まっている状況下では、それだけで当該エリアの企業競争力が増進し（4.）、当該へリアへの企業・家計の立地（5.）や投資（6.）が促進され、当該エリア内の企業の生産性が向上する（7.）。これらは災害が実際に起こる「前」の効果であるが、災害が実際に起こった「後」には「劇的」な効果が生ずる。防災対策が不十分なエリアの企業は大被害を被る一方で、当該エリアの企業や家計はその被害を免れる（3.）。これは当該企業の相対的な競争力が抜本的に増進したことを意味し（4.）、その結果、当該エリアの企業の売り上げはさらに拡大する。そして被災後には当該エリアに被災エリアから移転したり、投資が拡大し（6.）、当該地域の人口や産業がさらに拡大し（9.）、当該の土地等の価値も（他の被災地に比して想定的に）上昇していく（10.）。さらには、当該地域が被災せずに生き残り、かつ、さらに発展していくことを通して、被災地の復旧、復興に参加することも可能となり、復興それ自身も迅速化させることも可能となる（11.）。

なお、インフラのストック効果には、景観を守ったり、環境を保存する等、

必ずしも貨幣に換算できない効果も存在する点には留意されたい。ここに論じたストック効果の議論は、貨幣に換算できる経済効果に限定したものである。

（3）インフラ事業のフロー効果（事業効果）

　ストック効果が、そのインフラ施設があることでもたらされる「施設効果」である一方で、フロー効果は、その施設の機能や質とは無関係に、それを作るという「事業」を行うことそれ自身によってもたらされる経済効果、GDP の拡大効果である。

直接フロー効果　まず、図11・3 に示した様に、インフラ事業を行った場合、そのインフラの関連企業に、そのインフラ整備に見合うだけの金銭が支払われる。これがまず、「企業の所得」になる。もうこれだけで、GDP はその分だけ拡大することになる。つまり、政府が1兆円のインフラ事業を行えば、それだけで国民の所得は1兆円分増進することになる。そもそも、「GDP ＝民間消費＋民間投資＋政府支出＋純輸出」と定義されているのだから、インフラ事業を行って政府支出が拡大すれば、GDP は定義上、拡大するのは当然である。

　これが、最も直接的な**直接フロー効果**である。

間接フロー効果　ただし、フロー効果はこれだけに終わらない。図11・2 に示した様に、政府から支給された金銭は、労働者に賃金として流れる。そうなれば、所得を増やした労働者は消費等を増やし、それが再び，企業に利益をもたらすことになる。この様に、政府から流れ出た「**資金の流れ**」つまり「**キャッシュフロー**」は、どこかのタンクから流れ出た水が、様々なところを駆け巡るように国民経済の中を駆け巡っていくのである。これが、インフラ事業の「間接的」なフロー効果、すなわち、**間接フロー効果**である。

　この間接フロー効果の流れをより詳しく記述したのが図11・4 である。

　政府の財政支出はまずは、「直接フロー効果」にて、当該事業を受注した「企業」や、政府から直接給料を受給する労働者（例えば、公務員）の「家計」にキャッシュフローが供給される。そうした企業や家計は、そうして増えた所得の一部を貯蓄に回すが、それ以外のキャッシュを消費や投資に回す。つまり、政府の事業で儲かったお金を使って、新しい洋服を買ったり、新しい機械を買ったり、新しく事務所や工場をオープンしたりするわけだ。こうして消費や投

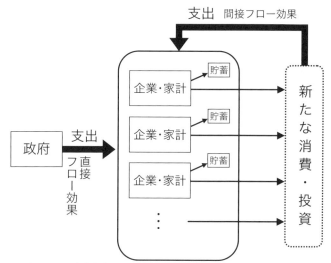

図11・4　政府支出による直接的フロー効果と間接的フロー効果

資が増えることで、その分のキャッシュが再び民間企業に流入する。このキャッシュフローは、そもそもの政府支出がなければ存在していなかったものであり、政府支出によって「間接的」に創出されたフローである。

　こうして間接的に増えたキャッシュフローは再び各企業の収入となり、その一部が貯蓄に回されるが、残りは再び消費や投資に使われる。こうして、二次的な間接フローは、三次的な間接フロー、四次的な間接フロー…を産み出していくのである。

乗数効果　この様に、政府の支出は、「直接フロー効果」のみならず、より高次の「間接フロー効果」を産み出す。したがって、政府が支出を行った場合、GDPそれ自身はその支出「以上」の水準で拡大する。このように、政府支出が、国民経済を拡大的に活性化する効果は「**乗数効果**」と呼ばれる。そして、その場合の拡大率は、乗数効果の「**財政乗数**」あるいは、単に「**乗数**」呼ばれている。例えば、乗数が1.5とは、政府の1兆円の支出がGDPを1.5兆円拡大するという意味であり、乗数が3とはGDPを3兆円拡大する、という意味である。言うまでもなく、「乗数」は、間接フローが大きければ大きい程、大きくなる。したがって、「乗数が大きい」と想定されるケースでは、インフラ事業はフロー効果だけでも大きく効果的に経済成長を導くこととなる。

乗数効果と消費性向　ではその乗数は何によって決まっているのかと言えば、理論的には「消費性向」によって決まる。消費性向とは、所得の内、貯蓄に回さず消費に回す金額の割合である（つまり、1から「貯蓄率」を差し引いた数値である）。

　ここで、各家計の消費性向が 0.5（つまり貯蓄率が 0.5）である状況で、1 兆円の政府支出があった場合を考えよう。この場合の直接フロー効果は 1 兆円だが、間接フロー効果は二次的フローが 0.5 兆円、第三次フローが 0.25 兆円、第四次フローが 0.125 兆円…となる。これらを全て足し合わせると、2 兆円、となる。つまりこの場合、乗数は 2 となる。

　一方、消費性向が 0.2、所得の 80％を貯蓄するような、ほとんどオカネを使わない家計ばかりだという「極端」なケースを考えると、その場合でも乗数は 1.25、つまり、政府支出の 25％割り増しの経済効果が得られる。逆に、貯蓄は 20％程度しかしないという「消費性向が 0.8」のケースでは、乗数効果は 5 に達する。つまり政府が 1 兆円の公共事業を行えば、フロー効果だけで GDP は 5 兆円も拡大するわけである。なお、我が国の消費性向はおおよそ 0.8 前後であることから、少なくとも理論的には乗数は「5」程度である、ということになる。なお、消費性向と乗数との関係や、現実の乗数の水準についての議論については、脚注 [3] を参照されたい。

具体的な「フロー効果」の中身　この様に、フロー効果は企業や世帯の所得を拡大することを意味するが、その「具体的な中身」としては、表 11・3 の様なものがある。ここに示すように、政府支出の拡大を通して、経済全体が分配、生産、支出の各方面において活性化し、雇用が生まれて失業率が減って所得が

表 11・3　政府支出によるフロー効果（事業効果）

1．労働者の賃金が上がる（分配面）
2．雇用を創出する（分配面）
3．解雇が回避される（分配面）
4．企業の利益が増加する（分配面）
5．倒産が回避される（生産面）
6．起業が増加する（生産面）
7．消費・投資が増える（支出面）
8．生産性が向上する（生産面）
9．研究技術開発が進む（生産面）

あがり、消費も投資も拡大して生産性や技術力等が増進する。

「インフラ事業のフロー効果」の特徴　以上に論じた政府支出によるフロー効果は、必ずしもインフラ事業でなくても広く一般の政府支出で生ずるものであるが、インフラ事業は、様々な事業の中でも特に規模が大きく、かつ、関連する産業が広く多岐に渡り、相対的により大きな効果が期待できるという特徴がある。インフラ事業のキャッシュフローが直接流入するのは建設業や設計・コンサルタント業、不動産業であるが、そのキャッシュフローは即座にその取引先である、建設機械業、輸送業、鉄鋼・金属、コンクリート等の各種建材業から、関連施設のための各種業界である電気業者、家電業、事務機器業等に流入していく。このように、大規模なインフラ事業は広範囲の業界にキャッシュフローを大規模に流入させる力を持っている点に大きな特徴がある。

(4) フロー効果とストック効果の「総合」効果

　ストック効果は主として事業が完了してからその後、長期的に発現し続ける一方、フロー効果は、事業が始まってから完了するまでの間に短期的に発現するものである。この点から、インフラ事業は、工事開始から完了、供用開始後、といった一連の時間軸の中で経済効果が継続的に発揮される点に、経済対策として大きな意味がある。

　ただし、両者は必ずしも明確に分離することができず、現実においては渾然一体となって発現するものである。

　例えば、2015年に金沢―長野間で開通した北陸新幹線の整備プロジェクトは、開業前までに当該地域にフロー効果をもたらしたが、それと同時に、開業日を見据えて、金沢駅前等で投資が始められた（藤井、2016b）。この先行投資はストック効果の一環であったが、その駅前投資のキャッシュにはもちろん、フロー効果のキャッシュも含まれていた。あるいは、新幹線事業のために当該地域で拡大した建設産業やそうしたプロジェクトの労働者を対象とした当該地域の第二次産業、第三次産業の発展は、「フロー効果」の帰結であるが、そうした産業の発展は、新幹線が開通した後、当該地域でビジネス環境が改善することを見通したものであった。したがって、それらの産業発展には、フロー効果のみならずストック効果によっても、もたらされたのである。

しかも、そもそも図11・3に示した様に、インフラ事業が始められた当初の時点ではインフラを通したストック効果と政府支出によるフロー効果の差は明確だが、それらを通して一旦企業活動が活性化し、家計の所得が上昇すれば、今度はそれによってさらに経済発展が促されていく。こうした「間接的な経済発展」は、当初のインパクトがフロー効果であったかストック効果であったかは関係なく進展していくものである。つまり「間接的な経済効果」はいずれも、ストックとフローの両者の経済効果が重なりあうことで総合的・一体的に導かれていくものなのである。

（5）財政効果

このようにフローとストックの両契機を通して発現する「経済効果」によって、GDPが拡大する。そうなれば自ずと、政府に流入するキャッシュフローも拡大していく。消費が増えることで消費税が、法人収益が増加することで法人税が、家計の所得が上がることで所得税が、地価が上昇することで不動産の保有および取引に関わる諸税がそれぞれ拡大する。

なお、財政効果はより広い意味でもフロー効果であり、経済主体としての政府にキャッシュフローが流入することをとりわけ、財政効果と呼称している次第である。

3 デフレーション／インフレーションとニューディール政策

（1）日本を「衰退途上国」へと導いたデフレ不況

以上が、インフラ事業の経済効果についての一般論であるが、我が国日本においては1998年以降、深刻な経済問題が生じており（少なくとも本書執筆時点の2018年現在において）、それから20年以上が経過しているにも拘わらず、一向に解消していない問題がある。

それが、**デフレーション**、あるいは略して**デフレ**である。

このデフレ不況の問題が一体何であるのかの理解を促すために、図11・5をご覧いただきたい。これは、世界中の国々を日本・米国・欧州・中国・その他の5つに分類した上で、それぞれの名目GDP（比較するためにアメリカドル建て）

第11章　マクロ経済論　251

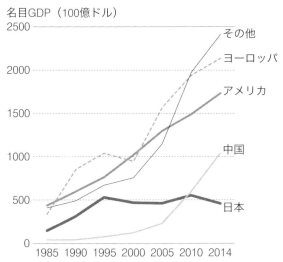

図 11・5　世界各国・各地域の名目 GDP の推移　(出典：『世界の統計 2017』総務省統計局)

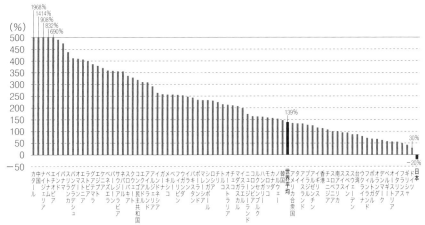

図 11・6　世界各国の 1995 年〜 2015 年までの 20 年間の名目 GDP 成長率　(出典：『世界の統計 2017』総務省統計局)

の推移を示したものである。日本は 1990 年後半から全く成長せず、むしろ衰退している一方で、それ以外の 4 つの国と地域は全て、大きく成長していることが分かる。図 11・6 は、日本銀行の統計に掲載されている全ての国々の過去 20 年の間の名目 GDP 成長率のランキングを示している。ご覧の様に、世界平均は＋ 138％、最下位から二番目のドイツですら 30％の成長を遂げている中、

252　Ⅲ　社会的計画論

我が国は最下位、しかも、唯一の「マイナス成長」となっている。つまり、日本は過去 20 年の間、世界中が成長している中、「唯一」、衰退している国なのである。言い換えるなら、我が国は 1998 年以降、唯一の「衰退途上国」となっている（藤井、2016a、2017）。

　GDP は国民の所得の合計であるから、日本以外の国々の人々は年々所得を増やし、豊かになっていった一方で、日本一国だけが国民の所得を減らし、貧困化していったわけである。図 11・5 に示した様に、1990 年代中盤の時点では、日本の国民の所得の総計は、世界最大の経済大国である米国のそれの 7 〜 8 割程度の水準にあったのだが、今は、三分の一〜四分の一程度の水準にまで衰退している。今や日本は経済大国とは言いがたい国家となっているのであり、かつ、さらにその衰退の度合いを加速させていると言う次第である。

　このように日本だけが特殊な衰退途上国となっている原因こそ、日本だけが 1998 年から「デフレ」と呼ばれる状況に陥った点にあるのである。

（2）日本のデフレを導いた「需要不足」

　ここで、デフレーション（デフレ）とインフレーション（インフレ）のメカニズムについて解説しよう（c.f. 藤井、2016a）。

　まずデフレとは、表面的には「物価」が持続的に下落し、消費も投資も生産も縮退し、名目 GDP が縮小していく経済状況である。ちょうど図 11・5、11・6 に示した日本が、その典型例である。一方、インフレとはそれとは逆に「物価」が持続的に上昇し、消費、投資、生産のそれぞれが拡大していく現象である。これは、図 11・5、11・6 で示した、日本以外の全ての国々がそれに当てはまる。

　なぜ、こんなデフレやインフレという現象が生ずるのかを理解するためには、国民経済における「総需要」と「総供給」の両概念を認識する必要がある。まず、総需要とは、端的には「消費」と「投資」の合計値である（表 11・1 を改めて参照されたい）。一方で、総供給とは「生産」である。

　言うまでもなく、「現実の経済」においては、総需要（消費と投資）と総供給（生産）は一致している[4]。「買ったもの」と「売ったもの」は当然同じだからである。

　しかしここで、「実現している需要と供給」以外に、「本来の需要と供給」と

いう概念を考えてみよう（この「本来の需要と供給」は、「潜在需要」「潜在供給」と呼称する場合もある；宮澤、2015）。

　例えば、単純なケースで「鉛筆」の需要と供給を考えよう。「ホントなら120本の鉛筆が欲しい」時、店舗には100本の鉛筆しか売っていなかった場合、100本しか購入・販売できない。つまり、本来の需要が120本あっても、この場合には、実際の需要は、実際の供給に制限されて100本になるわけだ。

　逆に、店舗には100本の鉛筆を供給できる力がある場合でも、実際には80本しか買う需要がなければ、80本しか売れない。つまり本来の供給が100本でも、この場合の実際の供給は、実際の供給に制限されて80本になる。

　つまり「実現している需要や供給」は両者が一致するものの、「本来の需要や供給」（潜在需要・潜在供給）については両者が必ずしも一致してはいないのである。というよりもむしろ、両者は乖離しているのが一般的である。

　ここで、本来の総需要と総供給（つまり潜在総需要、潜在総供給）を、ここでは便宜上、単に「**需要と供給**」と呼び、それを「D」「S」と表現することとしよう（需要や供給という言葉は、潜在的な意味を帯びたものと言えよう）。

　こう定義した時、インフレは

$$D \ > \ S$$

の時、つまり「需要過剰」の時に生ずるのであり、デフレは、その逆に

$$D \ < \ S$$

の「需要不足」の時に生ずるのである。

　まず、**需要が供給よりも多く**（$D > S$）、**インフレギャップ**（インフレ期の D と S の乖離量）**が存在するインフレ経済**の時、需要が過剰であるため、あらゆるモノが「高くても売れる」ため、値段は上昇していく。企業は、全ての製品が売れ残ることなく全て売れるので、供給量を増やすための投資を拡大する。結果、企業はより多くの利益を得ることができ、その一部が労働者の賃金上昇に活用される。結果、労働者の所得もあがる。労働者は消費をしても将来所得がまた入ってくると期待するため消費性向も上昇し、これらを通して消費を拡大する。こうして需要がさらに増えるため、需要と供給の乖離、この場合は「インフレギャップ」がさらに拡大する。こうして、インフレがインフレを呼ぶ形で（一般に、こうした連関はインフレスパイラルと呼ばれる）、物価、消費、投資、生産、所

得の全てが拡大していき、GDPが成長していくことになる。これが日本以外の全ての国々、そして、日本においても1990年代前半まで生じていた経済状況である。

　一方、需要が供給よりも少なく（$D < S$）、デフレギャップ（デフレ期のDとSの乖離量）が存在するデフレ経済の時、需要が過小であるため、あらゆる指標がインフレ時とは異なり下落していく。まず、需要が過小なため、物価が低下する。ビジネスチャンスが少ないため企業は投資を縮小させ、その結果、企業収益も縮小する。労働者の賃金も下落し、消費性向は低下し、需要はさらに縮小し、デフレギャップはさらに拡大する。こうしてデフレがデフレを呼び（一般にこのサイクルはデフレスパイラルと言われる）、物価、消費、投資、生産、所得の全てが縮小していき、GDPの成長は停滞し、逆に低下していくことになる。これこそ、1990年代後半から我が国が陥っている状況である。

(3) 日本をデフレ化させた総需要不足をもたらした原因

　ところで、日本がデフレに突入したのは1998年であり、それ以降、2018年現在、20年の時間が経過した現在においてもデフレから脱却していない。では、なぜ、1998年に日本がデフレになったのかと言えば、その直接のきっかけは、1997年の消費増税であった可能性が高いと指摘されている（c.f. 藤井、2016a、2017）。1990年のバブル崩壊で弱体化していた日本経済において消費増税が断行されたことによって、日本のGDPの過半を占める消費が決定的に縮小し、それによって需要が供給を下回る状況が生まれ、それ以後、デフレになったと考えられている。なお、1998年から、中央政府によるインフラ投資額が大幅に減額されるようになったことも、需要不足、そして、デフレを加速させたと指摘されている（c.f. 藤井、2016a、2017）。

(4) 日本のデフレを終わらせる、政府による財政政策

　この様に、インフレ、デフレを決定するのは、需要と供給のバランスであり、2018年現在の日本のようなデフレを終わらせるには、何らかの方法で「一時的」でも大規模に総需要を創出し（いわば、一時的に「ゲタ」をはかせ）、総需要の方が総供給よりも大きい状況を「一時的」にでも作ることが必要である。それがで

きれば、「インフレスパイラル」が早晩駆動し、所得、消費、投資が上昇しはじめ、総需要が総供給を上回ることとなり、一時的な需要創出をせずとも（ゲタをはかせなくても）、持続的に成長が促されていくこととなる。

　ところで、需要を創出する主体は、「企業、家計、政府、海外」の四者しかない。これらの内、企業と家計は、デフレ状況では、デフレであることが原因で消費や投資を拡大しようとはしない。彼らの消費や投資を拡充させるには、デフレを終わらせることが必要であり、したがって、デフレを終わらせるための総需要の「ゲタ」を一時的に創出してもらうことを彼らに期待することはできない。さらに、何百万、何千万も存在する家計や企業達の行動を制御することは著しく困難である。「海外部門」についても同様で、彼らの消費・投資を拡大することを促すことは著しく困難である。しかも、国内における彼らの総需要のシェアは一部であり、彼らの需要をどれだけ拡大させたところで、デフレを終わらせる程に十分な需要の「ゲタ」を創出してもらうことを期待することはできない。

　したがって、実質的にデフレを終わらせるために必要な一時的な需要を創出可能なのは、政府をおいて他にない、ということが分かる。そもそも政府は、GDPの四分の一を占める国内最大の経済主体であり、しかも、国会や内閣の判断で、数兆円、数十兆円の需要を単年度で創出する判断を行うことが可能なのである。

（5）デフレ期におけるインフラ政策は「デフレ脱却効果」を持つ

　ところで、デフレを終わらせるための一時的な政府支出の拡大政策＝財政政策はしばしばニューディール政策と呼ばれており、1929年の世界大恐慌や2008年のリーマンショックの直後にアメリカ政府によって大規模に推進され、双方において「デフレ不況からの脱却」が実現されている。

　そして、こうしたニューディール政策において中心的な役割を担ったのがインフラ事業であった。先にも述べたように、インフラ政策は、「デフレギャップ」を効率的に埋めることができる大規模な財政出動が可能であると同時に、前節で詳しく述べたフロー効果のみならずストック効果も合わせた総合的かつ効果的な需要創出効果が期待できるからである。

256　　Ⅲ　社会的計画論

つまり、インフラ事業には、フロー効果、ストック効果に加えて、デフレ時においては両者を通した「デフレ脱却効果」が期待できるのである。

(6) デフレ脱却は「天文学的」な水準の経済効果・財政効果をもたらす

このデフレ脱却による経済効果は、文字通り「天文学的」な水準に達する。例えば、もしも1998年に日本がデフレに突入した際に、十分な需要創出を政府が行い、それを通してデフレが脱却していたとしたら、それ以後日本経済は、日本以外の全ての国々と同様、成長していた筈である。例えば、それ以後「世界平均」で成長していたとすれば、2014年時点で我が国のGDPは現状の2.5倍以上の1360兆円以上に達していたことになる（図11・7参照）。この場合、我が国国民はデフレのせいで、合計で8000兆円以上もの所得を失っているということになる。仮にそれが無理でも、世界平均成長率の「三分の一」程度の低成長で成長していたとしても、現状で830兆円以上に達していたことになる。この場合我が国国民がデフレで失った所得は3000兆円以上に達していたこととなる。

逆に言うなら、もしも1998年時点でインフラ事業を含めた十分な内需創出

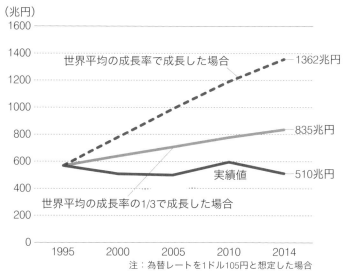

図11・7 我が国におけるデフレ脱却時に実現していたGDPの水準のシミュレーション（為替レートを1ドル105円と想定した場合）（実績値、出典：内閣府）

策を行い、デフレが脱却できていたなら、その経済効果は、3000兆円以上、場合によっては8000兆円以上という「天文学的な水準」に達していたことが予期されるのである。なお、その場合の財政効果は低く見積もっても300兆円〜800兆円という、凄まじい水準に達することになる[*5]。

(7) インフラ事業のフロー・ストック・財政効果の予測技法

この様に、インフラ事業には、実に様々な効果を生じさせる潜在的なポテンシャルを持つ。そもそもインフラは社会それ自身の「基盤」を成すものでありそれを強化するインフラ事業が、時に天文学的な水準の経済・財政効果をもたらす程の巨大な効果を持つのも当然のことと言えよう。

こうしたインフラ事業のフロー効果、ストック効果、ならびにそれらを総合したデフレ脱却効果や財政効果を総合的に予測・評価することができれば、帰結主義的な視点からより合理的な社会的意思決定を行うことが可能となる。もちろん、完全な将来予想は困難、というよりむしろ不可能であるが、帰結主義的に予測・評価し得るものがあるにも関わらずそれを怠っているよりは、可能な範囲で予測・評価を行った上で、総合的な視点から判断を行う方が、より合理的な土木計画が可能となることは論を待たない。

こうした視点から、インフラ事業のフロー、ストック、財政効果を可能な限り包括的に予測・評価するために開発された予測モデルとして MasRAC (Macroeconomic simulator that accounts for Regional Accessibility; 根津・藤井、2016) と呼ばれるマクロ経済シミュレータがある。

このモデルは、インフラ投資がもたらすストック効果と、その投資額によって規定されるフロー効果の双方に基づいて各年次年次の（実質および名目）GDPの推移を推計すると同時に、同じく各年次年次の総税収額や人口の推移を同時に推計するものである[*6]。GDPおよび税収等の推計値は、それぞれの地域毎に予測・評価されるため、日本全体のマクロ経済の視点からの評価に加えて、地域経済への影響を加味した評価が可能である。また、推計にあたっては、総需要と総供給の双方を考慮し、その相対的な大小関係から各年次がインフレであるかデフレであるかと逐次判別する形式をとっているため、インフラ投資によるデフレ脱却効果や、増税等によるデフレ化効果などを推計することも可能

である。このモデルは 2018 年現在において、新幹線や高速道路のインフラ投資の整備効果（根津・藤井・派床、2016）に加えて、南海トラフ地震などの巨大地震の経済被害やその防災対策の経済効果・財政効果の予測・評価に活用されてきている（Mori & Kanda、 2014）。

4 **建設国債による財源調達（借入）について**

　以上の議論はいずれも、「政府支出」と「インフラ形成」による経済・財政効果（ならびにデフレ脱却効果）を論ずるものであったが、本章では最後に、その政府支出をするための「資金調達の方法」ならびに「その効果」について述べることとしたい。

（1）　インフラ事業の財源は、通常「建設国債」によって調達される

　政府の支出と言えば、一般に「税収」が想起されることが多いが、インフラ事業の場合は、税収が充当されることは必ずしも一般的ではない。インフラ事業においては通常、「建設国債」が政府より発行され、これを通して資金が調達されることが多い。

　建設国債による資金調達とは、いわゆる「住宅ローン」の様なものであり、銀行等からの「借入」を意味する。例えば、1 億円の建設国債を政府が発行すれば、銀行等がそれを購入することで、政府は 1 億円を調達できることになる。ただし、国債には常に「償還日」が明記されており、その日になれば、その国債を持ってきた銀行等に、1 億円を「返却」（償還）する必要がある。なお、その際には、利息（つまり当初想定された金利分の利払い費）を上乗せして返却する必要がある。

　なお、こうした国債には、大きく分けてインフラ事業のための「建設国債」と、それ以外の支出項目のための「特例国債」とがあるが、我が国の法制度では、特例国債は基本的に禁止されているが、国会の決議があれば特例的に発行可能である一方、建設国債にはそうした制約はなく、政府は任意に発行できる。

　これは、一般の家計では、住宅ローンは比較的頻繁に行われるが、日常の生活費をまかなう場合の借金は、忌避されている、というのと同じ考え方に基づ

いている。そもそも住宅は、一旦購入すると何十年も使用するもので、その使用期間全体にわたって借金返済を少しずつ行うのは一般的だが、旅行や外食などの消費的出費のためにローンを組んでも、借金返済は「過去に消費したもの」を長期にわたって返済し続けることになるため、通常、借金することが忌避される。同様に、政府においても長年にわたって使用するインフラのための借金は、特定年次に消費してしまう支出のための借金よりも、制約が少ない形でできるように、法的に定められているのである。

(2) 建設国債の発行の影響

　もしも、貸すことができる銀行の資金が限られているとすれば、政府が建設国債を大量に発行し、政府が大量の資金を調達しようとすれば、瞬く間に「資金不足」となる。その結果、政府が建設国債を発行しなければ借りることができていた民間の人々が、政府の建設国債の発行のせいで借りられなくなる。

　こうした現象は一般に、「**クラウディングアウト**」(締め出し)と言われる。この場合、政府の支出が増えても、結局、その分、民間企業が銀行からカネを借りられなくなって、民間投資が縮小することとなる[*7]。そうなれば、結局、トータルの投資額は増えず、内需は拡大しない、ということになる。**この場合、乗数効果は1を大きく下回る**ことになる。

　ところで、こうした「クラウディングアウト」が生ずるのは、様々な民間主体がカネを借りようとしている状況、すなわち、インフレの状況である。一方で、民間の投資が低迷している**デフレの状況**では、銀行の資金を借りようとする民間企業は限られており、政府の国債発行による資金調達による**クラウディングアウトは生じない**ことが知られている[*8]。したがって、デフレ状況では、(財政)乗数が、クラウディングアウトを通して低下することはなく、**11.2節**で述べた理論に近い形で、実際の乗数効果が得られることが期待される。

(3) 建設国債の償還と財政効果

　ところで、政府が建設国債を発行して資金を調達した場合、償還日がくれば、それだけの資金をまた別途調達して償還(返却)することが必要となる場合がある[*9]。

260　　Ⅲ　社会的計画論

この時、クラウディングアウト等が顕著で、「財政効果がゼロ」である場合、建設国債を発行してインフラ事業をやればやるほど、長期的に財政は悪化していくこととなる。

ところが、財政効果が十分にあれば、建設国債を発行してインフラ事業を効果的に行えば行うほど、経済が成長するのみならず、政府の財政がより拡大していくことになる。とりわけ、我が国日本の今日の様なデフレ状態においては、そのインフラ事業を通してデフレが脱却できれば、先の章で指摘したように「天文学的」な水準の効果が得られることから、デフレを終わらせるに十分な程度の資金をインフラ事業に投入することは、十二分以上に正当化される。つまり、交通や防災などの**土木インフラ事業は、経済の基盤（インフラ）を強化し、財政の基盤（インフラ）を強化する力を持つのである。**

したがって、政府の「財政」を合理的に運営するにあたっては、インフラ事業によって、政府支出が短期的に拡大するという点にだけ着目するのではなく、長期的に税収が拡大するという「財政効果」があるという点にも十分配慮する必要がある。ところが少なくとも 2018 年現在の我が国においては、実際の行政の現場では、この後者の「財政基盤の強化効果」が無視されることが一般的で、財政悪化を回避する（＝財政を改善する）という趣旨からインフラ事業を抑制するということが常態化している。しかし以上の議論を踏まえるなら、それによって財政それ自身がかえって悪化してしまっているものと考えられる。こうした不条理な事態を回避するためにも、インフラ事業のフロー効果、ストック効果を過不足なく推計し、それを通して税収に及ぼす財政効果を可能な限り的確に把握できるモデル（例えば、本章で紹介した MasRAC、根津・藤井、2016）を開発し、それを活用することで、より合理的な財政運営の視点も加味しつつインフラ事業のあり方を考えるという姿勢が、土木計画においてのみならず日本経済の経済財政運営において強く求められているものと考えられる。

注
1　私有財産制の下では資本は個人に帰属するが、その個人が利益を得る為に自由に彼の資本を使って生産を行なうシステムが「資本主義市場経済（capitalist market economy）」である。このシステムの下では、各個人によって得られた利益は彼らによって投資に使われ、資本が増加することになる。そして増えた資本は再び利益を得る為の生産に活用される。このような自律的な資本と生産と利益の循環的な増殖運動、すなわち「経済成長」こそが資本主義経済の基本的特性だ。そして、

この循環を駆動するものこそ、各人の私的な利益追求動機である。ところが資本主義の国や地域において経済成長が止まり、市場に投資をしても利益を拡大することが出来なくなってしまえば、皆が投資をしなくなってしまい、資本主義経済を動かすエンジンが止まることになる。これこそ後に述べる「デフレーション」という現象だ。この状態はいわば資本主義経済の"死"を意味している。ここで忘れてはならないのは、道具や機械といった固定資本は使えば使うほど摩耗する、という点だ。だから少なくとも生産における減耗分を投資によって補てんしなければ、経済は縮小の一途をたどることになる。以上の議論に基づくなら、資本主義（capitalism）は、資本を形成する「投資」がなくては経済は成長どころか維持さえできないという事実を前提とした経済の考え方であると実践的に解釈することができる。

2　民間投資と政府支出は、

　　民間投資＝在庫投資＋設備投資＋建設投資
　　政府支出＝政府消費＋政府投資

と定義されるので、GDP は、

　　GDP ＝民間消費＋民間投資＋政府支出＋純輸出
　　　　＝民間消費＋在庫投資＋設備投資＋建設投資＋政府消費＋政府投資＋純輸出

ここで、「設備投資＋建設投資＋政府投資」という投資の合計は「総固定資本形成」と呼ばれていることを踏まえると

　　GDP ＝民間消費＋政府消費＋総固定資本形成＋在庫投資＋純輸出

と定義することもできる。なお、内閣府の統計表ではこの分類に基づいて整理されている。

3　消費性向が c の場合（つまり、貯蓄率が $1 - c$ の場合）に、「1 単位」の政府支出があった場合、フロー効果は、

　　GDP の増加量　＝　$1 + c + c^2 + c^3 + c^4 + \cdots$

となる。これは無限等比級数であり、この場合の合計値は、

　　GDP の増加量　＝　$1/(1 - c)$

となるのであり、これが、乗数と消費性向との関係式である。したがって、$c = 0.5$ の場合、乗数は 2、$c = 0.2$ の時 1.25、$c = 0.8$ の時 5.0 となる。

　そして、本文でも記述したように、現在の実際の消費性向は 0.8 程度であるから、以上の理論に基づくと、日本の乗数は 5 程度であるということが予想されることとなる。ただし、デフレ状況下の今日、企業が内部留保を積み上げる傾向が極めて高いため、実際の乗数は 5 には達しない。それではどの程度低い水準なのかという点については様々な試算がなされているが、名目 GDP ベースで、内閣府 ESRI 短期モデルの場合 2.3 で NEEDS モデルで 1.8（渡部、2014）、また、筆者らが行った実証分析に基づくと 2.4 程度、内閣府モデルを基本として際推計した再シミュレーション分析（田中他、2016）でも 2〜2.5 程度の水準となった。これらの計量分析に基づくと、現在の日本の(財政) 乗数は 2〜2.5 程度の水準にあると考えられる。

4　統計上は、需要と供給の乖離は在庫投資という形で統計上は吸収され、完全に一致するように調整されている。

5　2015 年時点での総税収の GDP 比は 10.6%であり、その値を単純に活用した場合、経済効果の約 1割の税収が増加する財政効果があると想定できる。

6　MasRAC は、GDP および総税収の地域別の年次推移の推計にあたって、計量経済分析に基づいて過去の実績データから推定した「交通インフラ投資や防災投資等が総需要と総供給のそれぞれに及ぼす影響についての関数群」を使用するものである。すなわち、その推定された関数群を用いて、交通インフラ投資等が行われた場合の総需要、総供給をそれぞれ推計し、その値に基づいて GDP、税収、人口、GDP デフレータを年次別、地域別に推計していくものである。詳細は、根津、藤井（2016）、根津、藤井、派床（2016）等を参照されたい。なお、MasRAC は、マクロ経済学分野で

長年開発されてきた主としてフロー効果を予測・評価するためのマクロ経済シミュレータに、交通計画分野で開発されてきた交通インフラがもたらすストック効果についての経済効果についての諸研究の知見を導入したものである。したがって、フロー効果とストック効果を同時に予測・評価可能なものである。

7　クラウディングアウトが生ずる具体的プロセスは、1）政府の国債発行によって資金需要が上昇して金利が上昇する、2）その結果、民間企業が銀行から借りる資金自身が縮小する、というものである。なお、こうした議論を精緻に行うには、本章で論じている、実際の財やサービスなどが取引される「実態経済」「実態市場」とは別に、金融商品が取引される「金融経済」「金融市場」を想定し、金利がどのように変化するかを考慮した分析が必要となる。金融市場・金融経済を加味した全体の経済現象の記述については、例えば、青木（2012）等を参照されたい。

8　実際、日本がデフレになって以降、国債発行額が増えても、（クラウディングアウトが生じているのなら上昇するはずの）金利が、むしろ低下し続けている。これはクラウディングアウトがデフレ期には生じないことの実証データと解釈できる。

9　国債の償還日が訪れた時、再度、国債を発行して、償還日を延期することは極めて一般的である。一般に、こうした対応は「借り換え」と呼ばれる。例えば EU 諸国では、償還日が訪れた時、財政全体が黒字である場合には償還するが、赤字の場合（税収の方が支出よりも低い場合）には、借り換えを進めることが一般的である（川村、2017）。

第 11 章の POINT

✓ インフラ事業＝土木事業は、地域や国家全体の経済状況、すなわち、人々の所得や支出や企業活動等の全てを含んだ「マクロ経済」に少なからぬ影響をもたらす。

1）インフラ事業にはマクロ経済を活性化する「経済効果」と、政府の税収を増やす「財政効果」がある。

2）インフラ事業がもたらす経済効果には、作られる道路や堤防などのインフラの「施設」があることでもたらされる経済効果である「ストック効果」と、そのインフラの「事業」を行う際に、民間の企業に政府が「支出」するという「事業」によって生ずるフロー効果がある。

✓「経済効果」は一般に、国内総生産＝ GDP（Gross National Product）で測定される。

1）GDP の定義の 1 つは「日本経済の全ての経済主体の所得の合計値」（総所得）である。

2）ただし、GDP には「三面投下の原則」があり、「総所得」以外にも「総支出」「総生産」と定義することができ、これら三者は一致する。

3）「総支出」（すなわち「需要」）で定義すると、GDP は民間消費、民間投資、

第 11 章　マクロ経済論　　263

政府支出、純輸出の四者の合計値である。だから、GDPは政府が支出拡大することでも成長する。

✓ 経済には「需要」と「供給」がある（国内のそれらの合計値を総需要、総供給と呼ぶ）。そしてその潜在的な水準において、需要が供給を上回ると経済（すなわち、GDP）が成長していくインフレ経済となり、需要が供給を下回ると経済（すなわち、GDP）が衰退していくデフレ経済＝デフレ不況となる。

1) 日本は、1997年の消費増税で国民の消費が冷え込み、需要が縮小したことで「デフレ不況」となり、それ以降、「衰退途上国」の状況に陥っている。

2) デフレ不況から脱却するには、供給以上の需要を創出することが必要である。

3) 一方でインフラ政策のフロー効果、ストック効果という経済効果は総需要を拡大するため、効果的にデフレ不況を終わらせることができる。むしろ、民間の投資が進まないデフレ下では、政府支出を中心とした需要創出以外に効果的な方法はない。

第12章
土木計画の目的論
「計画目的」についての社会哲学

　土木は、土木施設の整備と運用を通じて、「我々の社会をより良い社会へと少しずつ改善」していこうとする社会的な営みである。この前提に立ち、本書では、数理的計画論や態度変容型計画論、社会学的計画論、そして土木計画における社会的意思決定や行政プロセスのあり方を論じた。それらの中で、土木計画の目的、すなわち、「良い社会」の方向を表す概念として、例えば経済学で言うところの「社会的便益」「社会的厚生」や政治学で言うところの「社会善」等をそれぞれ用いてきたが、それらの概念は、よって立つ学問体系が異なるが故に異なる言葉が用いられているに過ぎず、本来的にはいずれも同じこと意味している。言うまでもなく、こうした「目的」についての認識は、土木計画を行う上で何よりも重要である。なぜなら、如何なる社会が良い社会かの考え方が異なれば、自ずと土木計画のあり方も異なるものとならざるを得ないからである。

　しかし、「良い社会とは何か」の「内容」を改めて論ずることは容易なことではない。無論、散文的な描写を行うことは不可能ではないとしても（例えば、第2章の注［11］参照）、でき得ることはせいぜいその程度である。しかし、土木計画において、「よい社会とは何か」を**如何にして考えればよいのか**を論ずることなら可能である。それはすなわち、真や善や美を、如何にして哲学的に志向すればよいのかを論ずることに他ならない。なぜなら、何が正しい真理であり（真）、何が真に正しきことであり（善）、何が真に美しいのか（美）を理解しさえすれば、目標とすべき社会は自ずと浮かびあがることとなるからである。こうした真善美に対して志向する活動とは、**第2章**で述べた土木計画論に

基づくなら、目的―手段連関の階層構造体における「上昇運動」を行うということに他ならない。第2章で述べたように、包括的なプランニングを行うにあたって、常に計画目的に立ち返る上昇運動が極めて重大な意義を持つのであり、そして、それを保障する基本的なアプローチを把握することが、土木計画者において求められる資質の1つなのである。

　本章では以上の認識の下、計画目的についての社会哲学を論じ、これをもって、本書を終えることとしたい。

1　土木計画における目的論の意義

　古代ギリシャの時代から、「真善美」に対して如何に接近し得るのかが様々な形で論じられてきた。それらの議論には多種多様なものが挙げられるが、それらの議論の最も明確な結論の1つは、

　　「真善美に接近するには、
　　　真なるもの、善なるもの、美なるものについての価値基準が
　　　客観的に存在するということを想定することが不可欠である」

という命題である(藤井、2006a)。この命題について述べるにあたり、ここでは、上記のように真善美の客観的実在を考える(あるいは、信じる)人を「非ニヒリスト」、上記のような真善美の客観的実在を全く考えない(あるいは、信じない)人を「ニヒリスト」(虚無主義者)と呼称し、彼らの具体的判断がどのように異なるかを述べることとしよう。

　まず、土木計画者が包括的プランニングを行う過程において「善き社会が何か」を判断する際、そうした判断が可能となるのはそれが良質か悪質かを見なす「価値基準」が存在しているからに他ならない。この点については、ニヒリストも非ニヒリストも同じである。ところが、ニヒリストはそうした価値基準には、客観的根拠など存在しないと信じている、という点に大きな特徴がある。それ故、彼は、彼の精神の深奥にまで、大切なものは人それぞれ、状況によって違うのであり、絶対に正しいこと等何もないのだ、という「価値相対主義」的な(ニヒリスティック＝虚無主義的な)気分に支配されている。しかし、現実社会では、如何なる人物であっても何らかの「決断」をせねばならないので

あり、その為の何らかの「価値基準」がどうしても必要とされる。彼が土木計画の策定に関わる土木計画者であるなら、なおさらである。しかし、彼は、絶対的な価値基準など存在しないと信じ切ってしまっている訳であるから、彼が頼ることができるのは、自らの「主観的な価値基準」しかない。無論、彼は自らの価値基準が素晴らしいものだとは（口先で言うことはあったとしても）、心の底では微塵も感じてはいない。そうであるにも関わらず、ニヒリストである彼は、自分ですら心底信頼しているわけではない自らの主観的な価値基準にすがらざるを得ないのである。かくして、彼は傲慢にも、彼自身の「思いこみ」や「好み」、あるいは、（単なる「利便性」「効率性」といった子供でも理解できるような）単純な「コンセプト」のみであらゆるものを作ることができてしまうのである。

　ところが、それが彼自身の単なる主観や好み、流行にしか過ぎない以上は、それが、持続的に多くの人々に共有される可能性は著しく低い。したがって、ニヒリストたる土木計画者達が重要な土木計画を多数担当してしまえば、大多数の人々が良質であると認識するような社会からは徐々に乖離していく危険性が高くなる。

　ところが、非ニヒリストである土木計画者は、価値には「客観的根拠」が存在すると信じている。そして言うまでもなく、それが「客観的」である以上は、もし自分自身がその客観的根拠に基づいて土木計画をプランニングすることができるのなら、それは、他の多くの人々にとって良質な社会に近づくであろうと信じている。そしてそれと同時に、それが自らの主観ならざる「客観」である以上、それが容易に自分自身で主観的に理解できるものではないであろう、という謙虚な認識を持っている。言うまでもなく、この謙虚さは、客観的な価値の存在を信じないニヒリスト達にみられる傲慢さとは正反対のものであり、それ故、彼は様々な他者の声に耳を傾ける。そして、当該の計画が実施されるその地の様子を、あらゆる角度から眺め、調べる。その地域にて、人々はどのように暮らしているのか、そして、過去のどのような人々の暮らしや思いがあったのかを理解しようと努めるであろう。そしてもしもそうした努力の果てに、そこに後世に残すべき価値あるものが見いだせたと彼が主観的に感じたのなら、その自らの主観に半信半疑の態度をとりながらも、それを残す為に様々なプランのあり方を考えることとなるであろう。このとき、そのプランは、多くの

人々が「良質」と判断するであろう社会にアプローチする可能性が十分に存在することとなる。なぜなら、上述のように、その計画者は、現在そこに関わる人々、あるいは、過去においてそこに関わってきた人々の思いを感じ取り、かつ、その思いの中に、「客観的なる価値」の影を朧気ながらにでも見いだした上で、それを保守し、さらに強化する為にプランニングを為していくからである。

　つまりは、全く同じ能力を持つニヒリストと非ニヒリストの計画者を仮に想定したとすれば、彼らの判断は、その慎重さにおいて大きく異なることとなるのである。ニヒリストの計画者は個人の好みや流行や「お気に入りのコンセプト」や「単なる効率性」に支配される傾向が顕著である一方で、非ニヒリストは客観的な価値の根拠の視点からのプランニングを試みるのである。この慎重さの相違は、例えて言うなら、「聖書」への宣誓が行われる宗教性を纏った裁判における慎重さと、宗教性不在の私刑の裁判（例えば、戦勝国が自らの私怨を動機として敗戦国を裁く様な裁判）における慎重さとの間の相違と同様の構図を持つ。ソクラテスが指摘したように、もしも究極的な次元において真と善と美が不可分なものであるのなら、真を探求する裁判と、真美善の包括的実現を目指す土木計画との両者に本質的な相違などない。それ故、ニヒリストたる計画者は、真理などないと考え、自らの好みや気分で判決を言い渡し続ける「私刑裁判官」と何ら相違ないのである。無論、非ニヒリストの裁判官であっても誤審の可能性は排除できぬとしても、誤審の数はニヒリストの裁判官におけるそれに比べれば、とるに足らぬものになることは間違いない。

　最後に、真善美の客観的基準の存在を前提とする非ニヒリストの土木計画者が、その地に「後生に残すべき善きもの」が何ら見いだせず、客観的な価値の根拠の観点からすれば劣悪なるものしか見いだせなかった、と主観的に感じた場合について考えることとしよう。現代においては、古くからの田園風景も寺社仏閣も、良好な水辺空間も何もかもがきれいさっぱりなくなったような「完全に近代化された地域」においては、こうした状況が生ずることもあろう。しかしそのような状況においてもなお、その土木計画者が非ニヒリストであるのなら、大いなる困難を感じながらもニヒリズムに冒された計画者より良質な社会にアプローチすることに成功することであろう。なぜならば、そうした状況においてもなお、ニヒリストならざる計画者は、自らの主観を超えた、「客観的

な価値」の存在を信じているのであり、幾ばくかでも「善き社会の方向」（すなわち、客観的な価値の基準の見地から評価されるべき方向）へと近づく為の包括的プランニングを志向するに違いないからである。

2 計画目的への接近方法

　さて、先に述べた「真善美についての（主観的ならざる）客観的な評価基準が存在している」と想定することは、善き社会を目指したプランニングを行う上で、最低限必要とされる第1条件であったが、その前提の上で、より効果的に、かつ、より具体的個別的な局面において真善美に接近する方法として、プラトンやヘーゲル、キルケゴール等、様々な哲学者によってその有効性が指摘されてきたのが、「弁証法」である。

　この弁証法は、一個人の思考の展開においても見られるが、最も典型的には「議論」の形式を取る。ただし、皆が同じ意見を持っている状況での議論は、弁証法的な議論とはならない。弁証法的議論が展開される為には、個人間で意見が異なることが不可欠である。

　ただし、議論する個人が、

①自身の見解を述べることだけを目的とし、他者の言うことを全く聞かない

②他者を言い負かすことのみを目的とし、自分の意見を絶対に変えない

③自らの許容範囲の中で合意することだけを目的に調整をする

というような形の議論では、何者をも生み出すことがない[*1]。無論、①の議論からは自己満足が、②の議論からは（ときには）勝利感が、そして、③の議論（あるいは交渉）からは合意形成が得られるであろうが、どの議論を通じても、誰も「真理」には接近していない。それ故、いうまでもなくそういう議論は弁証法的議論とは到底呼べるものではない。

　弁証法的議論が展開される為には、まず、その議論に参加する個人が、

　　　「当該の議論のテーマについて、真理は必ず存在するはずだ、と想定する」

ことが不可欠である。これは、先の節で述べた「真善美に接近するには、真なるもの、善なるもの、美なるものが、客観的に存在するということを想定することが不可欠である」という条件と同様の条件である。ここでもしも、議論に

参加する各人が上記のような前提を携えるとするなら、論理的に、次の命題が真となる。

　　「現在の自分の意見も、他者の意見も、どちらかが真理であるかもしれないが、どちらも真理ではないかもしれない」

すなわち、真理は２つとないのであるから、自分の意見も他者の意見も正しい、ということはあり得ない、ただし、どちらかが正しいか、あるいは、どちらも正しくないか、ということはあり得る、という認識が、あるいは気分が、議論をする人々の間で共有されることとなるのである。

　この気分は、議論する上で極めて重要である。この気分があってはじめて、人々は「真剣」に議論をするきっかけを見いだすこととなるのである。しかも、上述のように、自らの意見は間違っているかも知れない、という気分を皆が共有しているのであるから、他者の意見を良く聞く。そして、自らの意見が正しいかも知れない、という気分もあるわけだから、自説をできるだけ分かり易く理路整然と述べることともなる。

　以上の条件がそろえば、弁証法的議論が可能となる「下地」ができたこととなる。しかし、これではまだ弁証法的議論ができたことにはならない。「弁証法」と呼ぶ為には、こうした議論を通じて「アウフヘーベン（止揚）」が生じなければならないからである。

　ここで例えば、意見Ａとその意見とは矛盾する意見Ｂがあり、それらの間で議論をしている場合を想定してみよう。例えば、治水の為に、より安全だが環境への影響が大きいダムを造るべきか、それとも安全性はダムには劣るが環境への影響は小さい堤防を強化すべきか、という議論をしている場合を考えてみよう。その議論が、上述のような「真理」の存在を前提としたものとなっている場合には、ダム派の人々は、その論拠を堤防派の人々にきちんと説明する一方、堤防派の人々の主張もよくよく理解するように努める。無論、逆も然りである。こうした議論が続けば、もし、一方が完全に誤った主張をしていたのなら、その誤謬が明らかとなり、もう一方の主張に議論が収斂するであろう。しかし、多くの場合、それぞれの意見にそれなりの「理」があることが一般的である。それ故、そうした誠実かつ真剣な議論を続ければ、双方の長所を組み合わせたよりよい案が浮かび上がることが多い。すなわち、意見Ａと意見Ｂとで

議論をした結果、意見Aと意見Bの双方を包含する、新しい意見Cが浮かびあがるのである。このように、異なる意見を持つ者同士が誠実で真剣な議論を行い、その果てに全てを包含するより良い意見Cを浮かびあげること（あるいは、浮かびあがらせようとすること）を、「弁証法」と呼ぶのである。

　以上を、ヘーゲルが提唱する説明概念を用いてより形式的に説明すると、次のようになる。すなわち弁証法とは、ある「命題」（テーゼ）があり、また、それと矛盾する別の命題である「反命題」（アンチテーゼ）があり、その両者を「本質的に統合」した新しい命題である「合」（ジンテーゼ）を得ようとする方法論が「弁証法」であり、ジンテーゼを得るという動学的な作用そのものを「アウフヘーベン」（止揚）と呼ぶのである。

　さて、ここで、このジンテーゼはしばしば、異なる意見同士の人間が議論した挙げ句に折り合いをつけた「妥協点」「合意点」と混同される場合があるが、それとは全く異なるものである。なぜなら、妥協点・合意点は、ただ単にテーゼとアンチテーゼの間の「折衷案」であり、双方の美点を全て引き受けた存在ではないからである。それ故、その合意者は、その合意点・妥協点に対して完全な満足を覚えている訳ではなく、彼らは望むらくは自らが初期に所持していた意見をそのまま実現したいとしか願っていない。一方、アウフヘーベンで得られたジンテーゼは、テーゼとアンチテーゼの美点を全て引き受けた全く新しい命題なのである。それ故、テーゼを主張する個人もアンチテーゼを主張した個人も、新しく得られた命題に対して十分な満足を見いだす。むしろ、当初の意見よりもより良い案となったことから、自らの意見を通すよりも、より高い満足を見いだすのである。

　さて、以上は、「弁証法的議論」について述べたが、以上の過程は無論、1人の精神の中で繰り返すこともできる。常に自らの意見の反対の意見、あるいは矛盾する意見を見いだし、その矛盾する意見の中にわずかなりとも美点が存在しているのか、それが存在しているのなら、それをどのように取り入れ、どのようにアウフヘーベンを行い、新しいジンテーゼを得るのか、という作業を、孤独に続けることもできる。

　弁証法を個人で行うのか、それとも議論で行うのかについては、もちろん、適当な他者がいれば、議論を行うことが何にもまして望ましい。なぜなら、現

状の意見に対するアンチテーゼを探求する容易性は、1人で行うよりも他者に指摘してもらう方が格段に高いからである。そして何より、複数個人から構成される「組織」は、一個の個人を超えた1つの「有機体」となり得る存在なのであり（第9章参照）、かつ、様々なアウフヘーベンをもたらし得る様々な議論を繰り返すことによって当該の有機体の活力はますます増進し、さらなるアウフヘーベンをもたらし得る力を得ることができるからである[*2]。

　しかしながら、他者との議論においては常に、(p.269で指摘した)①〜③の前提でしか話をしない人がいる点には注意が必要である。特に、第7章で述べた「審議会形式」で意思決定を行う場合に、審議委員の中に①〜③の立場の人がいれば、その審議会にてアウフヘーベンを期待することが著しく困難なものとなる。

　こうした点を考えれば、アンチテーゼを把握する場合にはできるだけ広く意見を収集する一方、アウフヘーベンを行う場合には、上記の①〜③の立場に立たずに、誠実で真剣な議論をすることが可能であろうと信頼できる人々と弁証法的議論を行うことが得策であろう[*3]。そして、その弁証法的議論が成功したのなら、その結果を意見を発信した人々にフィードバックすることで、(その人々が理性的である場合に限っては)その人々からの支持を得ることができるであろう。なぜなら、弁証法は、全てのテーゼ、アンチテーゼの美点を統合した新たなジンテーゼを見いだす方法論だからである。

　とは言え、そのジンテーゼが如何に素晴らしい案であったとしても、全くそれを理解できない人々がいることも忘れてはならない。なぜなら、意見を表明した人の中には、「意見Aを導入することに"絶対"に反対する」という形式の意見を表明した人がいるかも知れないからである。多くの場合、こうした形式の意見を表明する人々は、真理の探究に興味があるのではなく、意見Aを阻止することそのものを目的とする人々（あるいは、「ニヒリスト」）なのである。さらに、自らが表明したテーゼが、表明されているジンテーゼと異なっているからというだけの理由で、ジンテーゼに対して（不毛な）議論を仕掛けてくる人々も少なくない。無論、そのジンテーゼが、表明されたテーゼの美点を完全に統合しつくしているかどうかを吟味する必要は皆無では決してない。しかし、少なくとも既に当該のテーゼを含めてアウフヘーベンがいずれかの点において行

われた可能性も存在しているわけであるから、当該の不毛な議論を仕掛けてくる様な人々は、まずは、ジンテーゼが如何なる意味で当該のテーゼの美点を含み得ているかを吟味する責務[*4]を持つべきであろう。こういった種類の人々も、結局は真理には一切の関心を持たず、ただただ自説が通ることだけに関心を抱く人々（あるいは、「ニヒリスト」）なのだと言わざるを得ないだろう。

　こうした各種のニヒリストの存在を前提としたときに、土木計画者は如何なる態度を取るべきなのか——、それはおそらくは、行政権の執行に関わる者であるのなら、誠実な議論と説得を繰り返す一方で、最終的には行政権の各種の「強制的」な執行（第10章参照）に踏み切る決断を迫られるであろう。一方で、言論に携わる立場にあるのなら、大いなる絶望感に苛まれながらも、万人はニヒリストではない（すなわち、真善美の客観性を信ずる可能性を持つ）という一縷の希望を捨て去ることなく、誠実な議論と説得（第7章参照）を繰り返し続ける以外に道はないだろう。

注

1　無論、こうした話し合いで「真理」に近づき得る真に意味のあるものは何ら生み出すことはないとしても、自己満足や勝利感、仲間意識の醸成等、様々な心理的満足感を生み出すことはある。そしてこれは全くの個人的な見解であるが、世間で行われている議論と銘打たれた複数者間の話し合いにおける多くの（無論、全てではない）話者は、真理への接近には何ら興味を抱かずに、こうした心理的な満足感を得ることのみを目的として、ここで指摘した①や②の態度で議論や会話に臨んでいるようにも思える。読者各位も、自身の会話や議論の有り様を、一度振り返ってみてはいかがであろうか。

2　第9章において述べたように、生命とは「内的関係と外的関係との持続的な調整」を意味するものであるが（スペンサー、1820）、この定義は、ヘーゲルの弁証法の考え方を用いるなら、「アウフヘーベンを持続的に行うこと」を意味するものと換言することができるだろう。なぜなら、内的関係と外的関係は常に矛盾をはらんだものであり、その両者との間の調整とは、いずれか一方を否定することではなく、双方の存在を前提としつつ、両者を統合することに他ならないからである。外的関係を否定する態度は完全に自然を支配する態度であり、内的関係を否定する態度は肉体活動の停止を意味する。言うまでもなく自然の完全支配は不能であるが、万一これが叶うのなら、万物が内的関係だけとなる。それは我々にとっては一切の環境の消失を意味し、完全なる虚無の中に投げ出された状態となり、その状況において仮に肉体の活動だけが持続していたとしても、虚無の中で「何を」認識するのだろう。一切の認識がないところに如何なる精神の活動もあり得ないとするのなら、完全なる自然の支配は精神の死を意味することとなろう。つまりは、内的関係の否定は肉体の死を、外的関係の否定は精神の死を意味するのであり、矛盾をはらむ両者の間の均衡と調整を図り、アウフヘーベンを行うことこそが、生命の本質なのである。かくして、生命力とは、弁証法的にアウフヘーベンを行い得る力と言い得るのである。

3　無論、そうした他者が限定的、あるいは、皆無な場合でも悲観する必要はない。アンチテーゼさえ

仕入れることができるのなら、1人で孤独にアウフヘーベンを目指した精神活動を続けることは、全くもって可能だからである。ただし、自らがともすれば、①、②、③のいずれかの立場に陥っているのではないかという疑義も常に抱く必要はあろう。それ故、半ばアウフヘーベンは不可能かもしれぬと思いながらも、多様な人々と議論をしていくことも重要であろう。場合によっては、全く予期しなかったところで、全く想定していなかった他者との間で、アウフヘーベンが可能となるかもしれないからである。これこそが、第10章で述べたPIが求められる本質的理由と言えるだろう。なお、アウフヘーベンが生じたかどうかを理解することは全くもって困難なことではない。アウフヘーベンがおこった瞬間は、文字通り「目から鱗」であり、「なるほど」と感じ入ること必定だからである。

4　実を言うなら、「伝統」への敬意が必要であるのは、こうした「アウフヘーベンによって得られたジンテーゼが、如何なる意味で諸テーゼの美点を含みうるかを吟味すべき責務」を、当該のアウフヘーベンに関与していなかった人々が持つべきだからなのである。いわゆる「先人達」は、長い歴史の中で、種々のアウフヘーベンを成し遂げ、そしてそれが「伝統」の中に種々の形で埋め込まれている可能性が十分に考えられるのであり、だからこそ、それを軽視することは倫理的に許容されないのである。ただし、言うまでも無い事であるが、「伝統への敬意」と「伝統への盲従」とは全く異なるものである。盲従するものは自らアウフヘーベンを成す努力の一切を放棄したニヒリストである一方、敬意を表するものは、連綿と続く伝統の内に、自らの生を賭して成すアウフヘーベンを新たに埋め込み得る非ニヒリストなのである。

第 12 章の POINT

✓「善き社会とは何か」を論ずることは容易ではない。しかし、善き社会とは何かを考える上で不可欠なのは、土木計画に携わる者が、真善美（真理、善きこと、美しきこと）についての基準が（一人一人の主観の外側に）客観的に存在しているのだと「想定」することである。

✓より具体的な土木計画上の目的を探る具体的アプローチは、上記の認識を携えた上で「弁証法」（あるいは、それに基づく議論）によってアウフヘーベン（止揚）を繰り返すことである。

✓ここにアウフヘーベンとは、命題（テーゼ）と反命題（アンチテーゼ）が存在するとき、双方を本質的に統合し、双方の美点を包含した新しい命題（合＝ジンテーゼ）を生み出すことである。

✓ただし、真善美の客観的基準を信じない人々との間では、アウフヘーベンが生じ得ない点には留意が必要である。ただし、そうした人々でも、アンチテーゼを供出することは不可能ではなく、したがって、どのような人々の意見であっても収集することには一定の意味がある。

練習問題の解答

第3章

①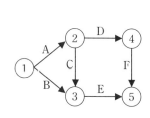

②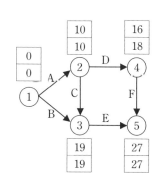

上段：最早結合点時刻、下段：最遅結合点時刻
クリティカルパスは A → C → E

③ 各段階での短縮する作業と、その日数と費用は、以下の通り。

1) 短縮する作業；1 → 3、2 → 3、4 → 5　　短縮日数；2 日　費用；4 万円
2) 短縮する作業；1 → 3、2 → 3、4 → 5　　短縮日数；1 日　費用；5 万円
3) 短縮する作業；3 → 5、4 → 5　　短縮日数；1 日　費用；6 万円
4) 短縮する作業；1 → 2、1 → 3　　短縮日数；3 日　費用；21 万円
5) 短縮する作業；1 → 2、3 → 5
   延長する作業；2 → 3　　短縮日数；1 日　費用；8 万円
6) 短縮する作業；1 → 3、2 → 3、2 → 4　　短縮日数；1 日　費用；16 万円

これより、以下のプロジェクト費用曲線が得られる。

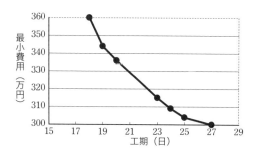

第4章

問題1

スラック変数 λ_1、λ_2、λ_3 を導入した上で等式化し、その上でシンプレックス表を作ると、下記表のサイクル0となる。これを基本としてシンプレックス法を適用すると、以下のように計算される。

サイクル	基底変数	基底変数の値	x_1	x_2	λ_1	λ_2	λ_3	θ	式番号と変換式
0	λ_1	12	2	1	1	0	0	6	①
	λ_2	15	1	3	0	1	0	15	②
	λ_3	7	1	1	0	0	1	7	③
	z	0	−3	−2	0	0	0		④
1	x_1	6	1	0.5	0.5	0	0	12	⑤=①/2
	λ_2	9	0	2.5	−0.5	1	0	3.6	⑥=②−1×⑤
	λ_3	1	0	0.5	−0.5	0	1	2	⑦=③−1×⑤
	z	18	0	−0.5	1.5	0	0		⑧=④+3×⑤
2	x_1	5	1	0	1	0	−1		⑨=⑤−0.5×⑪
	λ_2	4	0	0	2	1	−5		⑩=⑥−2.5×⑪
	x_2	2	0	1	−1	0	2		⑪=⑦×2
	z	19	0	0	1	0	1		⑫=⑧+0.5×⑧

これより、目的関数の最大値は 19 であり、そのとき、x_1 の値は 5、x_2 の値は 2 である。

問題2

この問題は、制約条件のない非線形計画問題である。そして、この関数に−1を乗ずれば最小化問題となり、かつ、その関数は二次関数であるので凸関数であることが保証されている。それ故、この関数に−1を乗じた上で x, y の双方で偏微分して双方0と置くと、以下の連立式が得られる。

$$\frac{\partial(-f(x,y))}{\partial x} = 10(x+2y)+16x = 0$$

$$\frac{\partial(-f(x,y))}{\partial y} = 20(x+2y)+6 = 0$$

この連立式をとくと、$x = 3/16, y = -39/160$ が得られる。

問題 3

まず、問題の長方形に対して、図のように x と y をとる。

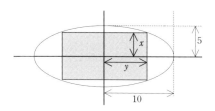

すると、この長方形の面積を $f(x, y)$ とすれば、これは、

$$f(x, y) = 4xy$$

となる。また、この長方形の各頂点が楕円上に位置していることを踏まえると、

$$\frac{x^2}{5^2} + \frac{y^2}{10^2} = 1$$

それ故、この問題は、次のような最適化問題となる。

OBJ $f(x, y) = 4xy \to \max$

S.T. $g(x, y) = \dfrac{x^2}{5^2} + \dfrac{y^2}{10^2} - 1 = 0$

この最適化問題は、等式制約条件を持つ非線形最適化問題である為、ラグランジェの未定乗数法を用いる。まず、目的関数に -1 を乗じて最小化問題とした上で（なお、この操作をする必要性は今回においては特にないが、本文にて非線形計画法を述べる際に全て最小化問題の形式で述べていた為に、この形式に転換しているに過ぎない）、ラグランジェの未定乗数 λ を導入し、以下のラグランジェ関数を定義する。

$$L(x, y) = -4xy - \lambda\left(\frac{x^2}{5^2} + \frac{y^2}{10^2} - 1\right)$$

これを x、y、λ で偏微分し、それぞれ 0 とおくと次の連立式が得られる。

$$\frac{\partial(L(x, y, \lambda))}{\partial x} = -4y - \frac{2x\lambda}{25} = 0$$

$$\frac{\partial(L(x, y, \lambda))}{\partial y} = -4x - \frac{2y\lambda}{100} = 0$$

$$\frac{\partial(L(x, y, \lambda))}{\partial \lambda} = -\left(\frac{x^2}{5^2} + \frac{y^2}{10^2} - 1\right) = 0$$

これを解くと、

$$x = \frac{5}{\sqrt{2}}, \ y = \frac{10}{\sqrt{2}}, \ \lambda = -100$$

が得られる。したがって、面積の最大値は、100 となる。

問題 4

　この最適化問題は、不等号制約条件付きの非線形最小化問題である。それ故、その最適解は、キューンタッカーの条件を満たすものである為、まず、解が満たすべきキューンタッカー条件を導出する。その為、まず、制約条件式の不等号の向きに注意しながら、ラグランジュ関数を次のように定義する。

$$L(x_1, x_2, \lambda_1, \lambda_2) = (x_1-1)^2 + (x_2-2)^2 - \lambda_1(-x_1{}^2 - x_2{}^2 + 2) - \lambda_2(x_1 - x_2)$$

これより、キューンタッカー条件は以下となる。

$x_1{}^* > 0$ のとき，$\quad \dfrac{\partial L(x_1{}^*, x_2{}^*, \lambda_1{}^*, \lambda_2{}^*)}{\partial x_1} = 2(x_1{}^*-1) + 2\lambda_1{}^*x_1{}^* - \lambda_2{}^* = 0 \qquad$ ①

$x_1{}^* = 0$ のとき，$\quad \dfrac{\partial L(x_1{}^*, x_2{}^*, \lambda_1{}^*, \lambda_2{}^*)}{\partial x_1} = 2(x_1{}^*-1) + 2\lambda_1{}^*x_1{}^* - \lambda_2{}^* \geq 0 \qquad$ ②

$x_2{}^* > 0$ のとき，$\quad \dfrac{\partial L(x_1{}^*, x_2{}^*, \lambda_1{}^*, \lambda_2{}^*)}{\partial x_2} = 2(x_2{}^*-2) + 2\lambda_1{}^*x_2{}^* + \lambda_2{}^* = 0 \qquad$ ③

$x_2{}^* = 0$ のとき，$\quad \dfrac{\partial L(x_1{}^*, x_2{}^*, \lambda_1{}^*, \lambda_2{}^*)}{\partial x_2} = 2(x_2{}^*-2) + 2\lambda_1{}^*x_2{}^* + \lambda_2{}^* \geq 0 \qquad$ ④

$\lambda_1{}^* > 0$ のとき，$\quad \dfrac{\partial L(x_1{}^*, x_2{}^*, \lambda_1{}^*, \lambda_2{}^*)}{\partial \lambda_1} = x_1{}^{*2} + x_2{}^{*2} - 2 = 0 \qquad$ ⑤

$\lambda_1{}^* = 0$ のとき，$\quad \dfrac{\partial L(x_1{}^*, x_2{}^*, \lambda_1{}^*, \lambda_2{}^*)}{\partial \lambda_1} = x_1{}^{*2} + x_2{}^{*2} - 2 \leq 0 \qquad$ ⑥

$\lambda_2{}^* > 0$ のとき，$\quad \dfrac{\partial L(x_1{}^*, x_2{}^*, \lambda_1{}^*, \lambda_2{}^*)}{\partial \lambda_2} = -x_1{}^* + x_2{}^* = 0 \qquad$ ⑦

$\lambda_2{}^* = 0$ のとき，$\quad \dfrac{\partial L(x_1{}^*, x_2{}^*, \lambda_1{}^*, \lambda_2{}^*)}{\partial \lambda_2} = -x_1{}^* + x_2{}^* \leq 0 \qquad$ ⑧

　ここでまず $x_2{}^*$、$x_1{}^*$、$\lambda_1{}^*$、$\lambda_2{}^*$ がいずれも正である（すなわち、0 ではない）と仮定すると式①、③、⑤、⑦の連立式の解が最適解であることとなる。これ

278

を求めると、$x_1 = 1$、$x_2 = 1$、$\lambda_1 = 0.5$、$\lambda_2 = 1$ となる。これらの解はいずれも 0 ではないことから、「$x_2{}^*$、$x_1{}^*$、$\lambda_1{}^*$、$\lambda_2{}^*$ がいずれも正である（つまり 0 ではない）」という当初の仮定とも矛盾しない。すなわち、この解は、上記のキューンタッカー条件を満たす解であることから、これが最適解であることが分かる。

第 5 章

問題 1

第 4 章付録 2 に示した最小二乗法を用い、残差平方和を求めると、以下となる。

$$S(a_0, a_1, a_2) = (100 - a_0 - 41a_1 - 6a_2)^2 + (200 - a_0 - 77a_1 - 4a_2)^2 + (150 - a_0 - 51a_1 - 5a_2)^2$$
$$+ (50 - a_0 - 28a_1 - 10a_2)^2$$

この式を a_0、a_1、a_2 のそれぞれで偏微分して 0 とおくと

$$-2(100 - a_0 - 41a_1 - 6a_2) - 2(200 - a_0 - 77a_1 - a_2) - 2(150 - a_0 - 51a_1 - 5a_2)$$
$$-2(50 - a_0 - 28a_1 - 10a_2) = 0$$

$$-41(100 - a_0 - 41a_1 - 6a_2) - 77(200 - a_0 - 77a_1 - 4a_2) - 51(150 - a_0 - 51a_1 - 5a_2)$$
$$-28(50 - a_0 - 28a_1 - 10a_2) = 0$$

$$-6(100 - a_0 - 41a_1 - 6a_2) - 4(200 - a_0 - 77a_1 - 4a_2) - 5(150 - a_0 - 51a_1 - 5a_2)$$
$$-10(50 - a_0 - 28a_1 - 10a_2) = 0$$

これを整理すると、

$$500 - 4a_0 - 197a_1 - 25a_2 = 0$$
$$28550 - 197a_0 - 10995a_1 - 1089a_2 = 0$$
$$2650 - 25a_0 - 1089a_1 - 177a_2 = 0$$

となる。この連立方程式を解くと、(a_0, a_1, a_2) が $(74.15, 2.10, -8.46)$ となる。

ここで、この回帰係数に基づくと、ある市の人口を x_1、その面積を x_2 とした場合、その市からの市外発生トリップ数の期待値は、

$$74.14 + 2.10\,x_1 - 8.46\,x_2$$

となる。一方、各残差は、

$$100 - a_0 - 41a_1 - 6a_2 = -9.84$$
$$200 - a_0 - 77a_1 - 4a_2 = -2.36$$
$$150 - a_0 - 51a_1 - 5a_2 = 10.7$$
$$50 - a_0 - 28a_1 - 10a_2 = 1.3$$

となる為、残差の分散の推計値は、

練習問題の解答　　279

$$\frac{(-9.84)^2+(-2.36)^2+(10.7)^2+(1.3)^2}{(4-1)}=72.86$$

となる。

以上より、人口 x_1(千人)、面積 x_2(10 平方キロメートル)の市からの市外発生トリップ数が従う確率密度関数は、

$$\varphi(74.15+2.10\,x_1-8.46\,x_2,\,72.86)$$

となる。

問題 2

人口が 5 万人、すなわち 50 千人であり、面積が 100 平方キロメートル、すなわち、10・10 平方キロメートルであるから、この市の市外発生トリップの確率密度関数は、以下となる。

$$\varphi(74.15+2.10\times50-8.46\times10,\,72.86)=\varphi(94.9,\,72.86)$$

この確率密度関数に従うとすると、まず、期待値に基づく点予測値は、

94.9 千トリップ

となる。一方、第 5 章付録 3 の標準正規分布表によれば、(危険率 5%に対応する)97.5%の値が 1.96 である。それ故、2.5%に対応する値は -1.96 である。また、市外発生トリップの標準偏差は $\sqrt{72.86}=8.54$ であることから、5%の危険率を想定した信頼予測区間は、

[94.9 − 1.96 × 8.54 千トリップ、94.9 + 1.96 × 8.54 千トリップ]

すなわち、

[78.16 千トリップ、111.64 千トリップ]

となる。

第 6 章

初期投資額を x とすると、

便益の現在価値 = 50 + 55/1.06 + 60/$(1.06)^2$ = 150.8

費用の現在価値 = x + 10 + 10/1.06 + 10/$(1.06)^2$ = x + 28.3

したがって、純現在価値を正とするという基準であれば、初期投資額は最大で 150.8 − 28.3 = 122.5 億円まで許容される。

参考文献

青木泰樹（2012）『経済学とは何だろうか―現実との対話』八千代出版

アレクシス・ド・トクヴィル（1835）『アメリカの民主政治』（井伊玄太郎訳、上・中・下、1987）

飯田恭敬（1991）『土木計画システム分析〈最適化編〉』森北出版

オルテガ・イ・ガセット（1930）『大衆の反逆』ちくま学芸文庫（神吉敬三訳、1995）

加納治郎（1963）『計画の科学』経済往来社

亀田達也（1997）『合議の知を求めて―グループの意思決定』共立出版

河上省吾編著（1991）『土木計画学』鹿島出版会

河村小百合（2017）「国家の財政運営と債務償還の在り方」『JRIレビュー』Vol.2、No.41

北村隆一・森川高行（2002）『交通行動の分析とモデリング』技報堂、pp.35-52

ギルバート・チェスタトン（1905）『正統とは何か』春秋社（安西徹雄訳、1995）

栗山浩一（1997）『公共事業と環境の価値：CVMガイドブック』築地書館

桑子敏雄（2005）『風景のなかの環境哲学』東京大学出版会

ゲーテ（1833）『ファウスト〈第一部・第二部〉』岩波文庫（相良守峯訳、1958）

国土交通省（2003）『費用便益分析マニュアル（道路局、都市・地域整備局）』平成15年8月

国土交通省（2004）『公共事業評価の費用便益分析に関する技術指針』平成16年2月

佐伯胖（1980）『決め方の論理』東京大学出版会

J・S・ミル（1861）『代議制統治論』岩波書店（水田洋訳、1997）

セーレン・キェルケゴール（1843）『あれか、これか』河出書房新社（1968）、『キルケゴール著作集』〈第1巻〉、白水社（浅井真男訳、1963）

セーレン・キェルケゴール（1849）『死に至る病』岩波文庫（斎藤信治訳、1957）

田中皓介・池端菜摘・宮澤拓也・藤井聡・宮川愛由（2016）「マクロ経済シミュレーションモデルにおける均衡輸出入概念の導入妥当性についての検証」『土木学会論文集F4（建設マネジメント）』Vol.72、No.4、I_33-I_42

戸田山和久（2003）「社会科学における人間観とその役割―人の統合的理解に向けて―」日本心理学会第68回大会、関西大学

土木学会（2005）『モビリティ・マネジメントの手引き』丸善

長尾義三（1972）『土木計画序論―公共土木計画論』共立出版

西部邁（1996）『知性の構造』角川春樹事務所

日本都市センター研究室（2002）『自治体における新しい計画行政のあり方に関する調査研究』および同調査研究

根津佳樹・藤井聡（2016）「交通インフラ投資によるマクロ経済への影響分析のためのシミュレーションモデルMasRACの構築」『科学・技術研究』5（2）、pp.185-195

根津佳樹・藤井聡・波床正敏（2016）「東西経済の不均衡解消を企図した新幹線国土軸整備による経済不均衡改善に関する分析―マクロ経済シミュレーションモデルMasRACを用いて―」『実践政策学』2（2）、pp.175-185

萩原剛・藤井聡・池田匡隆（2007）「心理的方略による放置駐輪削減施策の実証的研究：東京メトロ千川駅周辺における実務事例」『交通工学』42（4）、pp.89-98

挾本佳代（1997）「スペンサーにおける社会有機体説の社会学的重要性―群相としての社会と人口―」『社会学評論』48（2）、pp.64-79

挾本佳代（2000）『社会システム論と自然―スペンサー社会学の現代性』法政大学出版局

パトリック・ゲデス（1915）『進化する都市』鹿島出版会（西村一朗訳、1982）

福田慎一・照山博司（2016）『マクロ経済学入門』（第5版）、有斐閣アルマ

福沢諭吉（1875）『文明論之概略』岩波文庫（1962）

藤井聡（2001）『土木計画のための社会的行動理論―態度追従型計画から態度変容型計画へ―』土木学会論文集、No.688/IV-53、pp.19-35

藤井聡（2003）『社会的ジレンマの処方箋：都市・交通・環境問題の心理学』ナカニシヤ出版

藤井聡（2004）「公共事業の決め方と公共受容」『AHP とコンジョイント分析』現代数学社、pp.15-43

藤井聡（2005）「土木計画学の新しいかたち―社会科学・社会哲学と土木の関わり―」『計画学研究・論文集』22（1）、pp.I1-I18

藤井聡（2006a）「風景の近代化とニヒリズム―宗教性無きデザインの破壊的帰結について―」『景観デザイン論文集』No.1、pp.67-78

藤井聡（2006b）「実践的風土論にむけた和辻風土論の超克―近代保守思想に基づく和辻『風土：人間学的考察』の土木工学的批評―」『土木学会論文集』D、62（3）、pp.334-350

藤井聡（2007a）「法律と社会的ジレンマ―意図性に基づく社会的秩序の自律的形成」『紛争と対話』法律文化社、pp.23-53

藤井聡（2007b）「リスク認知とコミュニケーション」『地震と人間』東京工業大学都市地震工学センター編・シリーズ〈都市地震工学〉、朝倉書店、pp.54-95

藤井聡（2008）『家族と社会資本整備』『社会資本の政策論』（未出版原稿）

藤井聡（2016a）『国民所得を 80 万円増やす経済政策―アベノミクスに対する 5 つの提案』晶文社

藤井聡（2016b）『スーパー新幹線が日本を救う』文春新書

藤井聡（2017）『プライマリーバランス亡国論』育鵬出版

藤井聡・柴山桂太・中野剛志（2012）「デフレーション下での公共事業の事業効果についての実証分析」『人間環境学研究』第 10 巻第 2 号 2012 年 12 月号、pp.85-90

藤井聡・谷口綾子（2008）『モビリティ・マネジメント入門』学芸出版社

藤井聡・矢嶋宏光・羽鳥剛史・岩佐賢治（2008）『パブリック・インボルブメント（PI）の論理―「良識ある公衆」による「議会制民主制下の行政」への関与についての政治学―』（刊行予定）、人間環境学研究

プラトン（1971）『国家（上・下）』岩波文庫（藤沢令夫訳）

マックス・ウェーバー（1919）『職業としての政治』岩波文庫、（脇圭平訳、1980）

マンキュー・グレゴリー（2012）『マンキュー　マクロ経済学（第 3 版）2 応用篇』東洋経済新報社

マンキュー・グレゴリー（2017）『マンキュー　マクロ経済学 I 入門篇』（第 4 版）東洋経済新報社

宮澤拓也（2015）『需要 GDP と供給 GDP におけるデータ打ち切りを考慮した計量経済モデルの推計とその効果についての実証的研究』京都大学大学院都市社会工学専攻修士論文

森宏一編集（1981）『哲学事典』青木書店

森杉寿芳（1997）『社会資本整備の便益評価――一般均衡理論によるアプローチ』勁草書房

ルードヴィッヒ・ウィトゲンシュタイン（1921）『論理哲学論考』岩波文庫、（野矢茂樹訳、2003）

ロバート・K・マートン（1949）『社会理論と社会構造』みすず書房（森東吾・金沢実訳、1961）

屋井哲雄・前川秀和（監修）市民参画型道路計画プロセス研究会（編）（2004）『市民参画のみちづくり―パブリックインボルブメント（PI）ハンドブック』ぎょうせい

保田与重郎（1955）『絶対平和論―明治維新とアジアの革命』新学社（2002 再版）

吉川和広（1975）『土木計画学―計画の手順と手法―』森北出版

渡部肇（2014）「5 章 NEEDS モデルの政府支出乗数―内閣府モデルとの比較―」『NEEDS 日本経済モデル 40 周年記念冊子』日本経済新聞デジタルメディア pp.45-49

和辻哲郎（1935）『風土』岩波文庫

Allport, G. W.（1935）*Attitudes*, In Murchison, C.(ed.) *Handbook of Social Psychology*, vol.2

Dawes, R. M.（1980）Social dilemmas., *Annual Review of Psychology*, 31, pp.169-193

Greertz, C.（1983）*Local Knowledge : further essays in interpretive anthropology*, New York : Basic Books
（『ローカル・ナレッジ：解釈人類学論集』岩波書店、梶原景昭訳、1991）

IAP2（International Association for Public Participation）, http://www.iap2.org/

Lind, E. A., & Tyler, T. R.（1988）*The Social Psychology of Procedural Justice*, Plenum Press, New York（『フ
ェアネスと手続きの社会心理学』プレーン出版、菅原・大渕訳、1995）

Mori, T. and Kanda, Y.（2014）"The Macroeconomic Effectiveness of Resilience Investment in the Context
of Earthquake Risk", *The Journal of Econometric Study of Northeast Asia* 9（2）, pp.41-57

Parsons, T.（1937）*The Structure of Social Action*: *A Study in Social Theory with Special Reference to A Group
of Recent European Writers*, McGraw Hill

Parfit, D.（1984）*Reasons and Persons*, Oxford University Press（『理由と人格―非人格性の倫理へ―』勁
草書房、森村進訳、1998）

Sen, A. K.（1970）*Collective Choice and Social Welfare*, Holden-Day, San Francisco（『集合的選択と社会的
厚生』勁草書房、志田基与師訳、2000）

Spencer, H.（1820-1903）*Principles of Biology, A System of Synthetic Philosophy*（Works of Herbert Spencer
II & III, Osnabruck/Otto Zeller, 1966）

Vlek, C. and Michon, J.（1992）*Why we should and how we could decrease the use of motor vehicles in the future*,
IATSS Research, 15, pp.82-93

Walley, P.（1991）*Statistical reasoning with imprecise probability*, Chapman and Hall, London

注）本書は標準的な土木計画学の教科書をつくることを意図して書かれたものであり、研究上の専門書
ではないことから、引用文献は必要最小限に留められている。詳細な文献情報は、上記引用文献の
それを参照されたい。

索 引

【英数字】

CBR ……………………………… 145
cost-benefit analysis ……………… 141
CPM ……………………………… 78
CVM ……………………………… 151
DP ………………………………… 120
GDP（国内総生産）……………… 240, 243
GDP 統計 ………………………… 241
GRP ……………………………… 243
LP 法 ……………………………… 100
LP 問題 …………………………… 100
MasRAC ………………………… 258
NLP 法 …………………………… 100
NLP 問題 ………………………… 100
NPV ……………………………… 145
OBJ ……………………………… 106
OR ……………………………… 52, 190
PDCA …………………………… 28
PERT …………………………… 78
PI ……………………………… 212, 227
plan ……………………………… 26
planning ………………………… 26
S.T. ……………………………… 106

【あ】

アウフヘーベン ………………… 270, 271
アカウンタビリティ …………… 142
アセット・マネジメント ……… 206
家意識 …………………………… 203
一時的構造変化方略 …………… 185
一様分布 ………………………… 126
イニシアティブ ………………… 218
インフラ ………………………… 17
インフラ事業のフロー効果の特徴…… 250
インフラストラクチャー ……… 17
インフレスパイラル …………… 254
運用計画 ……………… 32, 33, 69, 206
運用循環 ………………………… 28
凹関数 …………………………… 121
応用一般均衡分析 ……………… 154
応用一般均衡理論 ……………… 151
オーガニズム …………………… 195
オペレーションズ・リサーチ …… 52, 190

【か】

海外部門 ………………………… 239

外需 ……………………………… 239
外部経済 ………………………… 14
外部不経済 ……………………… 14
ガウスジョルダンの消去法 …… 103
各経済主体が行う経済活動の種類 …… 239
確率密度関数 …………………… 125
家計 ……………………………… 238
価値相対主義 …………………… 266
下部構造 ………………………… 17
環境アセスメント ……………… 205
環境影響評価 …………………… 205
間接民主制 ……………………… 217
間接フロー効果 ………………… 247
感度分析 ………………………… 151
管理 ……………………………… 19
議会制民主制 …………………… 217
企業 ……………………………… 238
帰結主義 ………………………… 159, 172
技術的運用 ……………………… 11
技術的運用計画 ………………… 32, 33, 69
技術的プランニング …………… 36
基底解 …………………………… 107
基底形式 ………………………… 107
基底変数 ………………………… 107
基本計画 ………………………… 32, 66
基本構想 ………………………… 32, 65
キャッシュフロー ……………… 247
キューン・タッカー条件 ……… 116
キューン・タッカー定理 ……… 116
狭義凸関数 ……………………… 121
行政 ……………………………… 213
行政権 …………………………… 213
行政執行権 ……………………… 213
行政府 …………………………… 213
協力行動 ………………………… 179
局所的最適解 …………………… 112
区間予測 ………………………… 134
具体的な「フロー効果」の中身 …… 249
クラウディングアウト ………… 260
クリティカルパス ……………… 87
軍事工学 ………………………… 20
計画 ……………………………… 19
景観 ……………… 38, 61, 64, 69, 181
経済学 …………………… 56, 60, 195

284

経済活動	238
経済効果	238
経済主体	238
経済成長	240
経済成長率	240
ゲタ	255
現在価値	144
建設国債	259
建築基準法	34
権力	163, 174
広域地域計画	34
合意形成	221, 231
公共事業	19
公共施設	18
公共心	219
公共心理学	176, 184
公共投資	142
公衆	219
公衆関与	212
控除説	213
構造的方略	182
行動変容	176, 181
公的資本	239, 245
公民	219
国土計画	34
国土形成計画	34
国土形成計画法	34
国内部門	239
国民投票	218
国会	214
国家権力	213
国権の最高権威	215
コミュニティ	61, 69, 200, 203

【さ】

最急降下法	118
最小二乗推定法	136
財政効果	238, 244
財政乗数	248
最適化	52, 54, 99
最適解	102
最適化数理	52
最適性原理	121
最適値	102
裁判所	214
財務分析	147
三面等価の原則	241
最尤推定法	130, 136

残存価値	154
サンプリング	130
時間価値	150
資金の流れ	247
指数分布	126
システムズ・アナリシス	56
自治体総合計画	34
実現している需要と供給	253
実行可能解	102
実行可能領域	102
実施計画	32, 67, 69
実質 GDP と名目 GDP	243
自発的な行動変容	184
資本	239
資本主義	239
自明	241
社会学	59, 194
社会基盤	17
社会資本	17
社会善	265
社会秩序	223
社会的意思決定	158
社会的運用	11, 176
社会的運用計画	32, 33, 69
社会的計画論	52, 54
社会的厚生	265
社会的ジレンマ	176, 179
社会的デメリット	14
社会的費用	14, 149
社会的便益	14, 265
社会的メリット	14
社会的割引率	145
社会哲学	57, 65
社会有機体説	195
衆愚政治	223
住民合意	63
住民投票	170
住民発案	218
需要と供給	239, 254
純現在価値	145
止揚	270, 271
乗数	248
乗数効果	248
消費性向	249
上部構造	17
審議会	171
真善美	265

シンプレックス基準	108	態度追従型計画論	184
シンプレックス法	106	態度変容	184, 230
人民	219	態度変容型計画論	176, 183, 231
信頼	163, 174	対内主権	221
信頼予測区間	134	多数者の専制	223
心理学	59, 60	地域愛着	203
心理的方略	182	地域知	220
衰退途上国	253	地産地消	203
スーパーストラクチャー	17	地方議会	214
数理社会モデル	53, 55, 59, 154	中央決定方式	163, 173
数理的計画論	52, 53	直接フロー効果	247
数理的最適化	55	デザイン・プラン	33
ストック効果（施設効果）	244	哲人統治説	220
正規分布	126	手続き的公正	221, 231
政策変数	55	デフレ	251
生産と消費	239	デフレーション	251
政治学	59, 63, 65	デフレスパイラル	255
政治的の決定	159	天皇	215
政治的美称説	215	天皇の国事行為	216
正定値	121	天文学的	257
整備計画	32, 33, 67	点予測	133
政府	213, 238	投資	239
制約条件	55	投票	163, 173
施工	19	動的計画法	120
設計	19	都市計画	34
全域の最適解	112	都市計画法	34
全員が生産した価値の合計値	241	都市再開発法	34
全員が支払ったオカネの合計値	241	都市三法	34
線形計画法	100	凸関数	121
線形計画問題	100	凸集合	121
線形重回帰モデル	131	凸多面体	121
全国計画	34	土木	10
全国総合開発計画	34	土木技術	19
潜在供給	254	土木計画	10
潜在需要	254	土木計画の定義	25
総供給	239	土木工学	20
総支出	241	土木事業	18
総需要	239	土木施設	16
総所得	240, 241	土木施策	18
総生産	241	土木の定義	15
双対定理	119	**【な】**	
双対問題	119	内閣	214
ソーシャル・キャピタル	17	内需	239
【た】		内需主導経済	242
大衆	219	内閣総理大臣	214
代替案	54	内部収益率	145
態度	184	ニヒリスト	266

286

ニューディール政策……………………… 256
日本国憲法…………………………… 215
【は】
パブリック・インボルブメント… 212, 227
パラメータ…………………… 128, 129
パラメータ推定………………… 129, 130
非帰結主義…………………… 159, 172
非基底変数…………………………… 107
非協力行動…………………………… 179
非線形計画法………………… 100, 111
非線形計画問題……………… 100, 111
非ニヒリスト………………………… 266
費用便益……………………………… 168
費用便益比…………………………… 145
費用便益分析………………………… 141
風土……………… 38, 61, 63, 69, 203, 220
風土論…………………………………… 60
プッシュ施策………………………… 189
部門別計画……………………………… 34
プラン…………………………………… 26
プランニング………………………… 26
プル施策……………………………… 189
フロー効果（事業効果）…………… 244
プロジェクト費用曲線……………… 96
プロジェクトライフ………………… 143
分布関数……………………………… 126
ヘシアン行列………………………… 113
便益帰着構成表……………………… 154
弁証法………………………………… 269
法……………………………………… 214
包括的プランニング………………… 36
本来の需要と供給…………………… 253
【ま】
マクロ経済…………………………… 237
まちづくり…………………………… 201
マネジメント・サイクル…… 28, 47, 69, 206
マネジメント組織…………………… 71
マネジメント・プラン……………… 33
民間資本……………………………… 239
民間投資と公共投資………………… 239
民主的決定方式……………… 163, 173
モーダルシフト……………………… 188
目的関数………………………………… 54
モビリティ・マネジメント……… 32, 187
モンテカルロ・シミュレーション…… 134
【や】
予測……………………………………… 52

予測変数……………………………… 124
【ら】
ラグランジェ未定乗数法…………… 115
ランダム・サンプリング…………… 129
リコール制度………………………… 218
リスク・コミュニケーション……… 187
累積分布関数………………………… 126
歴史感覚………………………………… 42
レファレンダム……………………… 218
ローカル・ナレッジ………………… 220
ロードプライシング………………… 188

索引　287

藤井　聡（ふじい　さとし）

1968 年奈良県生まれ。京都大学土木工学科卒、京都大学大学院土木工学専攻修
了後、同大学助手・助教授、東京工業大学助教授・教授を経て、2009 年より京
都大学大学院教授。ならびに、16 年より京都大学レジリエンス実践ユニット長。
2012 年 12 月から安倍内閣内閣官房参与（防災・減災ニューディール担当）。専
門は土木計画、経済政策等の公共政策のための実践的人文社会科学研究。生
活・交通行動分析（アクティビティ分析）にて 1998 年土木学会論文奨励賞、
認知的意思決定研究で 05 年行動計量学会林知己夫賞、社会的ジレンマ研究で
03 年土木学会論文賞、07 年文部科学大臣表彰・若手科学者賞、06 年に『村上
春樹に見る近代日本のクロニクル』にて表現者奨励賞、18 年に公民的資質のた
めのシティズンシップ教育研究で土木学会研究業績賞を受賞。著書に『経済レ
ジリエンス宣言』『プラグマティズムの作法』『列島強靱化論』『コンプライア
ンスが日本を潰す』『社会的ジレンマの処方箋－都市・交通・環境問題のため
の心理学－』（以上は単著）『合意形成論』（編著）『モビリティ・マネジメント
入門』『国土学』『社会心理学の新しいかたち』（以上は共著）等。

改訂版 土木計画学
公共選択の社会科学

2018 年 8 月 31 日　　第 1 版第 1 刷発行
2022 年 9 月 20 日　　第 1 版第 3 刷発行

著　者………藤井聡
発行者………井口夏実
発行所………株式会社 学芸出版社
　　　　　　京都市下京区木津屋橋通西洞院東入
　　　　　　電話 075 - 343 - 0811　〒 600 - 8216
　　　　　　http://www.gakugei-pub.jp/
　　　　　　E-mail　info@gakugei-pub.jp
装　丁………奥村輝康
印　刷………イチダ写真製版
製　本………新生製本
編集協力………村角洋一デザイン事務所

© Fujii Satoshi 2018
Printed in Japan　　　　　　　　　　ISBN978 - 4 - 7615 - 3242 - 0

JCOPY 〈(出出版者著作権管理機構委託出版物〉
　本書の無断複写（電子化を含む）は著作権法上での例外を除き禁じられていま
す。複写される場合は、そのつど事前に、(出出版者著作権管理機構（電話 03 - 5244
- 5088、FAX 03 - 5244 - 5089、e-mail: info@jcopy.or.jp）の許諾を得てください。
　また本書を代行業者等の第三者に依頼してスキャンやデジタル化することは、
たとえ個人や家庭内での利用でも著作権法違反です。